古代经典家训导读

王人恩／编著

人民教育出版社
·北京·

王人恩，甘肃白银人。集美大学教授，硕士生导师。中国红楼梦学会常务理事，福建省古代文学学会副会长，教育部硕士论文评审专家。现为厦门工学院国学院院长、教授。迄今在《文学遗产》《文学评论》《红楼梦学刊》等刊物发表学术论文百余篇。两次获得国家级奖，多次获得厦门市社科优秀论文奖，包括一等奖两次。“王人恩”及所著“《红楼梦新探》”两个词条收录于新版《红楼梦大辞典》。连续8年被福建省委宣传部、福建省社科联评为福建省百场社科报告专家。主要论著有《红楼梦新探》《红楼梦考论》《红学史谫论》《古代祭文精华》《论语新解》等。

人有好牛马尚惜，况天下耶！

刘邦《手敕太子》

《明皇训储图》 清·佚名

君子之行，静以修身，俭以养德。

诸葛亮《诫子书》

《悟阳子养性图》 明·唐寅

大凡敦厚忠信，能攻吾过者，益友也；
其谄谀轻薄，傲慢亵狎，导人为恶者，损友也。

朱熹《与长子受之》

《捧琴谢知音图》 南宋·刘松年

人生至乐无如读书，至要无如教子。

家颐《教子语》

《梅下读书图》 南宋·夏圭

子侄不可不力农作。

霍韬《教子务农》

《西成归乐图》 元·赵孟頫

读书中举中进士作官，此是小事，
第一要明理作个好人。

郑板桥《潍县署中与舍弟墨第二书》

《墨笔竹石图》 清 · 郑板桥

一粥一饭，当思来处不易；半丝半缕，恒念物力维艰。

朱柏庐《治家格言》

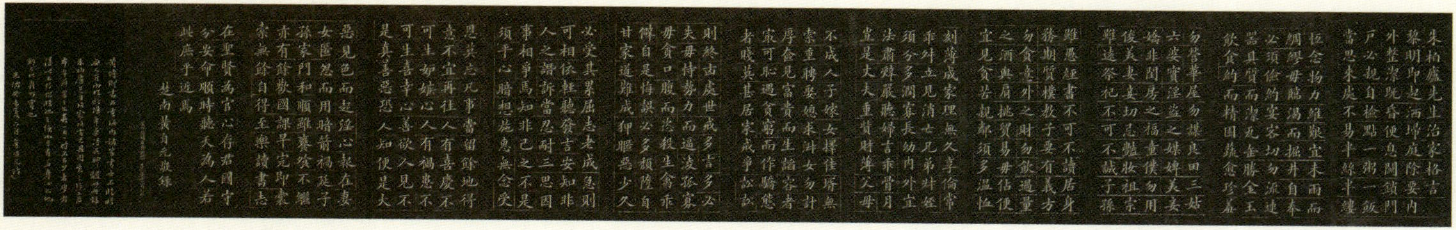

《治家格言》（拓片） 清·黄自元

古代家训与当代和谐家风建设

中华民族有五千年的文明史，创造了源远流长、博大精深、异彩纷呈的中华传统文化，古代家训正是中华传统文化的一个重要组成部分，它同样具有博大精深、异彩纷呈的特点。家训是某一家庭或者家族中的长者用来训诫、教导子弟的行为规范。家训起源于家庭教育的需要，具有强制性、约束性和训诫性等特点。古代家训的核心内容可以概括为“仁义礼智信，忠恕孝悌俭”十个字，它们都属于道德范畴。弘扬传统家训文化，阅读古代家训经典，对今人为人处世、待人接物、读书治学、选择职业、立身成材、和睦亲邻、理家聚财、为官仕宦、经邦济世、婚丧嫁娶等都会有不可低估的借鉴作用。古代家训总结人生哲理，传授人生智慧，以真情实感启迪子弟。

清代大学者顾炎武在《日知录》“文须有益于天下”条下指出：

> 文之不可绝于天地间者，曰明道也，纪政事也，察民隐也，乐道人之善也。若此者，有益于天下，有益于将来；多一篇多一篇之益矣。若夫怪力乱神之事，无稽之言，剿袭之说，谀佞之文，若此者，有损于己，无益于人；多一篇多一篇之损矣。

这段文字可以看作顾炎武的论文宗旨：文须有益于天下。中国古代家训也属于“有益于天下”的范畴。经研读即不难看出，古代家训绝少“怪力乱神之事”，而多是对社会本质的概括；它绝非“无稽之言”，而是有根有据的经验之谈；它极少有“剿袭之说”，而是家长为子弟提供的切身体会；它更非“谀佞之文”，而是真情实感的自然吐露。道理很简单，哪个父母不希望自己的子女成为贤才呢？即使是荒淫不肖的父亲，也不会希望子女走自己的路啊！

《增广贤文》中有这样两句话：知今宜鉴古，无古不成今。意思是说，后人想要正确地认识今天的事物，应该充分地借鉴前人的经验教训。家训既有代代相传的不变基因，又有顺时应势的创新发展，在文化传承、社会建设、国家进步中发挥了重要作用，是中华民族的宝贵文化遗产。发掘、学习、借鉴、利用并且发扬光大中华传统文化，是我们这一代人无可旁贷的历史责任。习近平指出：“要在家庭中培育和践行社会主义核心价值观，引导家庭成员特别是下一代热爱党、热爱祖国、热爱人民、热爱中华民族。要积极传播中华民族传统美德，传递尊老爱幼、男女平等、夫妻和睦、勤俭持家、邻里团结的观念，倡导忠诚、责任、亲情、学习、公益的理念，推动人们在为家庭谋幸福、为他人送温暖、为社会作贡献的过程中提高精神境界、培育文明风尚。”《古代经典家训导读》正是一本引导读者提高文化素质和道德修养，继承传统美德，乃至于切实践行社会主义核心价值观的好书，这本书的绝大部分内容与社会主义核心价值观的内涵相近而相通。

一

家训又称家令、家法、家约、家规、家戒、家范、家仪、家则、庭训、庭诰、内训等。

《新唐书·穆宁传》载："宁居家严，事寡姊恭甚。尝撰家令训诸子，人一通。……先是，韩休家训子侄至严。贞元间，言家法者，尚韩、穆二门云。"家令亦即家训。

家法本指封建士大夫治家之法。《宋书·王弘传》载："凡动止施为，及书翰仪礼，后人皆依仿之，谓为王太保家法。"这里的"家法"显然是指家规，后来在此意义上衍生出了同于"家训"的著作。而"家约"一词早就见于《史记·货殖列传》："然任公家约，非田畜所出，弗衣食；公事不毕，则身不得饮酒食肉。以此为闾里率，故富而主上重之。"司马迁所言任公家约的详细内容虽不得而知，但"家约"所包含的训诫意义在后面诸句中则表现得非常清楚，而且任公子弟的行为已经为乡闾之人公认为表率。

总之，无论是家法、家约、家规，还是家仪、家戒、家范、家则，其共同的含义即指某一家庭或家族中长者训诫、教导子弟的行为规范，它们所蕴含的强制性、约束性和训诫性是显而易见的。《文体明辨序说》指出：

> 按字书云："戒者，警敕之辞，字本作诫。"文既有箴，而又有戒，则戒者，箴之别名欤！《淮南子》载《尧戒》曰："战战栗栗，日谨一日，人莫踬于山，而踬于垤。"至汉杜笃作《女戒》，

而后世因之，惜其文弗传；意未必若《尧戒》之简也。

徐师曾以不太肯定的口吻说“戒者，箴之别名”，而《说文》云：“箴者，戒也。”“箴”有规谏、告诫之义，常用在下规谏上之阙失，如扬雄作《酒箴》以诫成帝；而“规”多用在臣下互相以正言警戒，如崔琦作《外戚箴》以诫梁冀。如果仔细考察，我们便不难发现，家训包含有“戒”“箴”“规”诸种成分，而以警戒为其核心成分。如北宋著名史学家司马光的《家范》十卷，即“首载《周易·家人》卦辞，及节录《大学》《孝经》《尧典》《诗·思齐》篇语，以为全书之序；其后自《治家》至《乳母》凡十九篇，皆杂采史事可为法则者，亦间有光所论说，……且大旨归于义理，亦不似《颜氏家训》徒揣摩于人情世故之间”（《四库全书总目》卷九一）。又如明代徐三重的《家则》，即“皆贻训子孙之语。《家则》为所立规条，每条之后间引古人嘉言善行以证明之，其言酌乎古今之间，如丧礼不得用僧道，而得用纸钱纸锭之类是也”（《四库全书总目》卷一二八）。再如明代胡炉所撰《家规辑要》就是“仿温公《家范》、吕氏《乡约》之意，采辑旧文，排纂成篇”（《四库全书总目》卷一三二）。而元代郑泳所撰《郑氏家仪》亦“本司马氏《书仪》、朱子《家礼》而损益之，并录其家日用常行之式，编次成书”（《四库全书总目》卷二五）。

“家训”一词最早似见于《后汉书·边让传》：“髫龀夙孤，不尽家训。”意谓早年丧父，未能受到父亲的教诲，这里的“家训”盖指父母的教导。《颜氏家训》的作者颜之推就径用“家训”之名。“庭训”一词则从《论语·季氏》而来：

陈亢问于伯鱼曰：“子亦有异闻乎？”对曰：“未也。尝独立，鲤趋而过庭。曰：‘学《诗》乎？’对曰：‘未也。’‘不学《诗》，无以言。’鲤退而学《诗》。他日，又独立，鲤趋而过庭。曰：‘学《礼》乎？’对曰：‘未也。’‘不学《礼》，无以立。’鲤退而学《礼》。”

孔子曾两次在庭中教育他的儿子孔鲤既要学《诗》，又要学《礼》，因此，后来称父亲的教诲为“庭训”。如《抱朴子·自叙》：“年十有三，而慈父见背，夙失庭训。”《晋书·孙盛传》：“时盛年老还家，性方严有轨宪，虽子孙班白，而庭训愈峻。”康熙皇帝的《庭训格言》则径以“庭训”命名。

“庭诰”一词从颜延之《庭诰》一文而来。《说文》：“诰，告也。”段注云：“按以言告人。古用此字，今则用告字，以此诰为上告下之字。”上告下曰诰，所以引申有告诫、勉励的意思，进而成为一种含有告诫意义的文体。《尚书》中就有《仲虺之诰》《康诰》《酒诰》等。因此，颜延之“庭诰”明显是指家庭的训教文字。而“家戒”和“家诫”的含义则比较明显，因为“戒”字和“诫”字都包含警戒、警告的意义，后来逐渐成为文体名称。萧统《文选·序》就曾指出：“次则箴兴于补阙，戒出于弼匡。”刘勰《文心雕龙·诏策》也指出：“戒者，慎也，禹称‘戒之用休’。君父至尊，在三罔极。汉高祖之《敕太子》，东方朔之《戒子》，亦顾命之作也。及马援已下，各贻家戒。班姬《女戒》①，足称母师也。”

关于汉高祖的《手敕太子》、东方朔的《诫子》以及马援的《诫兄子严、敦书》，本书已选入，读者可以参看，此不赘述。在此要对班姬的《女诫》作点介绍。

据《后汉书·曹世叔妻传》载：班昭“字惠班，一名姬。……

① 班姬之作，《后汉书》中作《女诫》，《文心雕龙》中作《女戒》。

作《女诫》七篇，有助内训”。第一章《卑弱》，主张居人下，勤劳，奉祭祀。第二章《夫妇》，言夫御妇，妇事夫，男女都须受教。第三章《敬慎》，言用敬慎来维持夫妇恩义，不要与夫争是非。第四章《妇行》，提倡德、言、容、功。第五章《专心》，主张专心事夫，从一而终。第六章《曲从》，主张曲从公婆，不失公婆欢心。第七章《和叔妹》，言讨好小姑。总的来看，《女诫》虽然不无合理的成分，但是其主旨不外宣扬封建道德，实不足取，所以不选。而班姬作《女诫》“有助内训”，“内训”一词遂成为对妇女进行教育训诫的代名词，进而成了一种文体。如东汉杜笃曾作有《女诫》，已佚（《后汉书·文苑传》）。武则天有《女训》一篇（《旧唐书·高宗纪》）。明成祖徐皇后有《内训》二十篇，即德性、修身、慎言、谨行、勤励、警戒、节俭、积善、迁善、崇圣训、景贤范、事父母、事君、事舅姑、奉祭祀、母仪、睦亲、慈功、逮下、待外戚。《内训》一书还在永乐五年（1407）十一月被颁赐给群臣，俾教于家。

此外，还有不少并不以上述名称命名而实为家训的作品，例如散见于古代典籍中的许多诗文，其中许多流传至今的名篇佳作都是我国古代家训的重要组成部分，像《孝经》、“三礼”等“经书”，像唐太宗的《帝范》、李昌龄的《乐善录》、陆九韶的《居家正本制用篇》、袁采的《袁氏世范》、袁衷的《庭帏杂录》、朱柏庐的《治家格言》、丁耀亢的《家政须知》、张侗的《入泮诲言》、张英的《聪训斋语》等。它们同样包含着丰富而复杂的训诫意义，也值得我们加以重视和借鉴。

二

宋人陈振孙评论《颜氏家训》时指出：“古今家训，以此为祖。”（《直斋书录解题》卷十）后人不加考察，人云亦云：“古今家训，以此为祖。”（王三聘《古今事物考》卷二）当然，《颜氏家训》的确影响极大，正如清人王钺在《读书丛残》中说：“北齐黄门颜之推《家训》二十篇，篇篇药石，言言龟鉴，凡为人子弟者，可家置一册，奉为明训，不独颜氏。”我们应该承认这一点；但我们不能承认“古今家训，以此为祖”的说法。因为，且不论《尧戒》，周文王的《遗戒》，周公、孔子的口头遗戒，以及季孙行父的《戒子》，孙叔敖的《将死戒其子》等短文，就流传下来的名篇佳作来看，比《颜氏家训》早得多的家训，就难以数计。如孔子的八世孙孔鲋的《将没戒弟子》：

> 鲁，天下有仁义之国也，战国之世，讲颂不衰，且先君之庙在焉。吾谓叔孙通处浊世而清其身，学儒术而知权变，是今师也。宗于有道，必有令图，归必事焉。

就是一篇很好的家训。又如刘邦的《手敕太子》、杨贵的《病且终令其子》、司马谈的《命子迁》、欧阳地余的《戒子》、尹赏的《临死戒诸子》、陈咸的《戒子孙》、樊宏的《戒子》和《遗敕薄葬》、祭肜的《临终敕其子逢参等》、袁宏的《临终遗令》、张酺的《敕子蕃》、崔瑗的《敕妻子》和《遗令子寔》、张奂的《诫兄子书》、荀爽的《女诫》、蔡邕的《女诫》，三国时王肃、王昶、诸葛亮和嵇康的《家诫》以及颜延之的《庭诰》，等等，其中佳作频见。试读樊宏的《戒子》：

> 富贵盈溢，未有能终者。吾非不喜荣势也，天道恶满而好谦，前世贵戚，皆明戒也。保身全己，岂不乐哉！

文短而意长，又饱含哲理性。再看敦煌人张奂的《诫兄子书》：

汝曹薄祐，早失贤父，财单艺尽，今适喘息。闻仲祉轻傲耆老，侮狎同年，极口恣意。当崇长幼，以礼自持。闻敦煌有人来，同声相道，皆称叔时宽仁。闻之喜而且悲，喜叔时得美称，悲汝得恶论。经言："孔于乡党，恂恂如也。"恂恂者，恭谦之貌也。经难知，且自以汝资父为师，汝父宁轻乡里耶？年少多失，改之为贵。蘧伯玉年五十，见四十九年非，但能改之。不可不思吾言。不自克责，反云"张甲谤我，李乙怨我，我无是过"。尔亦已矣！

作者先指出侄子仲祉的过错和侄子叔时的美称，做一对比；再引孔子对待乡人的恭谦态度，推出榜样让侄子效法；后以蘧伯玉知错能改的例子教育侄子"年少多失，改之为贵"。可谓文情并茂之作。而王肃的《家诫》则写饮酒不可过度，于今犹有借鉴意义：

夫酒所以行礼、养性命、欢乐也，过则为患，不可不慎。是故宾主百拜，终日饮酒，而不得醉，先王所以备酒祸也。凡为主人饮客，使有酒色而已，无使至醉。若为人所强，必退席长跪，称父诫以辞之。敬仲辞君，而况于人乎？为客又不得唱造酒史也，若为人所属，下坐行酒，随其多少，犯令行罚。示有酒而已，无使多也。祸变之兴，常于此作，所宜深慎。

文章详细地指出了请客、作客时饮酒须有度的具体操作方式，末尾"祸变之兴，常于此作"八字，犹如当头棒喝，怎能不令人"深慎"！王昶的《家诫》从"立身之本"的高度告诫子弟要功成身退，文长而意丰，很值得一读：

夫人为子之道，莫大于宝身全行，以显父母。此三者人知其善，而或危身破家，陷于灭亡之祸者，何也？由所祖习非其道也。夫孝敬仁义，百行之首，行之而立，身之本也。孝敬则宗族安之，仁义则乡党重之，此行成于内，名著于外者矣。人若不笃于至行，而背本逐末，以陷浮华焉，以成朋党焉；浮华则有虚伪之累，朋党则有彼此之患。此二者之戒，昭然著明，而循覆车滋众，逐末弥甚，皆由惑当时之誉，昧目前之利故也。夫富贵声名，人情所乐，而君子或得而不处，何也？恶不由其道耳。患人知进而不知退，知欲而不知足，故有困辱之累，悔吝之咎。语曰："如不知足，则失所欲。"故知足之足常足矣。览往事之成败，察将来之吉凶，未有干名要利，欲而不厌，而能保世持家，永全福禄者也。欲使汝曹立身行己，遵儒者之教，履道家之言，故以玄默冲虚为名，欲使汝曹顾名思义，不敢违越也。古者盘杅有铭，几杖有诫，俯仰察焉，用无过行；况在己名，可不戒之哉！夫物速成则疾亡，晚就则善终。朝华之草，夕而零落；松柏之茂，隆寒不衰。是以大雅君子恶速成，戒阙党也。若范匄对秦客而武子击之，折其委笄，恶其掩人也。夫人有善鲜不自伐，有能者寡不自矜；伐则掩人，矜则陵人。掩人者人亦掩之，陵人者人亦陵之。故三郤为戮于晋，王叔负罪于周，不惟矜善自伐好争之咎乎？故君子不自称，非以让人，恶其盖人也。夫能屈以为伸，让以为得，弱以为强，鲜不遂矣。夫毁誉，爱恶之原而祸福之机也，是以圣人慎之。孔子曰："吾之于人，谁毁谁誉；如有所誉，必有所试。"又曰："子贡方人。赐也贤乎哉，我则不暇。"以圣人之德，犹尚如此，况庸庸之徒而轻毁誉哉？

昔伏波将军马援戒其兄子，言："闻人之恶，当如闻父母之名；耳可得而闻，口不可得而言也。"斯戒至矣。人或毁己，当退而求之于身。若己有可毁之行，则彼言当矣；若己无可毁之行，则彼言妄矣。当则无怨于彼，妄则无害于身，又何反报焉？且闻人毁己而忿者，恶丑声之加人也，人报者滋甚，不如默而自修己也。谚曰："救寒莫如重裘，止谤莫如自修。"斯言信矣。若与是非之士，凶险之人，近犹不可，况与对校乎？其害深矣。夫虚伪之人，言不根道，行不顾言，其为浮浅较可识别；而世人惑焉，犹不检之以言行也。近济阴魏讽、山阳曹伟皆以倾邪败没，荧惑当世，挟持奸慝，驱动后生。虽刑于铁钺，大为炯戒，然所污染，固以众矣。可不慎与！

若夫山林之士，夷、叔之伦，甘长饥于首阳，安赴火于绵山，虽可以激贪励俗，然圣人不可为，吾亦不愿也。今汝先人世有冠冕，惟仁义为名，守慎为称，孝悌于闺门，务学于师友。吾与时人从事，虽出处不同，然各有所取。颍川郭伯益，好尚通达，敏而有知。其为人弘旷不足，轻贵有余；得其人重之如山，不得其人忽之如草。吾以所知亲之昵之，不愿儿子为之。北海徐伟长，不治名高，不求苟得，澹然自守，惟道是务。其有所是非，则托古人以见其意，当时无所褒贬。吾敬之重之，愿儿子师之。东平刘公干，博学有高才，诚节有大意，然性行不均，少所拘忌，得失足以相补。吾爱之重之，不愿儿子慕之。乐安任昭先，淳粹履道，内敏外恕，推逊恭让，处不避洿，怯而义勇，在朝忘身。吾友之善之，愿儿子遵之。若引而伸之，触类而长之，汝其庶几举一隅耳。及其用财先九族，其施舍务周急，其出入存故老，其论议贵无贬，其进仕尚忠节，其取人务实道，其处世戒骄淫，其贫贱慎无戚，其进退念合宜，其行事加九思，如此而已。吾复何忧哉？

据《三国志·魏书·王昶传》载，王昶“为兄子及子作名字，皆依谦实，以见其意，故兄子默字处静，沈字处道，其子浑字玄冲，深字道冲”。王昶本人屡立功劳，卒谥穆侯，他的子侄后代们大都有所建树，如王浑、王深、王湛、王济、王承、王述、王坦之等，这恐怕与王昶家训之严不无关系。所以裴松之注云，王氏一门“并显重于世，为时盛门云”（《三国志·魏志·徐胡二王传》）。王昶另有一篇《家诫》，见于《艺文类聚》，同样高屋建瓴地告诫子孙要功成身退，大约是在子侄们有所建树时所作：

夫立功者有二难：功就而身不退，一难也；退而不静，务伐其功，二难也。且怀禄之士，耽宠之臣，苟患失之，何所不至？若乐毅帅弱燕之众，东破强齐，收七十余城，其功盛矣！知难而退，保身全名。张良杖剑建策，光济大汉，辞三万户封，学养性之道，弃人间之事，卒无咎悔。何二贤绰绰有余裕哉！治家亦有患焉：积而不能散，则有鄙吝之累；积而好奢，则有骄上之罪。大者破家，小者辱身，此二患也。

据上可知，在《颜氏家训》问世之前，我国已经出现了许多文情并茂、足资借鉴的家训类作品，“古今家训以此为祖”之说是不能成立的。

可以说，从先秦以至汉末，我国古代家训是非常丰富的，这就为后世家训文化的发展奠定了基础。到魏晋六朝，家训如雨后春笋一样蓬勃兴起，美不胜收，像《颜氏家训》这样的专书也已问世，并产生了很大的影响。这一方面是家训文化发展的必然结果，另一方面也与魏晋六朝时代战乱频仍、人民流离失所而生存艰难、朝代频繁兴亡更替的社会现实大有关系。在这样的乱世中，为稳固家族势力、保全性命、免祸致福等大事计，不少士人总结历史经验和切身体会，纷纷操笔投入家训创作中，写出了不少蕴藏着丰富内涵的家训，以警戒子弟后代。除前文已提及者外，值得一读的还有很多，例如司马徽的《诫子书》、杜泰姬的《教子》和《戒诸女及妇》、李文姬的《敕弟燮》、陈惠谦的《戒兄子伯思》、裴潜的《遗令子秀俭葬》、刘廙的《戒弟伟》、郝昭的《遗令戒子凯》、殷褒的《诫子书》、刘备的《遗诏敕后主》、陆景的《戒盈》、姚信的《诫子》、王祥的《训子孙遗令》、羊祜的《诫子书》、李秉（一说李康）的《家诫》、李嵩的《手令诫诸子》、王僧虔的《诫子书》、袁昂的《临终敕诸子》、徐勉的《为书诫子崧》、杨椿的《诫子孙》、王褒的《幼训》等。

唐宋以迄近代，家训之作层出不穷，几乎每一朝代都有代表性家训。如唐太宗的《帝范》，专论持身治国之道，是唐太宗御撰以赐其子李治（唐高宗）的；北宋司马光的《涑水家仪》、叶梦得的《石林家训》；南宋陆游的《放翁家训》、陆九韶的《居家正本制用篇》、袁采的《袁氏世范》。《袁氏世范》“于立身处世之道，反覆详尽，所以砥砺末俗者，极为笃挚。虽家塾训蒙之书，意求通俗，词句不免于鄙浅，然大要明白切要，使览者易知易从，固不失为《颜氏家训》之亚也”（《四库全书总目》卷九二）。甚至出现了搜辑前代家训的合集性著作，如刘清之的《戒子通录》。又如元代郑太和的《郑氏规范》；明代袁衷的《庭帏杂录》、温璜的《温氏母训》；清代孙奇逢的《孝友堂家训》、张履祥的《训子语》、朱柏庐的《治家格言》、张英的《聪训斋语》和康熙的《庭训格言》；等等。其他短篇家训，就不再缕述了。

三

古代家训汗牛充栋，其内容真可谓异彩纷呈，令人目不暇接。择其要者，似可分为如下几大端：

修　身

《礼记 · 大学》有一段著名的文字：

古之欲明明德于天下者，先治其国；欲治其国者，先齐其家；欲齐其家者，先修其身；欲修其身者，先正其心；欲正其心者，先诚其意；欲诚其意者，先致其知；致知在格物。物格而后知至，知至而后意诚，意诚而后心正，心正而后身修，身修而后家齐，家齐而后国治，国治而后天下平。自天子以至于庶人，壹是皆以修身为本，其本乱而末治者，否矣。

这就是所谓“修身、齐家、治国、平天下”的儒家教育理论。在这一理论中，修身是基础，是根本。所谓修身，即修养身心，亦即努力培养优良的道德品质。如果没有优良的品德，何谈齐家、治国、平天下！《礼记·大学》还说：“富润屋，德润身。”孔颖达疏：“谓德能霑润其身，使身有光荣见于外也。”财富能使屋宇生辉，而道德则能滋润身心，增加人的风度气质。所以，修身是立身之本。孔子曾言：“德之不修，学之不讲，闻义不能徙，不善不能改，是吾忧也。”（《论语·述而》）孟子亦云：“君子之守，修其身而天下平。”（《孟子·尽心下》）修身是后天的事情，只有通过自身的艰苦努力才有可能培养出优良的道德品质。所以，古人特别重视修身，修身的理论在古代家训中占有很大的比例。因为“夫事有本末，知愚贤不肖者为本，贫富贵贱者末也”（陆九韶《居家正本制用篇》）。司马徽《诫子书》曰：“闻汝充役，室如悬磬，何以自辨？论德则吾薄，说居则吾贫。勿以薄而志不壮，贫而行不高也。”即言再贫穷也不能放松修身洁行。

修身是一个艰难而漫长的过程，不可能一蹴而就。其关键是要有恒心，树立远大的志向。“人无志，非人也”（嵇康《家诫》）、“德行立于已志”（郑玄《戒子益恩书》），立志是通向修身的桥梁，孔子说：“知、仁、勇三者，天下之达德也”，“故君子不可以不修身”（《礼记·中庸》）。我们看到，身陷囹圄、即将被处死的杨继盛在临死前依然告诫儿子“要立志”，“若初时不先立下一个志向，则中无定向，便无所不为，便为天下之小人，众人皆贱恶你。……故吾要你第一先立起志气来”（《谕应尾、应箕两儿》)。朱熹给在外求学的儿子提醒要立下高尚之志，担心儿子“志趣卑凡，不能克己从善，……自趋小人之域”(《与长子受之》)。王守仁还专门写了《示弟立志说》一文训诫弟弟，又督促侄子正思“可从抄录一通，置之几间，时一省览，亦足以发”(《赣州书示四侄正思书》)。司马迁之所以能写出千古不朽的《史记》，原因是多方面的，而其中一个重要的原因是他秉承父教，立下远大的志向，忍受腐刑的凌辱和打击，“发愤著书”，终于“扬名于后世，以显父母”(司马谈《命子迁》)。

《孝友堂家训》有言：“父母于赤子，无一件不是养志。”所谓养志，即父母要正确引导子女树立远大的志向，并要给他们指出实现远大志向的途径。常立志是无志，无志则一事无成。既要立常志，立大志，又要不畏艰难，努力实现志向。所以，实现志向须持之以恒，“凡人修身治性，皆当谨于素日”(康熙《庭训格言》)，不抓住“素日”而得过且过，志向不能实现，修身很难成功。因此，立志后的关键是专心致志，清心寡欲，坚决摒弃邪念私心，因为“欲者，性之烦浊，气之蒿蒸，故其为害，则熏心智，耗真情，伤人和，犯天性。……故性明者欲简，嗜繁者气惛”(颜延之《庭诰》)，所以“非淡泊无以明志，非宁静无以致远”(诸葛亮《诫子书》)。只有这样，才有可能达到仁、义、礼、智、信、忠、恕、孝、悌、俭的境界。

治　　家

如果说修身是立身之本，治家则既是立身之始，又是对个人才干的锻炼和检验。国、家一理，是中国古人的口头禅；能治家，才有可能治国；不能治家，则不能治国。所以《孝经》说：“居家理，故治可移于官。”《颜氏家训·治家》亦云：“笞怒废于家，则竖子之过立见；刑罚不中，则民无所措手足。治家之宽猛，亦犹国焉。”春秋时代的冀缺，正是善于治家而被推荐入朝做官的（详见《左传·僖公三十三年》）。

家有百口，主事一人　在封建社会里，皇帝的命令就是圣旨，任何人不得违抗；在封建家庭中，家长同样是家中的“皇帝”，其他家庭成员都要遵从家长的指令，不得擅自行动。而家长要遵循一定的家法礼制协调家庭成员之间的关系，安排全家的生产、生活，教育子弟修身上进，和睦四邻，处理内外大小事务。正如郑太和《郑氏规范》所说：“家长总治一家大小之务，凡事令子弟分掌，然须谨守礼法，以制其下。”这样才能使家庭和睦兴盛，子孙有望成人。当然，“家长当谨守礼法，不得妄为。至公无私，不得偏向”（徐三重《家则》）；要“刑于寡妻，至于兄弟，以御于家邦”（《诗经·大雅·思齐》）。因为“父不慈则子不孝，兄不友则弟不恭，夫不义则妇不顺”（《颜氏家训·治家》）。

勤俭持家　勤俭是中华民族的传统美德。《国语·周语下》载：“史佚有言曰：‘动莫如敬，居莫若俭。’”李商隐的《咏史》一诗高度概括了节俭之益和奢侈之害：“历览前贤国与家，成由勤俭败由奢。”因此，我们可以看到，古代家训中有关勤俭持家的训诫非常之多。例如司马光的《训俭示康》就引述大量的材料论证了“以俭立名，以侈自败”的普遍性和真理性，并现身说法教育儿子司马康“身当服行”之外，还“当以训汝子孙”。庞尚鹏《庞氏家训·戒奢靡》不惮其烦地制定出详细要求：“子孙各要布衣蔬食，惟祭祀宾客之会，方许饮酒食肉，暂穿新衣。……尺帛、半钱不敢浪用，庶几不至于饥寒”“亲戚每年馈问，多不过两次，每次用银，多不过一钱。彼此相期，皆以俭约为贵，过此者，拒勿受”“待客品物，本有常规。如亲友常往来，即一鱼菜亦可相留”。总之，“居家切要，在勤俭两字”

（姚舜牧《药言》）。要治理好一个家庭，家长必须身先垂范，严格要求每一个家庭成员“一粥一饭，当思来处不易；半丝半缕，恒念物力维艰”（朱柏庐《治家格言》）。

勤俭的天敌是奢侈，勤俭可以兴家、助廉，奢侈则会破家、败身。“俭则足用，俭则寡求，俭则可以立身，俭则可以传子孙。奢则用不给，奢则贪求，奢则掩身，奢则破家，奢则不可以训子孙”（倪思《经锄堂杂志》）。位居方面的曾国藩谆谆告诫儿子纪鸿要保持“寒素家风”，要懂得“骄奢倦怠，未有不败”的道理（《谕纪鸿》）。

奢侈和贪欲是孪生兄弟，它们往往互为因果，致人败身破家。人如果嗜欲无穷，“则必有贪鄙悖乱之心，淫佚奸诈之事”（《吕氏春秋·侈乐》）。陆游《放翁家训》即言：“世之贪夫，溪壑无厌，固不足责。至若常人之情，见他人服玩，不能不动，亦是一病。大抵人情慕其所无，厌其所有，但念此物若我有之，意亦何用？使人歆艳，于我何补？如是思之，贪求自息。”唐代有一女子名卢氏写有《训子崔玄晞书》，训诫儿子居官不可贪财，颇有警戒价值：

> 吾见姨兄屯田郎中辛玄驭云：“儿子从宦者，有人来云贫乏不能存，此是好消息。若闻赀货充足，衣马轻肥，此恶消息。”吾常重此言，以为确论。比见亲表中仕宦者，多将钱物上其父母，父母但知喜悦，竟不问此物从何而来。必是禄俸余资，诚亦善事。如其非理所得，此与盗贼何别？纵无大咎，独不内愧于心？孟母不受鱼鲊之馈，盖为此也。汝今坐食禄俸，荣幸已多，若其不能忠清，何以戴天履地？孔子云：“虽日杀三牲之养，犹为不孝。”又曰：“父母惟其疾之忧。”特宜修身洁己，勿累吾此意也。（《旧唐书·崔玄晞传》）

崔玄暐谨遵母训，为官清廉谨慎，敢于秉公直谏，弹劾来俊臣等权奸酷吏，以廉谨著称。

我们还注意到，古代家训中有不少家长立下遗嘱、教育子弟节俭薄葬、力戒奢侈的文字，汉魏六朝时期尤甚。其核心内容是告诫子孙厚葬无益于死者、生者，而且有害，要求薄葬、节俭。因为厚葬不仅浪费财物，而且可能招来盗墓之贼，致使尸骨暴露，金玉四散。如三国时魏将郝昭诫子曰：“吾为将，知将不可为也；吾数发冢，取其木以为攻战具，又知厚葬无益于死者也。”（《三国志·魏书·明帝纪》裴松之注引《魏略》）魏文帝《终制》曰：“自古及今，未有不亡之国，亦无不掘之墓。”皇甫谧《笃终》亦云：“夫葬者藏也，藏也才，欲人之不得见也。而大为棺椁，备赠厚物，无异于埋金路隅而书表于上也。”总之，厚葬致祸，薄葬免祸，所以不少人遗训子孙节俭薄葬。这类家训在今天仍有现实意义，很值得今人借鉴。

睦　亲

睦亲包括两个方面的关系，一方面是充分协调家庭内部的人际关系，另一方面是充分协调家庭外部的亲戚关系；前者如父子、兄弟、夫妻、叔侄、妯娌、姑嫂等之间的关系，后者如岳父岳母、舅父舅母、姑夫姑母、叔表姑姊之间的关系。和为贵，天和人和万事和。与亲人和睦相处、团结友爱是古代家训的重要内容之一。

父子关系　父子关系在封建家庭中居于第一位，所谓“父父、子子”，正是强调父子之间的伦理关系。一个家庭的兴衰浮沉，关键就在于父子关系协调与否。《礼记·郊特牲》云：“父子亲然后义生，义生然后礼作，礼作然后万物安。”正是强调了父子关系的极端重要性。而协调父子关系的关键是父慈子孝。

《礼记·大学》云：“为人子止于孝，为人父止于慈。”父子之间的矛盾往往失于父不慈而子不孝。“人之父子，或不思各尽其道而相互责备者，尤启不和之渐也。若各能反思，则无事矣。”而“为人父者能以他人之不肖子喻己子，为人子者能以他人之不肖父喻己父，则父慈而子愈孝，子孝而父益慈，无偏胜之患矣”（袁采《袁氏世范》）。

兄弟关系　古人对兄弟关系十分重视。《诗经·邶风·谷风》早就说过：“宴尔新婚，如兄如弟。”《诗经·小雅·常棣》更是申述兄弟应该互相友爱，“凡今之人，莫如兄弟”“死丧之威，兄弟孔怀”“脊令在原，兄弟急难”。兄友弟恭是协调家庭内部关系的关键。兄友弟则恭，弟恭则兄益友，兄益友则弟益恭。这会使兄弟关系亲密无间。兄弟同享甘苦、同用衣服的事例很多，但兄弟相残、同室操戈的事例亦不少。究其原因，或出于争财，或出于父母偏爱，或出于妯娌搬弄是非。因此，兄弟“当和好到老。不可各积私财，致起争端；不可因言语差错，小事差池，便面红耳赤”（杨继盛《谕应尾、应箕两儿》）。“人之爱子，罕亦能均；自古及今，此弊多矣”（《颜氏家训·教子》），为人父母者应当平等对等子女，切忌偏宠。就父母来讲，“贤不肖皆吾子，为父母者切不可毫发偏爱”（姚舜牧《药言》）；就兄弟而言，应当理解父母，子女皆父母的心头肉，他们有时“见诸子中有独贫者，往往念之，常加怜恤，饮食、衣服之分，或有所偏私；子之富者，或有所献，则转以与之，此乃父母均一之心，而子之富者或以为怨，此殆未之思也：‘若使我贫，父母必移此心于我矣’”（袁采《袁氏世范》）。丈夫应当经常以兄弟之义引导妻子，勿使兄弟反目，致使家道中落，“见得财帛轻，恩义重，时以此开晓妇人”（姚舜牧《药言》），万不可因“听妇言，贪财利，绝同胞之恩，友爱之情”（蔡襄《福州五戒》）。

夫妻关系 举案齐眉、富不易妻、伉俪情深、琴瑟和谐是夫妻恩爱的典型；夫妻关系的好坏是决定家庭安定团结与否的基础。夫妻应当既能共患难，又能同甘苦，互敬互爱，琴瑟和谐。为夫者要体谅和尊重妻子的辛劳，时常记住妻子的相助，万万不能因一朝富贵而抛弃结发，另娶新欢，姚舜牧《药言》即言“尝谓结发糟糠，万万不宜乖弃”，常说的“糟糠妻子不下堂”正是此意。

父子、兄弟、夫妻关系是家庭和睦的三大基础，如果出现悖乱，则会引起连锁反应，影响其他关系。此外，叔侄、叔嫂、姑嫂、妯娌、姊妹、甥舅、翁婿以及左右邻居之间的关系都要协调处理得当，在不涉及原则的问题上，可以忍让来保持和睦。朱熹就曾指出：“读书起家之本，勤俭治家之本，和顺齐家之本，循理保家之本。”《袁氏世范》也指出：“人言居家久和者，本于能忍。”“‘和’字能守得几分，未有不兴；不和，未有不败者”（曾国藩《与诸弟书》）。

读书学习

如何教育子弟读书学习的内容，在古代家训中占有极为重要的地位，这方面的训诫颇有借鉴价值。

人生至乐无如读书 中国古代的经济模式是以农业经济为主的自给自足的自然经济，耕读传家是家长教育子弟的基本宗旨。因此，教子读书是每一个家长都乐而为之的大事，“人生至乐无如读书，至要无如教子”（家颐《教子语》）。汉高祖刘邦素以“马上治天下”、鄙视读书人著称于世，但到晚年，他从切身体会中领悟出读书并非“无益”，“追思昔所行，多不是”，于是谕告太子刘盈“可勤学习，每上疏宜自书，勿使人也”（《手敕太子》）。历朝历代的皇帝都把教子读书放在非常重要的地位，有的还专门为皇太子及其他诸子编有教科书。有识之士更是强调读书学习的重要性，严慈并用，劝子读书。西汉的韦贤与子韦玄成俱以明经官至宰相，时有谚语曰："遗子黄金满籯，不如教子一经。"（《汉书·韦贤传》）晋代的刘殷七岁丧父，发愤读书，"弱冠博通经史，综核群言，文章诗赋，靡不该览"，"有七子，五子各授一经，一子授《太史公》，一子授《汉书》，一门之内，七业俱兴，北州之学，殷门为盛"（《晋书·孝友传》）。《魏氏春秋》载诸葛亮"作八务、七识、六怒、五惧，皆有条章，诫励诸子"，这一记载与他告诫儿子"夫学须静也，才须学也，非学无以广才，非志无以成学"（《诫子书》）的家训完全吻合。唐代的张弘靖于战事之余告诫军士说："今天下无事，汝辈挽得两力弓，不如识一丁字。"（《旧唐书·张延赏传》）中唐名相裴度训其子曰："凡吾辈，但令文种无绝，中间有成功，能致身于万乘之相。"（周密《齐东野语》卷二十）北宋著名文学家黄庭坚也指出："四民皆坐世业，士大夫子弟能知忠、信、孝、友，斯可矣；但不可使读书种子断绝。"（周密《齐东野语》卷二十）南宋陆游更进一步指出，即使家庭如何贫困，也要设法教子读书，"子孙才分有限，无如之何，然不可不使读书"（《放翁家训》）。总之，"书中自有黄金屋""书中自有千钟粟""书中自有颜如玉"，乃古人信奉的名言，因此说，教子读书乃"人生至乐"。

发愤学习　自孔子提出"发愤忘食，乐以忘忧，不知老之将至"（《论语·述而》）的学习精神之后，发愤学习遂成为古人乃至今人读书治学的不二法门。学习要专心致志，心无旁骛，"用心专者，不闻雷霆之震惊，寒暑之切肤"（林逋《省心录》）。西汉的匡衡穿壁引光，南宋名臣胡铨双肘不离书案三十年，张无垢每天凌晨就立于窗下读书，如是者十四年。头悬梁、锥刺股的故事，被写进启蒙读物《三字经》；铁砚磨穿、三年不窥园的故事更被人们传为佳话。欧阳修作文章多在“三上”——马上、枕上、厕上；朱熹之读书法却有“三到”——心到、眼到、口到。这类勤学苦读的事例真是不可胜数。

爱书惜书　我们经常发现古代家训中关于借书、珍惜书籍而读的事例。如袁枚主张“书，非借不能读也”（《黄生借书说》），这是因为借他人之书有规定期限，须在期限内读完归还，盖指能抓紧时间阅读而言，如果是自己的藏书，那自己没有压力，就读得慢一些了。古人强调爱惜书籍，著名的如司马光。他珍藏着万余卷文史方面的书籍，他读过的书在几十年后，仍然像从未用手触摸过的新书一样。他垂训儿子说：“贾竖藏货贝，儒家惟此耳，然当知宝惜！吾每岁以上伏及重阳间，视天气晴明日，即设几案于当日所，侧群书其上，以曝其脑，所以年月虽深，终不损动。至于启卷，必先视几案洁净，藉以茵褥，然后端坐看之。或欲行看，即承以方版，未尝敢空手捧之，非惟手汗渍及，亦虑触动其脑。每至看竟一版，即侧右手大指面衬其沿，而覆以次指面撚而挟过，故得不至揉熟其纸。”（费衮《梁溪漫志》卷三）可见司马光对书籍的爱惜到了何等程度！其对如何翻阅书籍的指点，于今仍有借鉴意义。不爱护书的人绝不是真正的读书人，真正的读书人肯定爱护书，甚至不把书借给别人。左宗棠就告诫儿子：“家中书籍，勿轻易借人，恐有损失。如必须借看者，每借去则粘一条于书架，注明某日某人借去某书，以便随时取回。”（《致孝宽、孝威》）吩咐叮嘱得何等仔细！但也有主张不要过分爱惜书者，如清人孙枝蔚的《示儿燕》：

初读古书，切莫惜书。惜书之甚，必至高阁。便须动圈点为是，看坏一本，不妨更买一本。盖惜书是有力之家藏书者所为，

吾贫人未遑效此也。譬如茶杯、饭碗，明知是旧窑，当珍惜；然贫家止有此器，将忍渴忍饥作珍藏计乎？儿当知之。（《溉堂文集》）

这是从“惟多读书可以使人敬，惟至诚可以使人感，惟耕田可以不求人”的角度提出“初读古书，切莫惜书”的，只要能多学习知识，充分发挥书籍的作用，那么“看坏一本，不妨更买一本”，这样做要比置书不读、束之高阁的所谓藏书家划算得多！他的确是儿子的良师益友。孙枝蔚的观点在印刷业发达、购书容易的今天，尤为值得深思！

此外，学贵有恒，不可一日曝十日寒；学如逆水行舟，不进则退；学习全靠自用心，先生不过引路人；学贵得间，善于发现问题，有独到体会；学习要由博返约，成为名家；学习宜早，而至老不倦，要活到老学到老；学贵相互批评，如切如磋，如琢如磨；学习要注意节奏，量力而行，一张一弛，不可因学习而累垮身子；教子读书要恩威并施，宽严适当，以身作则，因材施教；等等。这些方法屡见于古代家训之中。

立身处世

如果说读书学习是手段，那么立身处世则是目的；读书学习是为立身处世奠定基础，立身处世则是对读书学习成果的实践检验。学以致用。如果学富五车，却在社会上难有立足之地，那是“书呆子”；如果满腹经纶，而一旦要派用场时却一败涂地，那是纸上谈兵者。因此，家长们积一生之体会，鉴前代兴盛衰败之缘由，写下许多切合实际、经世致用的训诫，教育子弟处理社会事务，协调人际关系，在复杂的社会生活中力争保全性命，进而有所成就。

梁简文帝萧纲在其《诫当阳公大心书》中有几句非常著名

的话："立身之道，与文章异：立身先须谨重，文章且须放荡。"即谓写作文章与立身处世恰恰相反：写作文章不能不恣肆放纵，而立身处世却不能不谨慎庄重。《淮南子·人间训》总结说："圣人敬小慎微，动不失时，百射重戒，祸乃不滋。"朱熹给儿子的信中将做人之道归结为"勤谨"二字，"循之而上，有无限好事，……反之而下，有无限不好事"（《与长子受之》）。这主要体现在言、行两大方面。

祸从口出，三缄其口，这是古人屡屡提及的名言。早在《周易·颐卦》中就有"君子以慎言语，节饮食"的论述，孔颖达《周易正义》释为"病从口入，祸从口出"。桓谭《桓子新论·谴非》云："至以言语小故，陷致人于族灭，事诚可悼痛焉！"令人触目惊心。正因为"言为祸母"（《焦氏易林·否之巽》），一言不慎，轻者前功尽弃，危身丢官；重则破家灭族，株连无辜。东汉马援就告诫子侄："吾欲汝曹闻人过失，如闻父母之名，耳可得闻，口不可得言也。好论议人长短，妄是非正法，此吾所大恶也。宁死不愿闻子孙有此行也。"（《诫兄子严、敦书》）三国时人王昶引当时谚语"救寒莫如重裘，止谤莫如自修"告诫儿子，他"为兄子及子作名字，皆依谦实，以见其意"，给兄子起名王默字处静、王沈字处道，给其子起名王浑字玄冲、王深字道冲（《三国志·魏书·王昶传》）。嵇康《家诫》更是不惮其烦地告诫儿子要认识"夫言语，君子之机"的深刻含义，以求全身远祸。羊祜告诫儿子"无口许人以财，无传不经之谈，无听毁誉之语。闻人之过，耳可得受，口不得宣，思而后动"。张履祥教育子弟立身处世要长怀忧惧，慎言慎行：

年少之人，未尝知忧，未尝知惧。晨夕嬉游，见老成者危言切论，掩耳而去，以为我生必无可忧，亦有何惧。不知命不于常，岂特王公为然？匹士庶人，盛衰苦乐，亦各有命，若涉大川，其无津涯，向后茫无可仗，但欲长此安平无事，岂是易得？或是世道变更，或是乡土乱作，或是家运前后不同，或是此身事出非意。惟有长怀忧惧，不敢肆言，不敢妄动，庶几自作之孽可以少免。（《初学备忘》）

这段文字乃是张履祥一生处世立身经验的总结之作，足可发人深省。总之，“古人慎言，不但非礼勿言也。《中庸》所谓庸言，乃孝、弟、忠、信之言，而亦谨之。是故万言万中，不如一默”（袁衷《庭帏杂录》）。至于文字狱之酷烈，那更是不慎言语的结果啊！所以《淮南子·人间训》早就提醒人们：“美言可以市尊，美行可以加人。”据说“（孔子）去周，老子送之，曰：‘……凡当今之士，聪明深察而近于死者，好议人者也；博辩宏大而危者，好发人之恶者也。’孔子曰：‘敬奉教。’”（《孔子家语·观周》）

在强调慎言的同时，古代家训更注重慎行。概括说来，有以下几大方面。

第一，要谦虚，不要傲慢。周公《戒子》早就指出：“德行广大而守以恭者荣，土地博裕而守以俭者安，禄位尊盛而守以卑者贵，人众兵强而守以畏者胜，聪明睿智而守以愚者益，博闻多记而守以浅者广。”一沐三握发、一饭三吐哺，正是周公谦虚谨慎、礼贤下士的具体表现。东汉樊宏《戒子》一文可说是至理名言：“富贵盈溢，未有能终者。吾非不喜荣势也，天道恶满而好谦，前世贵戚，皆明戒也。保身全己，岂不乐哉？”（《后汉书·樊宏传》）《颜氏家训·止足》亦言：“天地鬼神之道，皆恶满盈，谦虚冲损，可以免害。”所以，“言语忌说尽，聪明忌露尽，好事忌占尽”（孙奇逢《孝友堂家训》）。

第二，谨慎交友。孔子云：“与善人居，如入芝兰之室，久而不闻其香，即与之化矣。与不善人居，如入鲍鱼之肆，久而不闻其臭，亦与之化矣。”（《孔子家语·六本》）深刻道出了交友与个人成长的关系。在《论语·子罕》中，孔子更明确地指出：“无友不如己者。”即交友要交比自己有长处的朋友，这样才能有益于自己的成长。隋代王通的《文中子》也说：“君子先择而后交，故寡尤；小人先交而后择，故多怨。”唐代孟郊的《审交》一诗同样说明了择友的重要性：“种树须择地，恶土变木根。结交若失人，中道生谤言。”因为世事人情极为复杂多变，人心叵测，管鲍之义、刎颈之交固然可羡可称，金兰之交、对床风雨者亦固然可艳可赞，然而人心隔肚皮，损友利己者有之，富贵易友者有之，前交后绝者有之，导人为恶者有之，卖友求荣者亦有之。因此，古人十分看重交友，不交名士者有之，不交流俗者有之，闭门却友者有之，必交长者的亦有之。古代家训对子弟慎重交友多有谈及。三国刘廙《戒弟伟》即言：“夫交友之美在于得贤，不可不详。而世之交者，不审择人，务合党众，违先圣人交友之义，此非厚己辅仁之谓也。吾观魏讽，不修德行，而专以鸠合为务，华而不实，此直搅世沽名者也，卿甚慎之，勿复与通！”刘廙看到弟弟刘伟与魏讽友好，他从观察中得出魏讽“华而不实”的结论，劝诫刘伟“勿复与通”。事实证明，刘廙的看法极为准确，魏讽后来欲反叛曹操而被杀，刘伟受到牵连，幸赖曹操赏识刘廙，刘伟才免于一死。朱熹训诫儿子说：“交游之间，尤当审择。虽是同学，亦不可无亲疏之辨。此皆当请于先生，听其所教。大凡敦厚忠信，能攻吾过者，益友也；其谄谀轻薄，傲慢亵狎，导人为恶者，损友也。”（《与长子受之》）为儿子指明区别“益友”“损友”的判断标准。杨继盛对儿子的提醒则更为具体：“你两个年幼，恐油滑滑人见了，便要哄诱你，或请你吃饭，或诱你赌博，或以心爱之物送你，或以美色诱你，一入他圈套，便吃他亏，不惟荡尽家业，且弄你成不的人。若是有这样人哄你，便想吾的话来识破他：合你好是不好的意思，便远了他。拣着老成忠厚、肯读书、肯学好的人，你就与他肝胆相交，语言必信，逐日与他相处。你自然成个好人，不入下流也。”（《谕应尾、应箕两儿》）可谓细心有加，足以借鉴。而朋友之交，关键在合乎礼义：“朋友之交，皆以义合。故曰：为友者，友其德也。”（张履祥《训子语》）损友可以败身，而益友可起到榜样的作用。当然，交友问题十分复杂，不能求全责备，最好能取长补短，共同上进，“汝与朋友相与，只取其长，弗计其短。如遇刚鲠人，须耐他戾气；遇骏逸人，须耐他罔气。遇朴厚人，须耐他滞气；遇佻达人，须耐他浮气”（温璜《温氏母训》）。这样，才可能交上一些真正的朋友。

第三，遇事忍让，待人谦和。《周易·谦卦》有言：“谦谦君子，卑以自牧也。”意谓君子应当表现出谦虚卑下的态度而修养品德。古代家训中有大量文字谈及要培养子弟谦恭平和地待人接物的品德，教育子弟要“学谦恭”“能下人”“能容人”（庞尚鹏《训蒙歌》）；“与人相处之道，第一要谦下诚实”（杨继盛《喻应尾、应箕两儿》），“待人要宽和”（吴麟征《家诫要言》）。朱熹教育儿子：“居处须是居敬，不得倨肆惰慢。……凡事谦恭，不得尚气凌人，自取耻辱。”（《与长子受之》）孙奇逢同样指出：“人生第一吃紧，只不可见人有不是，一见人之不是，便只是求人，则亲疏远近，以及童仆鸡犬，到处可憎，终日落坑堑中矣。”（《孝友堂家训》）唐人朱仁轨尝诲子弟曰：“终身让路，不枉百步；终身让畔，不失一段。”（《新唐书·朱仁轨传》）宋人范纯仁谓己一生学得“忠恕”二字，其《戒子弟》亦言：“人虽至愚，责人则明；虽有聪明，恕己则昏。苟能以责人之心责己，恕己之心恕人，不患不至圣贤地位也。”（《宋史·范纯仁传》）陆游更是切言：“人士有与吾辈行同者，虽位有贵贱，交有厚薄，汝辈见之，当极恭逊。己虽官高，亦当力请居其下。不然则避去可也。吾少时，见士子有与其父之朋旧同席而剧谈大噱者，心切恶之。故不愿汝曹为之也。”（《放翁家训》）西汉刘向的《诫子歆书》则引用董仲舒“吊者在门，贺者在闾”“贺者在门，吊者在闾”的名言，辨析了其中深刻的哲理意义，警省儿子“今若年少，得黄门侍郎，要显处也。新拜皆谢，贵人叩头，谨战战栗栗，乃可必免”。遗憾的是，刘歆未能谨遵父教，西汉覆亡后，他追随王莽，做了国师；后又怀有异心，谋杀王莽，事泄而被杀。袁采《袁氏世范》有鉴于此，教育族人要“礼貌卑下，言辞谦恭”。郑板桥在潍县做官，写了不少家书教育儿子，其中一封信说：“吾儿六岁，年最小，其同学长者当称为某先生，次亦称为某兄，不得直呼其名。纸笔墨砚，吾家所有，宜不时散给诸众同学。每见贫家之子，寡妇之儿，求十钱，买十数钱，买川连纸钉仿字簿，而十日不得者，当察其故而无意中与之。至阴雨不能归，辄留饭；薄暮，以旧鞋与穿而去。”（《潍县署中寄舍弟墨第三书》）总之，“子孙当以和待乡曲，宁我容人，毋使人容我，切不可先操忿人之心”；“子孙处事接物，当务诚朴”；“子孙须恂恂孝友，见兄长坐必起，行必以序，应对必以名，毋以尔我。诸妇并同”（《郑氏家范》）。

选择职业

《国语·周语上》曰：“庶人工商，各守其业。”因此，择业问题素为古人所重视。《袁氏世范》早就指出：“人之有子，须使有业。贫贱而有业，则不至于饥寒；富贵而有业，则不至于为非。”明人许相卿《贻谋》亦曾指出：“人有常业，则富不暇为非，贫不至失节。”

中国古代一般把职业分为四大类，即士、农、工、商。《穀梁传·成公元年》：“古者有四民：有士民，有商民，有农民，有工民。”《管子·小匡》：“士农工商四民者，国之石民也。”尹知章注：“四者国之本，犹柱之石也；故曰石也。”可知，士、农、工、商是古人公认的四大正当职业。《唐六典》卷三“尚书户部”条则进一步对其作出解释：“凡习学文武者为士，肆力耕桑者为农，巧作贸易者为工，屠沽兴贩者为商。”至于元朝统治者依据身份、职业强行分为十级，那是以后的看法，更是其残酷统治的表现（谢枋得《叠山集》谓十级是：一官、二吏、三僧、四道、五医、六工、七猎、八娼、九儒、十丐。“八娼”或作“八民”）。

前文已述，耕读传家是古代家长教育子弟的基本宗旨；而古代读书的根本目的即是为官仕宦，即所谓学成文武艺，货与帝王家。因此，科举仕进是首选职业，“士、农、工、商，各居一艺，士为贵，农次之，工商又次之”（姚舜牧《药言》）。但是，能为官者毕竟是少数，所以，除为官外，也有不少人主张亦耕亦读，耕读传家乃是最好的职业，“然择业不可不慎，除耕读二事，无一可为者”（张履祥《训子语》）；“农桑本务，商贾末业”（许相卿《贻谋》）。更有主张以务农为本、拒绝出仕者。陶渊明因不愿为五斗米折腰向乡里小儿，为彭泽令八十余日即挂印辞官，过上了一种耕读自适、隐居不仕的生活。这是他看透了官场尔虞我诈的黑暗本质，乃不得已而为之，其实，从内心本质讲，他的积极进取心是昭然的。他的《责子》即流露出望子成龙的情感：“白发被两鬓，肌肤不复实。虽有五男儿，总不好纸笔。阿舒已二八，懒惰故无匹。阿宣行志学，而不爱文术。雍端年十三，不识六与七。通子垂九龄，但觅梨与栗。天运苟如此，且进杯中物。”其恨铁不成钢的意思不是很清楚吗？南宋著名诗人陆游的主张更有独特性：“吾家本农也，复能为农，策之上也；杜门穷经，不应举，不求仕，策之中也；安于小官，不慕荣达，策之下也。”（《放翁家训》）然而，如果我们了解了陆游的早年积极进取而终生不得志的经历后，就不难明白陆游以务农为上策、以读书而不应举为中策、以安于小官为下策的观点自有不便为外人道者。陆游于绍兴中试礼部第一，秦桧孙秦埙居其次，桧怒，陆游被黜免，后虽做过小官，但屡遭排斥。我们认为，陶渊明、陆游虽主张务农，但绝非出于真情实意，而是在宦海风波、官场黑暗中悟出的一种人生体验，自有其合理价值在。前面提及的许相卿《贻谋》则说得比较辩证：“子弟性资拙钝，莫将举业久担，早令练达公私百务。大都教子弟是要渠做好人，不是定要渠作好官。农桑本务，商贾末业，书画医卜，皆可食力资身。……但皆不可不学以延续读书种子。”孙奇逢《孝友堂家训》也说：“古人读书，取科举犹第二事，全为明道理，做好人。”就与许相卿的观点有相通之处。至于《霍韬家训》所主张的“教子务农”（详见本书该篇），其主要用意则在于告诫子弟不生奢侈之心。

为官仕宦

读书以仕宦乃古人唯一的进身之阶，“士之生世，入则事父，出则事君。事父尚于荣亲，事君贵于兴国”（曹植《求自试表》）。然而，宦海风波难以逆料，可能今日座上宾，明日阶下囚。古人以前代事例为鉴，总结出了不少为官仕宦的知识和经验，写成家训以教导子弟。

为官之道，首重清廉　“廉吏久，久更富”，这是司马迁在《史记·货殖列传》中提出的观点，意谓官吏清廉不贪就能久居官位，久居官位则即使廉洁亦能富有。俗语有言：千里做官，为的是吃穿。没有不享国家俸禄的官吏，“君子爱财，取之有道”，既然为官有俸禄，那么为官久长则积蓄自多。《淮南子·道应训》载公仪休嗜鱼，相鲁时，国人献鱼则却而不受，因为“夫受鱼而免于相，虽嗜鱼不能自给鱼；毋受鱼而不免于相，则能长自给鱼”。《儒林外史》中王太守说得更加明白：“三年清知府，十万雪花银。”（第八回）所以，“仕宦之法，清廉为最”（贾昌朝《戒子孙》）；亦有“子弟有愚缪贪污者，不可使之仕宦”的家戒（《袁氏世范》）。包拯以清廉公正著称，他曾训诫家人：“后世子孙仕宦有犯赃者，不得放归本家，死不得葬大茔中。不从吾志，非吾子吾孙也。”（《宋史·包拯传》）人称“关西孔子”的汉人杨震以清廉闻名，有人夜半“怀十金”行贿，并以无谁知开导杨震，杨震却以“天知，神知，我知，子知，何谓无知”厉色拒绝，其子孙常蔬食步行，故旧长者劝他为子孙置家业，他说：“使后世称为清白吏子孙，以此遗之，不亦厚乎！”（《后汉书·杨震传》）北魏源贺敕儿子要“诚勤以事君，清约以行己”（《遗令敕诸子》），前引唐人崔玄暐之母卢氏训诫儿子要“修身洁己”，但愿听到儿子从宦而“贫乏不能存”这样的“好消息”，足以令人警醒。无独有偶，明人李际阳的母亲也乐意听人说“尔不好钱，只是以身借人，似乎不得时人欣羡”，但“我心窃喜”，并且“恐非尔所及也”（《遗子弟书》）。因此，在封建社会里，身服布被、并日而炊、廉洁奉公、坐无定席、食不重肴、妻不衣帛、儿号饥寒、不治产业、不燃官薪、家无余财的清官屡见于史籍。

为官勤勉，公正审慎　既已为官，就应恪尽职守，公正审慎。《尚书》所载周公《无逸》篇相传就是对成王的告诫之词，其言：“我闻曰：昔在殷王中宗！严恭寅畏，天命自度，治民祗惧，不敢荒宁。”孔安国传：“为政敬身畏惧，不敢荒怠自安。”谆谆教导成王要勤官思惧，不能贪图安逸。刘向在儿子刘歆任黄门侍郎时要求“战战栗栗”、谨慎自守。明人支大纶《示儿》一文告诫儿子为官宜公正无私：

> 丈夫遇权门须脚硬，在谏垣须口硬，入史局须手硬，值肤受之愬须心硬，浸润之谮须耳硬。

连用五个“硬”字，教育儿子挺起胸脯做人，公正无私为官。朱吾弼《示弟》一文则更以形象的比喻教导弟弟如何为人做官：

> 第谓做官，当如将军对敌；做人，当如处子防身。将军失机，则一败涂地；处子失节，则万事瓦裂。

其以“将军对敌”比喻做官，强调做官须小心谨慎而洁身自好，否则将“一败涂地”。宋代吕本中《童蒙训》认为：“当官之法，惟有三事，曰清、曰慎、曰勤。……若能清、慎、勤之外更行一忍，何事不办？”亦足资借鉴。

为官自勉，不赖父荫　在漫长的封建社会中，有不少人是因为先世有功勋、统治者推恩赐爵而得以做官的，其中一些人并没有真才实学、治国安民之策，所以居官时间不长，或被罢免，或遭杀身之祸。有鉴于此，对子弟为官宜自勉、不依赖祖先之荫的训诫也屡见于古代家训。《南齐书·陈显达传》载陈显达“谦厚有智计，自以人微位重，每迁官常有愧惧之色。有子十余人，诫之曰：‘我本志不及此，汝等勿以富贵陵人。’”南齐王僧虔的《诫子书》更具有代表性：

吾在世虽乏德业，要复推排人间，数十许年，故是一旧物，人或以比数汝等耳。即化之后，若自无调度，谁复知汝事者？舍中亦有少负令誉、弱冠越超清级者，于时王家门中，优者则龙凤，劣者犹虎豹。失荫之后，岂龙虎之议！况吾不能为汝荫，政应各自努力耳。或有身经三公，蔑尔无闻，布衣寒素，卿相屈体；或父子贵贱殊，兄弟声名异，何也？体尽读数百卷书耳，吾今悔无所及，欲以前车戒尔后乘也。汝年入立境，方应从官，兼有室累，牵役性情，何处复得下帷如王郎时邪？为可作世中学，取过一生耳，试复三思，勿讳吾言。（《全齐文》卷八）

司马光受命为门下侍郎后，“有惧而无喜”，就在《与侄书》中告诫侄子要谦虚退让，“汝辈当识此意，倍须谦恭退让，不得恃赖我声势，作不公不法，搅扰官司，侵陵小民”，使侄子要懂得为官“如一黄叶在烈风中，几何不危坠也”。郑板桥认为富贵贫贱不是天生的，要改变自己的贫贱境遇，须奋发有为，精勤不倦，不能“借祖宗以欺人，述先代而自大”（《雍正十年杭州韬光庵中寄舍弟墨》）。《元史·木华黎传》亦载：“乃燕虽居显要而小心谨畏，每诲群从子弟曰：‘先世从太祖皇帝出入矢石间，披坚执锐，斩将搴旗，勤劳四十余年，遂成功名。以故一家蒙恩深厚，可谓极矣。慎勿骄惰，以堕先王之名，尔曹戒之。’”凡此，均以告诫子弟要勤勉自立，不赖祖先之荫为主旨，这在今天更有其参照、借鉴作用。

功高身退，保身全己　“狡兔死，走狗烹；高鸟尽，良弓藏；敌国破，谋臣亡。”（《史记·淮阴侯列传》）“太平本是将军定，不使将军见太平”（《水浒传》第一百一十四回）；功高震主，必遭其咎，此乃古人反复言说的道理。功成名就之时能急流勇退、保身全己者，实属不世之士，如范蠡、张良之辈；而大多数名官显宦不识进退之理，居安不思退，终遭杀身乃至灭族之祸，如李斯、韩信之流。因此，古代家训中多有主张功成身退、保身全己的内容。前引王昶的《家诫》即是一篇阐释功成身退的佳文，其观点代表了封建社会中有识之士的通明见解。三国时吴国陆景《诫盈》更为精彩：

> 富贵，天下之至荣，位势，人情之所趋。然古之智士，或山藏林窜，忽而不慕；或功成身退，逝若脱屣者，何哉？盖居高畏其危，处满惧其盈。富贵荣势，本非祸始，而多以凶终者，持之失德，守之背道，道德丧而身随之矣。是以留侯、范蠡，弃贵如遗；叔敖、萧何，不宅美地。此皆知盛衰之分，识倚伏之机，故身全名著，与福始卒。自此以来，重臣贵戚，隆盛之族，莫不罹患构祸，鲜以善终，大者破家，小者灭身。惟金、张子弟，世履忠笃，故保贵持宠，祚钟昆嗣。

陆景所言留侯、范蠡事世人熟悉，兹不赘述；叔敖、萧何不宅美地而全身避祸之事，稍需说明。《吕氏春秋·异宝》载："孙叔敖疾，将死，戒其子曰：'王数封我矣，吾不受也。为我死，王则封汝，必无受利地。楚越之间，有寝之丘者，此其地不利，而名甚恶。荆人畏鬼，而越人信禨，可长有者，其唯此也。'孙叔敖死，王果以美地封其子，而子辞，请寝之丘。故至今不失。孙叔敖之知，知不以利为利矣。知以人之所恶为己之所喜，此有道者之所以异乎俗也。"孙叔敖位至楚令尹，但能以不置宅田全身免祸，并致福祥。《史记·萧相国世家》载："客有说相国曰：'君灭族不久矣！……上所为数问君者，畏君倾动关中，今君胡不多买田地、贱贳贷以自污？上心乃安。'于是相国从其计，上乃大说。"萧何终得善终。晋潘尼《安身论》说得更为警精："盖崇德莫盛乎安身，安身莫深乎存政，存政莫重乎无私，无私莫大乎寡欲。"若不知止欲，不知进退，身居高位而不能思退，则杀身之祸不远矣。故樊宏教子说：“保身全己，岂不乐哉！”

婚　嫁

婚嫁是人生中的大事。古代家训于此有几类训诫。

婚嫁不求门当户对　这是非常先进的观点。颜之推就引其九世祖颜含诫子侄的话并深表佩服：“汝家书生门户，世无富贵；自今仕宦不可过二千石，婚姻勿贪世家”，颜之推“终身服膺，以为名言也”（《颜氏家训·止足》）。早于颜之推的三国时吴人虞翻《与弟书》更是主张婚姻不必门当户对：

> 长子容，当为求妇。其父如此，谁肯嫁之者？造求小姓，足使生子。天其福人，不在旧族。扬雄之才，非出孔氏之门；芝草无根，醴泉无源，家圣受禅，父顽母嚚，虞家世法出痴子。

虞翻生于崇尚门第的时代，可他为儿求妇反对门当户对，认为将门未必都出虎子，而英才、圣人多出于贫贱之门：“扬雄之才，非出孔氏之门；芝草无根，醴泉无源”，虞舜接受唐尧禅位为帝，而他的父母却是愚顽之民。这些话说得多么有根有据、令人叹服啊！

议婚重品德和家教　姚舜牧《药言》即言：“凡议婚姻，当择其婿与妇之性行及家法何如，不可徒慕一时之富贵。”司马光亦云：“凡议婚姻，当先察婿与妇之性行及家法何如，勿苟慕富贵；婿苟贤矣，今虽贫贱，安知异日不富贵乎？苟为不肖，今虽富贵，安知异日不贫贱乎？……妇者，家之所由盛衰也。苟慕一时之富贵而娶之，彼挟富贵未有不轻其夫而傲其舅姑者，养成骄妒之性，异日为患，庸有极乎？借使因妇财以致富，依

妇势以取贵，苟有丈夫之志气者，能无愧耶？”（《涑水家仪》）

不可在男女幼小时议婚定亲 “世俗好于襁褓童稚之时轻许为婚，亦有指腹为婚者。及既长，或不肖无赖，或有恶疾，或有家贫冻馁，或丧服相仍，或从官远方，遂致弃信负约、速狱致讼者多矣。先祖太尉书曰：‘吾家男女，必俟既长议婚，既通书，不数月，必成婚。故终身无此悔。乃子孙所当法也。’”（《涑水家仪》）

嫁女择婿，不索重聘 蔡襄《福州五戒》即指出：“娶妇何谓？欲以传嗣，岂为财也。观今之俗，娶其妻不顾门户，直求资财，随其贫富，未有婚姻之家不为怨怒。”司马光还指出：“世俗贪鄙者，将娶妇先问资装之厚薄，将嫁女先问聘财之多少，此乃驵侩鬻奴卖婢之法，岂得谓之士大夫婚姻哉！”（《涑水家仪》）清代朱柏庐的《治家格言》亦言：“嫁女择佳婿，毋索重聘；娶媳求淑女，勿计厚奁。”

婚嫁切忌铺张浪费，遗留后患 蔡襄《福州五戒》指出“直求资财”而“未有婚姻之家不为怨怒”的原因是：“盖婚礼之夕，广縻费；已而校奁橐，朝索其一，暮索其二。夫虐其妻，求之不已；若不满意，至有割男女之爱，辄相弃背。习俗日久，不以为怪。此生民之大弊，人行最恶者也。”还有人主张：“嫁女必须胜吾家者，胜吾家则女之事人必钦必戒；娶妇必须不若吾家者，不若吾家则妇之事舅姑必执妇道。”（胡瑗《胡氏遗训》）这种看法不能说全有道理。但据我所知，迄今我国不少地方仍有人遵循这种原则。

古代家训的内容十分丰富，以上几条不过是择其大端而言，此外如胎教、养生、守法、禁忌等内容亦复不少，限于篇幅，不再细述。古代家训的内容精华与糟粕并存，因为传统家训是一个历史范畴，它是中国封建社会的产物，自然浸透着封建的伦理道德观念，我们应当吸取其合理的部分，并发扬古代家训文化的精华，抛弃其糟粕，而不应该全盘接受或一概否定。这是需要加以说明的。

四

本书精选50篇古代经典家训，摘录其原文并加以注释，同时还有名言警句、作者简介、大意和导读，以便读者更好地理解古代经典家训的精华。50篇家训，或长或短，或雅或俗，其中较通俗易懂的篇目不再补充“大意”。

王人恩
二〇二一年四月于厦门

目录

名言警句

人有好牛马尚惜，况天下耶！

手敕太子

刘 邦

作者简介

刘邦（前256—前195），即汉高祖，字季，沛（今江苏沛县）人，初为泗水亭长。秦二世元年（前209），陈胜、吴广起义，他聚众响应，称沛公。陈胜死，他与项羽一起抗击秦军主力。前206年，率军攻入咸阳，推翻秦朝统治。同年，项羽入关，封刘邦为汉王，据巴、蜀、汉中一带。不久，刘邦与项羽展开“楚汉战争”。前202年，刘邦击败项羽，即皇帝位，建立汉朝。汉朝继承秦制，实行中央集权制度。先后灭韩信、彭越、英布等异姓诸王，迁六国贵族和地方豪强于关中，以便控制；实行重农抑商、与民休息、轻徭薄赋等政策；修改《秦律》，制定《汉律》九章；定军法、历法和度量衡；与匈奴和亲。前195年，刘邦病逝于长乐宫，庙号“太祖”，谥号“高皇帝”。《史记》《汉书》均有传。

吾遭乱世，当秦禁学[1]，自喜，谓读书无益。洎践祚以来[2]，时方省书[3]，乃使人知作者之意。追思昔所行，多不是。

尧舜不以天下与子而与他人，此非为不惜天下，但子不中[4]立耳。人有好牛马尚惜，况天下耶！吾以尔是元子[5]，早有立意，群臣咸称汝友四皓[6]，吾所不能致[7]，而为汝来，为可任大事也。今定汝为嗣[8]。

吾生不学书[9]，但读书问字而遂知耳。以此故不大工[10]，然亦足自辞解[11]。今视汝书，犹不如吾，汝可勤学习，每上疏[12]宜自书，勿使人也。汝见萧、曹、张、陈[13]诸公侯，吾同时人，倍年于汝者，皆拜。并语于汝诸弟。

吾得疾遂困，以如意母子相累[14]。其余诸儿皆自足立，哀此儿犹小也。

——《古文苑》卷十

注释

1 当秦禁学：正值秦朝禁绝百家之学。秦始皇三十四年（前213），博士淳于越反对中央集权的郡县制，提出根据古制而分封子弟。丞相李斯加以驳斥，主张禁止儒生以古非今、以私学诽谤朝廷。“如此弗禁，则主势降乎上，党与成乎下。禁之便。臣请史官非秦记皆烧之。非博士官所职，天下敢有藏《诗》、《书》、百家语者，悉诣守、尉杂烧之。有敢偶语《诗》《书》者弃市。以古非今者族。吏见知不举者与同罪。令下三十日不烧，黥为城旦。所不去者，医药卜筮种树之书。若欲有学法令，以吏为师。”（《史记·秦始皇本纪》）秦始皇采纳了李斯的建议。次年，卢生、侯生等方士、儒生攻击秦始皇，秦始皇派御史查究，将四百六十多名方士和儒生坑杀于咸阳，史称“焚书坑儒”。焚书坑儒时，刘邦四十多岁，故云“当秦禁学”。

2 洎（jì）践祚（zuò）以来：自登皇帝位以来。洎，及、到。践祚，踏上帝位，即登基。

3 省（xǐng）书：看书。省，察看。

4 不中：不当、不适合。

5 元子：嫡长子。此指太子刘盈。

6 汝友四皓：你与商山四皓交友。友，动词，交友。四皓，指汉初商山四个隐士，名东园公、绮里季、夏黄公、甪里先生。四人须眉皆白，故称“四皓”。

7 致：使到来、招来，即招到身边辅佐自己。

8 嗣：继承者，即太子。

9 书：书法。

10 工：精巧。

11 辞解：以言辞为自己辩解。

12 上疏：呈上的奏疏、奏议。

13 萧、曹、张、陈：指萧何、曹参、张良、陈平四位大臣。

14 以如意母子相累：将如意小儿和他的母亲戚夫人托付给你照看。相累，累你。相，第二人称代词。累，烦劳、托付。

大意

我生逢乱世，正值秦朝禁绝百家之学的时期，我自己还心里高兴，认为读书没有益处。自登皇帝位以来，才时时看书，于是懂得了作者的用意。现在追想从前的行为，大多不正确。

尧舜不把天下交给自己的儿子而禅让给他人，这并不是不爱惜天下，只是因为自己的儿子不适合继承王位罢了。人们有了好牛好马尚且爱惜，更何况是天下呢！我因为你是嫡长子，早就有立你为太子的心意，群臣都称赞你与商山四皓交友，我都不能把他们四人招到身边来，他们却为你而能来，这表明你可以担当大事。现在我确定你为太子。

我平生不曾学过书法，只是在读书问字的过程中知道了一些罢了。因此我的字写得不大精巧，然而也足以有言辞为我辩解。现在我看你的字还赶不上我写的，你可要勤苦学习，每次呈上的奏议都应该自己书写，不要让人代写。你看萧何、曹参、张良、陈平诸位公侯，都是我的同辈人，他们的年龄也比你长一倍，见到他们时你都应下拜。并将这一点告知你的弟弟们。

我得病后身体就困倦难起，特将如意母子俩托付于你照看。其余几个儿子，都足以自立了，我可怜如意还小着呢。

导读

《史记·郦生陆贾列传》载：“陆生时时前说称《诗》《书》。高帝骂之曰：‘乃公居马上而得之，安事《诗》《书》！’陆生曰：

‘居马上得之，宁可以马上治之乎？’”高祖刘邦“不怿而有惭色”。《史记·刘敬叔孙通列传》载叔孙通对弟子曰：“汉王方蒙矢石争天下，诸生宁能斗乎？”后又游说高祖曰：“夫儒者难与进取，可与守成。”一方面揭明了读书人的突出特点，另一方面也写出了汉高祖轻视文化和读书人的嘴脸。

《手敕太子》是刘邦晚年留给太子刘盈的一篇遗训，似可看作刘邦的“忏悔录”。作为开国皇帝，作为老父，刘邦在临死前毫不掩饰地向刘盈剖析自己，似乎对自己年少时未能认真读书有所后悔，与他讲“马上得天下”时有霄壤之差。“人之将死，其言也善”，确实如此。史书还载，刘邦“不修文学”，特别鄙弃读书，“溺儒冠”之举向为后世所鄙薄。但是在这篇遗训中，刘邦则深悔往年之举，强调了为学的重要性，告诫太子“每上疏宜自书”，不要让人捉刀代笔，以提高书写的精巧。对开国元勋萧何、曹参、张良、陈平诸功臣，刘邦看得较重，还要太子见之下拜，视为长辈。这都表现出刘邦对太子的真心爱护——树立谦恭的形象，以服天下人。末尾，刘邦还将宠姬戚夫人母子托付刘盈照看，又颇具人情味。可惜的是，刘盈未能保护住如意母子。

名言警句

孝始于事亲，中于事君，终于立身。
扬名于后世，以显父母，此孝之大者。

命　子　迁

司马谈

作者简介

司马谈（？—前110），司马迁之父。曾“学天官于唐都，受《易》于杨何，习道论于黄子”。汉武帝建元年间（前140—前135）做了太史令。司马谈的文章，留传下来的只有《论六家要旨》，该文对阴阳、儒、墨、名、法、道德六家分别加以评论，是一篇总结春秋战国时期学术思想发展史的重要学术论文。司马谈的思想、人格、治学方法等对司马迁均有很大的影响。

余先周室之太史也[1]。自上世尝显功名于虞夏[2]，典天官事[3]。后世中衰，绝于予乎？汝复为太史，则续吾祖矣[4]。今天子接千岁之统[5]，封泰山[6]，而余不得从行[7]，是命也夫，命也夫！余死，汝必为太史；为太史，无忘吾所欲论著[8]矣。且夫孝始于事亲，中于事君，终于立身。扬名于后世，以显父母，此孝之大者[9]。夫天下称诵周公[10]，言其能论歌文武之德[11]，宣周邵之风[12]，达太王王季[13]之思虑，爰及公刘[14]，以尊后稷[15]也。幽厉[16]之后，王道缺[17]，礼乐衰[18]，孔子修旧起废[19]，论《诗》《书》[20]，作

《春秋》[21]。则学者至今则[22]之。自获麟[23]以来四百有余岁，而诸侯相兼[24]，史记放绝[25]。今汉兴，海内一统，明主贤君忠臣死义之士，余为太史而弗论载，废天下之史文，余甚惧焉，汝其[26]念哉！

——《史记·太史公自序》

注释

1 余先周室之太史也：我的祖先是周朝的太史。余先，我的祖先。周室，周代、周朝。太史，官名。西周、春秋时太史掌管起草文书，策命诸侯卿大夫，记载史事，编写史书，兼管国家典籍、天文历法、祭祀等。秦汉设太史令，地位渐低。魏晋以后修史的任务划归著作郎，太史仅掌管推算历法。《太史公自序》说："当周宣王时，失其守而为司马氏。司马氏世典周史。"《汉书》亦从是说。

2 虞夏：虞舜时代和夏代。虞，有虞氏，传说中的远古部落名，舜为其领袖。

3 典天官事：主管有关天官的事情。典，主管、主持、执掌。天官，官名。《周礼》分设六官，以冢宰为天官，乃百官之长。

4 则续吾祖矣：就可以继承我们祖上的事业了。

5 接千岁之统：据《史记·封禅书》载，西周成王曾登封泰山，下距武帝九百余年。此云"千岁"，是约举成数。本来秦始皇亦曾上泰山封禅，但汉代人自视上接周朝，故不计。

6 封泰山：即封禅。帝王祭天地的典礼。在泰山上筑土为坛祭天，报天之功，称封；在泰山下梁父山上开场祭地，报地之功，称禅。自秦汉以后，历代封建帝王都把封禅作为国家大典。

7 余不得从行：司马谈侍从武帝往泰山封禅，因病中道而止，深为遗憾。

8 所欲论著：所想撰写的史书。司马谈生前一直打算撰写一部"史记"，曾收集过许多资料，但未能如愿。

9 且夫……此孝之大者：此数语见《孝经》。

10 周公：姬旦。周文王子，辅助武王灭纣，建周王朝，封于鲁。武王去世后，成王年幼，周公摄政。相传周代的礼乐制度都是周公所制定。

11 论歌文武之德：议论歌颂周文王和周武王的功德。

12 周邵之风：周公、邵公的风范。周公，见前注10。邵公，即召公，姓姬，名奭，周的支族，周武王之臣。因封地在召，故称召公或召伯。成王时，与周公旦分陕而治。

13 太王王季：太王，即古公亶父，周文王祖父，武王时追尊为太王。王季，名季历，古公亶父末子，武王时追尊为王季。

14 爰及公刘：到公刘这一代。爰，句首语气词。公刘，周始祖后稷的曾孙。

15 后稷：周的始祖。相传他的母亲曾欲弃之不养，故名弃。为舜农官，封于邰，号后稷，别姓姬氏。

16 幽厉：周幽王和周厉王，西周末年的两个荒淫暴虐之君。云“幽、厉”而不云“厉、幽”，旨在强调幽王灭国的历史教训。

17 王道缺：文王、武王的仁义之道衰缺。

18 礼乐衰：礼制、音乐衰微。礼乐是古代社会用以规范言行、教化民心的工具。

19 修旧起废：互文见义，即修复旧业。

20 论《诗》《书》：论，选择、编纂。《史记·孔子世家》：“孔子之时，周室微而礼乐废，《诗》《书》缺。追迹三代之礼，序《书》传……”又云：“古者诗三千余篇，及至孔子去其重，取可施于礼义……三百五篇，孔子皆弦歌之……”

21 作《春秋》：《春秋》为编年体史书，为后代编年体史书之滥觞。《史记·孔子世家》：“子曰：‘弗乎弗乎，君子病没世而名不称焉。吾道不行矣，吾何以自见于后世哉？’乃因史记作《春秋》……”

22 则：效法。

23 获麟：鲁哀公十四年（前481）春，哀公在西部大野打猎，叔孙氏的御者鉏商猎得怪兽，孔子看后谓是麒麟，并收下，史称“获麟”。从孔子“获麟”到汉元封元年，其间371年。

24 相兼：互相吞并。

25 史记放绝：历史记载散失、断绝。

26 其：句中语气助词，起强调作用。

大意

我们的祖先本是周朝的太史。自从虞舜时代和夏代，祖先们功名显赫，主管有关天官的事务。后世中途衰落，莫非祖业要断送在我的手里吗？你如果能重做太史，那就可以继承祖先的事业了。现在天子继承千年来的传统，到泰山封禅，可是我却不能随行，这真是命啊！是命啊！我死之后，你必定会成为太史；做了太史，可千万不要忘记我想要撰写的史书啊！孝道从侍奉双亲开始，中间是侍奉君主，最终要树立自身。扬名于后世，使父母得以显耀，这才是最大的孝啊！天下人之所以称赞颂扬周公，就是因为他能歌颂周文王、周武王的功德，宣扬自己和邵公的风范，通晓太王和王季的思虑，再上推到公刘，以追尊始祖后稷。周幽王、周厉王以后，王道断缺，礼乐教化衰微，孔子乃修复旧业，整理《诗经》《尚书》，写作《春秋》，于是学者至今都效法他。从鲁哀公十四年“获麟”以来已有四百余年了，诸侯兼并，史书记载散失、断绝。现在汉朝兴盛，海内统一，有很多贤明的君主和忠臣烈士，我当太史而没有把他们记载下来，断绝了天下的历史文献，我感到十分惶恐不安。你一定要记住这件事啊！

导读

司马谈身为太史，又适逢海内一统、国力鼎盛的大时代，一种强烈的责任心和自豪感，使他决心搜集放绝之史料，撰写一部高质量的史书，以树王道，兴礼乐，使明主贤君忠臣死义之士、海内一统之政得以留传于后世。然而命运好像是有意地捉弄他，正当武帝准备封禅之际，他突然患病，不得从行，写作史书的宏愿也化作了泡影。弥留之际，他把自己未竟的事业交给了儿子司马迁，希望司马迁能继承他的遗志，完成史书的写作，“扬名于后世，以显父母”。司马谈的遗训对司马迁日后写作《史记》起到了非常重要的作用。司马迁遭腐刑后，之所以忍辱负重，其根本的原因就是为了完成父亲交给他的这一伟大的事业。在个人荣辱与历史文化事业的天平上，司马迁经过痛苦的思索，终于倾向了后者。他超越了个人痛苦，超越了自我，甘心为历史文化事业而忍辱负重。于是，他“究天人之际，通古今之变”，而“成一家之言”，写成了彪炳千秋的巨著《史记》！在某种意义上，没有司马谈的遗训，就没有司马迁的《史记》。由此可见家训是何等重要，其作用是何等巨大！

名言警句

明者处世，莫尚于容。

圣人之道，一龙一蛇。

诫　　子

东方朔

作者简介

东方朔（前154—前93），字曼倩，平原厌次（今山东惠民）人。汉武帝初，待诏公车，不久待诏金马门，为常侍郎，拜太中大夫给事中。他性诙谐滑稽，善辞赋，常以正道讽谏武帝。因终不得重用，故作《答客难》以抒发有才智而无由施展之苦闷，后世称之为“仙人”。《史记》《汉书》均有传。《汉书·艺文志》杂家有《东方朔》二十篇，今散佚。《神异经》《海内十洲记》等书亦托名为他所作。

明者处世，莫尚于容[1]。优哉游哉[2]，与道相从。首阳为拙[3]，柳惠为工[4]。饱食安步[5]，以仕代农。依隐玩世[6]，诡时不逢[7]。是故才尽者身危，好名者得华[8]，有群者累生[9]，孤贵者失和[10]，遗余者不匮[11]，自尽者无多。圣人之道，一龙一蛇[12]。形见神藏，与物变化。随时之宜，无有常家[13]。

——《艺文类聚》卷二十三

注释

1 莫尚于容：没有比容身避害更高的了。容，本作“中”，据《汉书·东方朔传》，当作“容”，颜师古注：“容身避害也。”

2 优哉游哉：从容不迫、悠闲自得的样子。《诗经·小雅·采菽》：“优哉游哉，亦是戾矣。”

3 首阳为拙：首阳，指不食周粟、饿死于首阳山的伯夷、叔齐兄弟俩。《史记·伯夷列传》：“武王已平殷乱，天下宗周；而伯夷、叔齐耻之，义不食周粟，隐于首阳山，采薇而食之。……遂饿死于首阳山。”东方朔《嗟伯夷》：“穷隐处兮，窟穴自藏。与其随接而得志兮，不若从孤竹于首阳。”可参。

4 柳惠为工：柳惠，指柳下惠，春秋中期鲁国大夫，食邑柳下，一称柳下季，“惠”是谥号。其名、字、号，后世说法纷纭。其为官任劳任怨，不以职低而卑，以贤能著称。

5 安步：即“安步当车”，意谓缓步而行，当作坐车。《战国策·齐策四》：“晚食以当肉，安步以当车，无罪以当贵，清静贞正以自虞。”古代贵族出必乘车，因以安步当车称人能安贫守贱。

6 依隐玩世：若即若离，轻蔑世事。颜师古注引如淳曰：“依违朝隐，乐玩其身于一世也。”陆游《北窗》：“老无功名未足叹，滑稽玩世亦非昔。”

7 诡时不逢：颜师古注引如淳曰：“反时直言正谏，则与富贵不相逢也。”又引臣瓒曰：“行与时诡，而不逢祸害也。”颜师古注：“瓒说是也。诡，违也。”

8 好名者得华：喜好名望的人得到的只是花朵。华，同“花”。

9 有群者累生：有朋党的人会牵累生命。意谓结朋树党将招来灾祸。

10 孤贵者失和：孤高自贵的人会失去众人的响应。

11 遗余者不匮：凡事留有余地的人就不会匮乏，防患于未然。

12 一龙一蛇：比喻时隐时现，变化莫测。《管子·枢言》：“周者不出于口，不见于色。一龙一蛇，一日五化之谓周。”尹知章注：“一则为龙，一则为蛇，喻人行藏。”《庄子·山木》：“无誉无訾，一龙一蛇，与时俱化，而无肯专为。”

13 常家：固定不变的家法。

大意

明智的人立身处世，没有比容身避害更高的了。他可以从容不迫、悠闲自得地处世，随着世道的变化而生存。隐居首阳山的伯夷、叔齐是笨拙的，不以职低而卑的柳下惠是精明的。吃饱肚子而安步当车，可以用仕宦代替农耕。若即若离而轻蔑世事，即使行为与世道相悖也能够避害全身。所以才华尽露的人将身心危险，喜好名声的人得到的只是花朵而非果实，结朋树党的人将会招来灾祸，孤高自傲的人会失去众人的响应，凡事都留有余地的人就不会匮乏而能防患于未然，坐吃山空的人则不会有所盈余。圣人的处世之道，就像龙蛇一样时隐时现。形体现露于外而精神藏隐于内，随外物的发展变化而变化。适宜时世的趋势而或行或藏，并没有什么固定不变的家法。

导读

《汉书·东方朔传》载，汉武帝初即位时，征召天下举方正贤良文学才力之士，提拔重用。四方之士上书自荐者以千数计。东方朔上书云：

> 臣朔少失父母，长养兄嫂。年十三学书，三冬文史足用。十五学击剑，十六学诗书，诵二十二万言。十九学孙、吴兵法，战阵之具，钲鼓之教，亦诵二十二万言。凡臣朔固已诵四十四万言，又常服子路之言。臣朔年二十二，长九尺三寸，目若悬珠，齿若编贝，勇若孟贲，捷若庆忌，廉若鲍叔，信若尾生。若此，可以为天子大臣矣。臣朔昧死再拜以闻。

无论东方朔是否如他自己所称誉的那样满腹经纶，文武兼备，但他未能得到重用则是历史事实。综观东方朔的一生，可谓郁郁不得志，故流为滑稽诙谐之辈，所谓“应谐似优，不穷似智，正谏似直，秽德似隐”（《汉书·东方朔传》）。

观其《诫子》一文，不难发现东方朔对人生、对仕途的认识是深刻而准确的。在封建社会里，尤其是在兴乱更替的年代中，如何保命全身、远灾避祸是人们时常深入思考和接受考验的重大问题，因为“皮之不存，毛将焉附？”假若丢了性命，何谈荣华富贵、儿女财产？东方朔对人生的感悟无疑是深刻的，他把自己一生的经验通过本文传达给其子，同时也传达给了后人。本文的核心观点是容身避害，根本原则是“随时变化”。这与赵高劝李斯之言极为相似：“盖闻圣人迁徙无常，就变而从时，……安有常法哉？”（《史记·李斯列传》）它同老子的下述观点也是相通的：“执一世之法籍，以非传代之俗，譬犹胶柱调瑟。圣人者，应时权变，见形施宜，……论世立法，随时举事。上古之王，法度不同，非古相反也，时务异也，是故不法其已成之法，而法其所以为法者，与化推移。”（《文子·道德》）正因此故，明代的张溥称赞道：“诫子一诗，义苞道、德两篇，其藏身之智在焉，而世皆不知。”（《汉魏六朝百三家集题辞》）

愿后人能对东方朔的《诫子》一文仔细把玩！

名言警句

吊者在门，贺者在闾。
贺者在门，吊者在闾。
受福则骄奢，骄奢则祸至。

诫子歆书

刘 向

作者简介

刘向（约前77—前6），本名更生，改向，字子政，沛（今江苏沛县）人。西汉著名经学家、目录学家、文学家。年十二，以父德任辇郎；年二十，擢为谏议大夫。宣帝招选名儒俊材，向以通达能属文，复任郎中，给事黄门，迁散骑谏大夫给事中。元帝时，擢为散骑宗正给事中。曾两次入狱，免官数年。成帝即位，乃复进用，迁升光禄大夫，官至中垒校尉。刘向曾校阅群书，撰成《别录》，为我国目录学之祖；另有《新序》《说苑》等著作传世。《汉书》有传。

告歆无忽[1]：若未有异德[2]，蒙恩甚厚，将何以报？董生有云：“吊者在门，贺者在闾。”[3]言有忧则恐惧敬事[4]，敬事则必有善功而福至也。又曰：“贺者在门，吊者在闾。”[5]言受福则骄奢，骄奢则祸至，故吊随而来。齐顷公[6]之始，藉霸者之余威[7]，轻侮诸侯，亏跂蹇之容[8]，故被鞍[9]之祸，遁服而亡[10]，所谓“贺者在门，吊者在闾”也。兵败师破，人皆吊之，恐惧自新，百姓爱之，诸侯皆归其所夺邑，所谓“吊者在门，贺者在闾”。今若年少，得黄门侍郎[11]，要显处也。新拜皆谢，贵人叩头[12]，谨战战栗栗，乃可必免[13]。

——《全汉文》卷三十六

注释

1 告歆（xīn）无忽：歆，刘歆（？—23），刘向之子，字子骏。无忽，不要忽视。无，同“毋”，不。

2 若未有异德：你没有特殊的德行。若，代词，你。

3 “董生”三句：董生，指董仲舒（前179—前104），广川（今河北枣强县）人。西汉著名经学家，主张罢黜百家，独尊儒术，得到汉武帝采纳，遂导封建社会儒学正统之先河。吊者，吊丧的人。贺者，贺喜的人。闾，里门。

4 敬事：恭敬从事本职工作。

5 “贺者”二句：意谓贺喜的人来到家门，吊丧的人就要到里门了。

6 齐顷公：春秋时代人，名无野，公元前598—前580年在位。

7 藉霸者之余威：藉（jiè），凭借。霸者，指齐顷公之祖父齐桓公，桓公乃春秋五霸之一。

8 “轻侮”二句：据《左传》记载，齐顷公六年，晋公派郤克出使齐国，郤克脚跛，齐国太夫人萧桐叔子隔帷观看而笑郤克脚跛。郤克受辱，归国后请求晋侯伐齐，晋侯不许。后齐使到晋，郤克杀了其中四人。顷公八年，晋伐齐。十年春，齐伐鲁、卫，晋公派郤克率三军救援，战于鞍，齐军大败，顷公得逢丑父易服之计而脱身。“轻侮诸侯”，即指此事。跂（qì）蹇（jiǎn），跛脚。

9 鞍：地名，在今山东历城东南。

10 遁服而亡：偷换衣服而逃。《左传·成公二年》：“丑父使公下，如华泉取饮；郑周父御佐车，宛茷为右，载齐侯以免。”

11 黄门侍郎：官名，侍从皇帝而传达诏命。因在宫门之内办事，故名。

12 “新拜”二句：刚任职的官员都要向你道谢，地位高贵的人要向你叩头。

13 “谨战战”二句：谨，小心谨慎。战战栗（lì）栗，这里指谨小慎微、处处用心。免，指免祸。

大意

告诫歆儿不要忽视：你并没有特殊的德行，而蒙受皇恩非常优厚，将拿什么来报答？董仲舒有言：“吊丧的人到了家门，贺喜的人就会到里门了。”这是说有忧虑就会心里恐惧而恭敬地从事本职工作，恭敬地从事本职工作就一定会有好的功德，而福祥就会随之而至。董仲舒又说：“贺喜的人来到家门，吊丧的人就要到里门了。”这是说享福会使人骄傲奢侈，而骄傲奢侈就会招来灾祸，所以吊丧的人随之而来。齐顷公即位之初，凭借他祖父齐桓公的余威，轻视、侮辱诸侯国的使者郤克，使跛脚的郤克失了面子，所以蒙受了鞍之战的灾祸，只好偷偷地换掉衣服而逃命，这就是所说的“贺喜的人来到家门，吊丧的人就要到里门”的意思。齐顷公兵败师破，人们都为他悲哀，他能够诚惶诚恐，改过自新，百姓就爱戴他，诸侯都归还了侵袭齐国所夺得的城邑，这就是所说的“吊丧的人来到家门，贺喜的人也就到了里门”的意思。现在你还年龄不大，就做了黄门侍郎，这是显要的职位。刚任职的官员都要向你道谢，地位高贵的人要向你叩头，你要小心谨慎，战战兢兢地处处用心办事，才能免除灾祸。

导读

天道恶盈满而好谦虚。“满招损，谦受益”，乃是古人总结出的颠扑不破的真理；“祸兮福之所倚，福兮祸之所伏”（《老子》第五十八章）这一辩证的认识广泛地被人们认同。祸福彼此相因，其来无定，往往福因祸生，而祸藏于福。刘向乃饱学之士，他深知福祸变化的道理。因此，在儿子刘歆任黄门侍郎后，他及时而严肃地提醒儿子要记住“吊者在门，贺者在闾”和“贺者在门，吊者在间”的训诫，恪尽职守，小心认真从事本职工作，以求免除祸患。

常人往往在仕途得意时会忘乎所以，放松对自己的要求和鞭策，从而招来不满或灾祸，以致留下噬脐之恨。若能常常记诵刘向的《诫子歆书》，将不无益处。

名言警句

刻鹄不成尚类鹜。
画虎不成反类狗。

诫兄子严、敦书

马　援

作者简介

马援（前 14—49），字文渊，扶风茂陵（今陕西兴平东北）人。少孤而有大志，王莽时为郡督邮，坐事亡命遇赦。王莽末，为新成大尹（汉中太守）。王莽败，避地凉州，依附割据陇西的隗嚣，为绥德将军。后归刘秀，帮助刘秀讨伐隗嚣。建武四年（28），奉使洛阳，以为待诏。建武十一年（35），任陇西太守，率军击破先零羌，肃清陇右；十七年（41），拜为伏波将军，平交趾，立铜柱表功凯旋，后封新息侯；二十五年（49），击武陵五溪蛮，卒于军中。为梁松所陷，追收侯印；建初三年（78），追谥曰忠成侯。马援有名言：“男儿要当死于边野，以马革裹尸还葬耳，何能卧床上，在儿女子手中邪？”《后汉书》有传。

吾欲汝曹[1]闻人过失，如闻父母之名，耳可得闻，口不可得言也。好论议人长短，妄是非正法[2]，此吾所大恶[3]也。宁死不愿闻子孙有此行也，汝曹知吾恶之甚矣！所以复言者，施衿结缡[4]，申父母之戒[5]，欲使汝曹不忘之耳。龙伯高[6]敦厚周慎，口无择言[7]，谦约节俭，廉公有威。吾爱之重之，愿汝曹效之。杜季良豪侠好义，忧人之忧，乐人之乐[8]，清浊无所失[9]，父丧致客[10]，数郡毕至。吾爱之重之，不愿汝曹效也。效伯高不得，犹为谨敕之士[11]，所谓“刻鹄不成尚类鹜[12]”者也；效季良不得，陷为天下轻薄子[13]，所谓“画虎不成反类狗[14]”者也。讫今季良尚未可知[15]，郡将下车辄切齿[16]，州郡以为言[17]，吾常为寒心[18]，是以不愿子孙效也。

——《后汉书·马援列传》

注释

1 汝曹：汝辈，你们，常用于长辈称后辈。这里指马援的侄子马严、马敦。

2 妄是非正法：胡乱评论是非和讥刺时政。是非，用作动词，犹褒贬。正法，国家的时政。正，同“政”。《汉书·陆贾传》：“夫秦失其正，诸侯豪桀并起。”颜师古注：“正亦政也。”

3 大恶（wù）：非常憎恶。

4 施衿（jīn）结缡（lí）：佩上衣带，系上佩巾，是古代嫁女的一种仪式。女子临嫁前，母亲为女儿系结佩巾，以示至男家后应尽力操持家务。这里比喻女子出嫁。衿，即缨，一种彩色丝带。缡，或作“褵”，即妇女的佩巾。《诗经·豳风·东山》：“亲结其缡，九十其仪。”毛传：“缡，妇人之袆也。母戒女，施衿结帨。”张华《女史箴》：“施衿结褵，虔恭中馈。”

5 申父母之戒：重申父母对女儿的训诫。《后汉书》李贤注：“《仪礼》：‘父戒女曰：戒之敬之，夙夜无违命。母戒女曰：戒之敬之，夙夜无违宫事’也。”

6 龙伯高：名述，京兆（今陕西西安）人，官至零陵（今湖北零陵）太守。

7 口无择言：口里没有两套话，即不当面一套，背后一套。择，区别。

8 “杜季良”三句：杜季良，名保，京兆（今陕西西安）人，曾任越骑司马。因马援这封信事，被仇人上书讼告，遂被免官。忧人之忧，以他人之忧为忧。乐人之乐，以他人之乐为乐。

9 清浊无所失：盖指杜季良与人交往轻重远近适宜得体。李贤注：“轻重合宜。”

10 致客：招待客人。

11 谨敕之士：恭谨自诫的人。

12 刻鹄（hú）不成尚类鹜（wù）：雕刻天鹅雕刻不好还能像只鸭子。比喻仿效得虽然不太逼真，但还相似。鹄，天鹅。鹜，鸭子。

13 轻薄子：轻浮刻薄的少年。

14 画虎不成反类狗：画老虎画不好反倒像狗一样。比喻好高骛远而无所成，反贻笑柄。《后汉书·孔僖传》引时人语有“画龙不成反为狗”。可知此句似是当时之谚语。

15 讫今季良尚未可知：到现在杜季良的未来还不好预料。讫，同“迄”，到。尚未可知，还没有办法预料，常用在肯定所说内容之时。

16 郡将下车辄切齿：郡守到任后则对他咬牙切齿。下车，《礼记·乐记》：“武王克殷反商，未及下车而封黄帝之后于蓟。”后称官吏到任或君主初即位为“下车”。《后汉书·儒林列传》：“及光武中兴，爱好经书，未及下车而先访儒雅。”李白《与韩荆州书》：“昔王子师为豫州，未下车，即辟荀慈明；既下车，又辟孔文举。”

17 州郡以为言：州郡的人都把杜季良的言行作为谈资。

18 寒心：因失望、恐惧而痛心。

大意

我希望你们听到别人的过错时，好像听到自己父母的名字一样，耳朵可以听一听，但嘴上不能说。喜好议论别人的长短，胡乱评论是非和讥刺时政，这是我最憎恶的。我宁死也不愿子孙有这样的行为，你们知道我对这样的行为憎恶得非常厉害。我之所以又谈这件事，就好比女子出嫁时父母对她进行训诫，想让你们不忘记而已。龙伯高为人敦厚谨慎，不说两套话，谦虚节俭，廉洁公正而有威严。我喜爱他、看重他，希望你们效法龙伯高。杜季良豪侠而重义气，把别人的忧愁看作自己的忧愁，把别人的快乐看成自己的快乐，与人交往轻重远近适宜得体。他因父亲丧事招请客人，几个郡的人都来了。我喜爱他、看重他，但不希望你们学他。因为学习龙伯高即使学不到，还能成为一个恭谨自诫的人，就是俗语所说的雕刻天鹅雕刻不好还能像只鸭子；而学习杜季良如果学不到，就会自陷为天下轻浮刻薄的少年，就是俗语所说的画老虎画不好反倒像只狗一样。直至现在杜季良的未来还不好预料，但郡守到任后对他咬牙切齿，州郡的人都把杜季良的言行作为谈资，我常常为他的行为而恐惧、痛心，所以不希望子孙学习杜季良啊。

导读

马援乃东汉名将，曾屡建战功，被拜为伏波将军，封为新息侯，可谓位极人臣，“盖为千载之遇也”。可是由于虎贲中郎将梁松的陷害，马援在死后还被追夺印绶，“援妻孥惶惧，不敢以丧还旧茔，裁买城西数亩地槁葬而已”。虽然在马援死后三十年时，皇帝重新追谥曰忠成侯，而人早已死去又有何益？岂非挂壁黄纸？由此可以想见封建社会中的宦海风波是何等难以逆料！

马援似乎对宦海风波有着清醒而深刻的认识，他的《诫兄子严、敦书》即写于他平交趾这一得意之时。据《后汉书·马援列传》记载，“初，兄子严、敦并喜讥议，而通轻侠客，援前在交趾，还书诫之”云云。平交趾时的马援年龄已有五十多岁，从政认识和经验教训已不少。他的这封家信写得情真意切，着重阐述了为人处世的原则，可以概括为慎言语、慎交友，即教诲侄子努力做“谨敕之士”，不要像“轻薄子”那样“论议人之长短”，这显然是针对二位侄子喜欢讥议他人、妄论朝政以及与轻薄子过从甚密而发。慎言语，不妄论朝政，乃是古代为人长辈者时时告诫后辈的口头禅。《周易·颐》早就有名言：“慎言语，节饮食。”因为“病从口入，祸从口出”。《鬼谷子·权篇》就引“古人有言”曰：“口可以食，不可以言”。《焦氏易林》更总结道：“杜口结舌，言为祸母。”这是古人处世的经验总结，马援自应熟谙于此。因此，他特别教育侄子要做“谨敕之士”。对于慎交友，马援以时人龙伯高、杜季良为例证，辩证地说明不愿子孙效法杜季良、愿子孙效法龙伯高的种种缘由；其中“刻鹄类鹜”“画虎类狗”二语已成熟典，广为人们所传诵。至于他那逻辑的严密，遣词用语的准确，语气的适宜倒在其次了。

《诫兄子严、敦书》问世后，获得了极大的反响，赞誉者有之，模仿者有之，指责者有之，而以此作为家训名作用以教子者更有之。稍后于马援的朱穆（100—163）有感于当时世风浇薄，崇尚敦笃，作《崇厚论》。朱穆在此文中对马援的《诫兄子严、敦书》十分推崇，他指出："故覆人之过者，敦之道也；救人之失者，厚之行也。往者马援深昭此道，可以为德。诫其兄子曰：'吾欲汝曹闻人之过，如闻父母之名，耳可得闻，口不得言。'斯言要矣！远则圣贤履之上世，近则邴吉、张子孺行之汉廷，故能振英声于百世，播不灭之遗风，不亦美哉！然而时俗或异，风化不敦，而尚相诽谤，谓之臧否。记短则兼折其长，贬恶则并伐其善，悠悠者皆是，其可称乎？凡此之类，岂徒乖为君子之道哉！将有危身累家之祸焉。"朱穆在分析世风浇薄的表现形式和形成原因的同时，对马援之书倍加赞赏，"希李老之雅诲，思马援之所尚"二句，足可见出朱穆对马援此文的青睐。

也有人对马援的《诫兄子严、敦书》提出过指责，如裴松之在《三国志·魏书·王昶传》注中就以子之矛，攻子之盾："臣松之以为援之此诫，可谓切至之言，不刊之训也。凡道人过失，盖谓居室之愆，人未之知，则由己而发者也。若乃行事，得失已暴于世，因其善恶，即以为诫，方之于彼，则有愈焉。然援诫称龙伯高之美，言杜季良之恶，致使事彻时主，季良以败。言之伤人，孰大于此？与其所诫，自相违伐。"朱熹《朱文公集》卷六十四《答易简》附来书云："马援以讥议诫诸子，而不免于讥议。"与裴松之的指责完全相同。但朱子又说："马援之言，自可为法。……削去此段，后生又如何得闻此一段说话而以为戒乎？"朱子所言颇具辩证观点，可以启人神智。

《诫兄子严、敦书》问世后，较早摹仿它以教子者，有三国时王昶的《家诫》，请参阅本书前言，兹从略。

名言警句

显誉成于僚友，德行立于己志。

戒子益恩书

郑　玄

作者简介

郑玄（127—200），字康成，北海高密（今山东高密）人。汉代经学家，世称“后郑”，以别于郑兴、郑众父子。少时为乡啬夫，后拜张恭祖为师，习《古文尚书》《礼记》《左传》等。后两入关中，拜马融为师，博览群经。“党锢之祸”起，遭禁锢，后潜心著述，杜门不出。他“括囊大典，网罗众家，删裁繁诬，刊改漏失”，遍注群经，被称为“通儒”。《后汉书》有传。有《毛诗》笺和《周易》《禹书》《三礼》等注本存世。顾炎武《述古诗》赞郑玄云：“大哉郑康成，探赜靡不举。六艺既该通，百家亦兼取。至今三礼存，其学非小补。”

吾家旧贫，不为父母群弟所容[1]，去厮役之吏[2]，游学周、秦之都[3]，往来幽、并、兖、豫之域[4]，获觐乎在位通人[5]、处逸大儒[6]，得意者咸从捧手[7]，有所受焉。遂博稽六艺[8]，粗览[9]传记，时睹秘书纬术之奥[10]。年过四十，乃归供养，假田播殖[11]，以娱朝夕。遇阉尹擅执[12]，坐党禁锢[13]，十有四年，而蒙赦令。举贤良方正有道[14]，辟大将军、三司府[15]。公车再召[16]，比牒并名，早为宰相[17]。惟彼数公，懿德大雅[18]，克堪王臣，故宜式序[19]。吾自忖度，无任[20]于此。但念述先圣之元意[21]，思整百家[22]之不齐，亦庶几[23]以竭吾才，故闻命[24]罔从。而黄巾为害，萍浮南北[25]，复归邦乡。入此岁来，已七十矣。宿素[26]衰落，仍有失误[27]，案之礼典，便合传家[28]。今我告尔以老，归尔以事，将闲居以安性，覃思[29]以终业。自非拜国君之命，问族亲之忧，展敬[30]坟墓，观省野物，胡尝扶杖出门乎？家事大小，汝一承之。咨尔茕茕一夫，曾无同生相依[31]。其勖求君子之道[32]，研钻勿替[33]，敬慎威仪，以近有德。显誉成于僚友，德行立于己志。若致声称[34]，亦有荣于所生，可不深念邪！可不深念邪！吾虽无绂冕之绪[35]，颇有让爵之高[36]，自乐以论赞之功，庶不遗后人之羞[37]。末所愤愤者[38]，徒以亡亲坟垄未成，所好群书率皆腐敝[39]，不得于礼堂[40]写定，传与其人[41]。日西方暮，其可图乎！家今差多于昔[42]，勤力务时，无恤饥寒[43]。菲饮食，薄衣服，节夫二者，尚令吾寡恨[44]。若忽忘不识，亦已焉哉！

——《后汉书·郑玄传》

注释

1　不为父母群弟所容："不"字为衍文。盖指得到父母兄弟的容许而去贱役以求学。钱锺书《管锥编》第三册论郑玄此书云："按《后汉书》本传载此书，所言与《全唐文》卷三三〇史承节《郑康成祠碑》多不合；阮元《揅经室一集》卷七《金承安重刻唐万岁通天史承节撰〈后汉大司农郑公碑〉跋》、俞正燮《癸巳存稿》卷七皆据《碑》以纠《书》中讹脱。《书》云：'吾家旧贫，不为父母群弟所容，去厮役之吏，游学周、秦之邦'，《碑》无'不'字，一文之差，尤非等闲。《隋书·儒林传》刘炫自为《赞》曰：'通人司马相如、扬子云、马季长、郑康成等，皆自叙风徽，传芳来叶'，亦'薄言胸臆'，有曰：'家业贫窭，为父兄所饶，厕缙绅之末，遂得博览典诰'，显为仿郑《书》语，可证'不为父母'之误衍'不'字也。"

2 去厮役之吏：辞去低贱的差使。厮役，干粗贱活的奴隶，亦泛指为人驱使的奴隶。《公羊传·宣公十八年》："厮役扈养，死者数百人。"《后汉书·郑玄传》："玄少为乡啬夫……不乐为吏，父数怒之，不能禁。"李贤注："掌听讼收赋税也。……《郑玄别传》曰：玄年十一二，随母还家，正腊会，同列十数人，皆美服盛饰，语言闲通，玄独漠然，如不及。母私督数之，乃曰：'此非我志，不在所愿也。'"

3 游学周、秦之都：指到长安求学。周之都城为镐京，秦之都城为咸阳，均在长安附近。

4 往来幽、并、兖、豫之域：指四处奔波求学。幽、并、兖、豫，均为古代九州之一。

5 获觐（jìn）乎在位通人：得以拜见身处官位、学问渊博之人。觐，见。《左传·昭公十六年》："宣子私觐于子产。"通人，《论衡·超奇》："博览古今者为通人。"

6 处逸大儒：隐居不仕的大儒。处、逸，同义词连用，隐居。《周易·系辞上》："君子之道，或出或处，或默或语。"

7 得意者咸从捧手：向我敬佩的人拱手求教。得意者，中我意者。捧手，拱手，表示敬佩。

8 六艺：指《易》《书》《礼》《乐》《诗》和《春秋》六部经书。

9 粗览：浏览。

10 时睹秘书纬术之奥：时常参阅谶纬图箓一类书籍的玄奥之理。

11 播殖：播种栽植。《国语·郑语》："周弃能播殖百谷蔬，以衣食民人者也。"

12 阉尹擅执：指宦官专权。阉尹，掌管宫室出入的宦官。擅执，专权。

13 坐党禁锢：因党锢之祸而获罪。禁锢，勒令不准做官。《后汉书·党锢列传》："于是又诏州郡，更考党人门生故吏父子兄弟，其在位者免官禁锢，爰及五属。"又《郑玄传》："及党事起，乃与同郡孙嵩等四十余人俱被禁锢，遂隐修经业，杜门不出。"

14 贤良方正有道：选拔贤良方正有道之士。贤良、方正、有道，均为汉代选拔人才的科目。

15 辟大将军、三司府：受大将军和三司府的征召。大将军，官名，位在三公之上，主征伐。三司府，太尉、司徒、司空三个府署。

16 公车再召：官府两次征召。公车，汉代官署名，卫尉的下属机关，设公车令，掌管宫殿中司马门的警卫工作。臣民上书和征召，均由公车接待。郑玄曾被公车两次征召为大司农。

17 "比牒"二句：与我在同一授官簿录上被征召的人，有的早就做了宰相。

18 懿德大雅：具有美德，颇具才华。

19 "克堪"二句：克堪，能够胜任。式序，按次第叙录功劳。语出《诗经·周颂·时迈》："明昭有周，式序在位。"

20 无任：不能胜任。无，同"毋"。

21 元意：原意。《春秋繁露·重政》："是以春秋变一谓之元，元犹原也。"

22 百家：指诸子百家。

23 庶几：或许。表希望或推测。

24 命：指前文所述屡次辟召不就诸事。

25 萍浮南北：像水萍一样浮游南北。喻漂泊不定。

26 宿素：平素，一向。

27 失误：指注述当中的错漏。

28 "案之"二句：按照《曲礼》上七十岁传家事于子的规定，就应当把家事传你了。礼典，指《曲礼》。《曲礼》："七十老而传。"

29 覃思：深思。覃，深沉。

30 展敬：省视祭扫。

31 "咨尔"二句：咨，发语词。茕茕，没有兄弟的人。《尚书·洪范》："无虐茕独，而畏高明。"孔安国传："茕，单无兄弟也。"曾，竟。同生，指兄或弟。

32 其勖求君子之道：其，犹"尚"，当。《左传·隐公三年》："吾子其无废先君之功。"勖，勉力。

33 勿替：不要废弃。

34 声称：声名。司马相如《难蜀父老》："故休烈显乎无穷，声称浃乎于兹。"

35 绂冕之绪：做官的业绩。绂冕，这里喻指高官显位。

36 让爵之高：辞让官爵的高风亮节。这里就前文所述屡次征召而不就言。

37 庶不遗后人之羞：或许不会把羞耻遗留给后人。

38 末所愤愤者：临终前我所憾恨的。末，终、最后。愤愤，憾恨不平的样子。

39 腐敝：朽烂破损。

40 礼堂：讲学习礼之堂。

41 传与其人：传给与我志同道合的人。语出司马迁《报任安书》："仆诚以著此书，藏之名山，传之其人。"李善注："谓与己同志者。"

42 家今差多于昔：家境现在略好于过去。差，略微。

43 无恤饥寒：不要忧虑饥饿和寒冷。无，同"毋"。恤，忧虑、顾惜。《诗经·小雅·小弁》："我躬不阅，遑恤我后。"

44 尚令吾寡恨：或许让我少一些遗憾。尚，或许。恨，后悔、遗憾。

大意

我们郑家旧日贫穷，我得到父母兄弟的容许，辞去低贱的差使，而到长安求学，往来于幽、并、兖、豫诸地，因此得以拜见身处官位、学问渊博的名人和隐居不仕、满腹经纶的大儒，向我敬佩的人拱手求教，从他们那里获益良多。于是我广博地钻研儒家的六部经书，浏览各种史传著作，还时常参阅谶纬图箓一类书籍，领略其中的玄奥之理。年过四十，才回到家乡赡养父母，借播种栽植来欢度时光。遇到宦官专权，我因党锢之祸的牵连而遭禁锢，十四年后，才得到赦免的诏令。后来，我多次被推举为贤良方正有道之才，被大将军、三司府征召做官。公车两次征召我做大司农，与我在同一授官簿录上被征召的人，有的早就做了宰相。我想那几位都具有美德和出众的才华，能够胜任王公大臣的职责，所以应该量才重用。而我自己经过衡量，没有能力担当这类大任。我只想阐述先辈圣贤的本旨，期望整理诸子百家学说的歧异，也或许能在这方面发挥我的才智，所以接到征召的命令而不赴任。黄巾造反，使我像浮萍一样漂泊南北，后来再次回到故乡。到了这一年，我已经七十岁了。我旧时的学业已经荒疏，还有一些失误之处，根据《曲礼》的规定，我这样年龄的人就应当把家事传给儿子料理了。现在我告诉你，我已老了，把家事交给你管理，我将闲居在家以修身养性，深思熟虑来完成我著述的事业。假如不是拜受国君的诏令，慰问亲戚宗族的忧愁，省视祭扫祖先的坟墓，观览省视野外的景物，我为什么要拄着拐杖出门呢？家中大小事务，你一人承担。可叹你孤独一人，竟无兄弟可以依靠。你当努力追求成为君子的修养，学习钻研不能废弃，慎重地注重态度仪表，以求亲近有道德的人。显赫的声誉虽然是由同事朋友们促成的，但要养成高尚的德行却得靠自己立志。如果获得了好的声名，也可以荣亲耀祖，能不深思这点吗！能不深思这点吗！我虽然没有高官显位的业绩，但有多次辞让官爵的高风，我自得其乐整理经典的功业，或许不会把羞耻遗留给后人。我最后所憾恨的事情，不过是父母的坟墓尚未修成，所喜爱的群书大都朽烂破损，不能够在讲学习礼的堂内写成定稿，从而把它们传给与我志同道合的人。我就像太阳西下已近暮年，还能完成这些事吗！我们的家境现在略好于过去，只要按时节勤力耕种，就不必担心饥饿和寒冷。吃粗茶淡饭，穿简衣素服，在这两方面能够节俭，或许让我少一些遗憾。如果你忽视、忘记这些话，那也就算了吧！

导读

《戒子益恩书》是郑玄晚年写给儿子郑益恩的一篇述志教子的文章，历来为人们所推重。在此家训中，郑玄较详尽地叙述了自己的一生经历和个性喜好。述己为了求学，游走四方，求教于通人大儒，旨在为儿子树立榜样；述己屡次辞绝做官，而潜心著述，其间不无对宦海风波的深刻领悟，旨在告诫儿子勿入宦途；而叙述自己遭党锢之祸被监禁长达十四年之久，既有对人生命途多舛的感慨，又有对朝廷昏暗的不平之怨，这一点更是对自己不慕名利、屡辞征召的高风亮节的良好注脚。文中饱含着郑玄自励自傲、耿介专一的激情。末尾，郑玄才从正面训诫儿子，须在学业上“研钻勿替”，持之以恒；须在生活上“勤力务时”，俭朴节约；力求建立好的声誉，以荣亲耀祖。文章虽为父亲训子之书，但口吻温和，似慈父又似严师，“可不深念邪！可不深念邪！”的反复令人不能不深思。而“若忽忘不识，亦已焉哉”的叮嘱，实能收到令子难以忽视、忘记的效果。因此，刘熙载《艺概·文概》谓：“郑康成《戒子益恩书》，雍雍穆穆，隐然涵《诗》《礼》之气。”郑康成为一代硕儒，著述等身，他本身的行为即是一本较好的家训。《戒子益恩书》可以看作郑玄一生行事的总结之作；后人不应仅仅把它看作一篇家训，把它看作做人的行为规范，又何尝不可呢？

名言警句

面之不饰，愚者谓之丑；
心之不修，贤者谓之恶。

女　诫

蔡　邕

作者简介

蔡邕（132—192），字伯喈，陈留圉（今河南杞县南）人。灵帝时为仪郎，因上书论朝政阙失获罪，流放朔方。遇赦后，畏宦官陷害，亡命江湖十余年。灵帝死，董卓专权，重邕才学，厚相遇待，因而被任为侍御史，官左中郎将，从献帝迁都长安，封高阳乡侯。董卓被诛后，蔡邕被捕，死于狱中，时年六十一。《后汉书》有传。蔡邕通经史、天文、数术，妙操音律；能画，工篆、隶，尤以隶书著称于世。熹平四年（175），灵帝诏许蔡邕与堂溪典等写定“六经”文字，部分由蔡邕自书丹于石，立太学门外，世称“熹平石经”。又曾于鸿都门见工匠用帚写字，得到启发，创“飞白”书。其善辞赋，散文长于碑记。原有《蔡中郎集》，已佚，后人有辑本。

夫心，犹首面也[1]，是以甚致饰焉[2]。面一旦[3]不修饰，则尘垢秽[4]之；心一朝不思善，则邪恶入之。人咸[5]知饰其面，而莫修其心，惑[6]矣。夫面之不饰，愚者谓之丑；心之不修，贤者谓之恶。愚者谓之丑，犹可；贤者谓之恶，将何容焉？故览照拭面[7]，则思其心之洁也；傅脂[8]，则思其心之和也；加粉，则思其心之鲜也；泽发[9]，则思其心之顺也；用栉[10]，则思其心之理也；立髻[11]，则思其心之正也；摄鬓[12]，则思其心之整也。

——《全后汉文》卷七十四

注释

1 “夫心”二句：夫，发语词。首面，头和脸。
2 是以甚致饰焉：因此对于心要很细致地加以修饰。是以，因此、所以。致，细密、细致。《汉书·严延年传》：“按其狱，皆文致，不可得反。”颜师古注：“致，至密也，言其文案整密也。”焉，兼词，于之。之，代指人的心灵。
3 一旦：一天。
4 秽（huì）：用作动词，使污浊。
5 咸：副词，都。
6 惑：迷惑、糊涂。
7 览照拭面：照着镜子，擦洗脸面。览，观看。拭，擦洗。
8 傅脂：涂抹胭脂。
9 泽发：洗揉头发。
10 用栉（zhì）：指梳头。栉，梳篦的总称。
11 立髻（jì）：绾起头发而结之于顶。
12 摄鬓（bìn）：整理鬓发。摄，整理。鬓，靠近耳边的头发。

大意

人的心就像人的头和脸一样，因此对于心要很细致地加以修饰。如果脸面一天不加修饰，那么尘垢就会使脸脏污；如果人心一天不想着为善，那么邪念恶意就会进入心中。人们都知道修饰他们的脸面，而不知道修饰他们的心，这真是迷惑、糊涂了。脸面若不加修饰，那么愚笨的人就会说他丑；心灵若不加修饰，那么贤能的人就会说他恶。愚笨的人说脸丑，还情有可原；贤能的人说他心恶，那将怎么在天下容身呢？所以照镜子洗脸的时候，就该想到心灵的纯洁；涂抹胭脂的时候，就该想到心灵的平和；抹粉的时候，就该想到心灵的明亮；洗揉头发的时候，就该想到心灵的和顺；梳头的时候，就该想到心灵的有条有理；绾起头发而盘结在顶上的时候，就该想到心灵的端正；整理鬓发的时候，就该想到心灵的齐整有序。

导读

《孔子家语》载孔子说过这样的话："容不可不饰也。"蔡邕的《女诫》在肯定面容须修饰的同时，却翻出新意，借修饰打扮人的外表而道出应该更加重视人的心灵道德的修饰。文章构思很巧妙，比喻很形象，排比句式几乎贯穿全文，读来朗朗上口，易懂易记。作者乃著名文学家，精巧的构思和妥帖的比喻使得本来是日常行为的一系列举动显得那么错落而有致，从而把外表美不如心灵美、重修饰心灵而轻修饰外表之意简明准确地传达了出来。

《女诫》问世后，影响很大，后世许多有识之士都以之作为教子的教材，广泛传诵。当下，蔡邕的《女诫》对年轻人，尤其是女青年亦颇有借鉴价值；也是广大家长教育子女的好教材。

《北堂书钞》引了蔡邕题为《女诫》的一段文字，对我们读本文有参考价值——可以看出蔡邕所生活的时代背景和蔡邕欲拨乱反正的良苦用心。文不长，附录如下：

> 而今之务在奢丽，志好美饰，帛必薄细，采必轻浅。或一朝之晏，再三易衣，从庆移坐，不因故服。

名言警句

从善如登，从恶如崩。

临困授子请留笺

张　纮

作者简介

张纮（153—220），字子纲，三国广陵（今江苏扬州）人。早年游学京都，归乡后被举为茂才，公府辟召不就，避难江东。后被孙策征为正议校尉，拜为侍御史，被孙权拜为会稽东部都尉、讨虏长史等职。后孙权令还吴迎家，中道病卒。曾治京氏《易》、欧阳《尚书》，从师受《韩诗》《礼记》《左氏春秋》。《三国志》有传。张纮著有诗赋铭诔十余篇，《全后汉文》存其文五篇。

自古有国有家者[1]，咸欲修德政，以比隆盛世[2]，至于其治，多不馨香[3]。非无忠臣贤佐，闇于治体[4]也，由主不胜其情[5]，弗能用耳。

夫人情惮难而趋易[6]，好同而恶异，与治道相反。《传》曰："从善如登，从恶如崩"[7]，言善之难也。人君承奕世之基[8]，据自然之势，操八柄之威[9]，甘易同之欢[10]，无假取于人；而忠臣挟难进之术[11]，吐逆耳之言[12]，其不合也，不亦宜乎？虽则有衅，巧辩缘闲[13]，眩于小忠，恋于恩爱[14]，贤愚杂错，长幼失叙[15]，其所由来，情乱之也。故明君悟之，求贤如饥渴，受谏而不厌[16]，抑情损欲[17]，以义割恩[18]。上无偏谬之授，下无希冀之望[19]。宜加三思，含垢藏疾[20]，以成仁覆[21]之大。

——《三国志·吴书·张纮传》

注释

1 有国有家者：语出《论语·季氏》："丘也闻有国有家者，不患寡而患不均，不患贫而患不安。"国，指诸侯国；家，指卿大夫的封地。本文乃袭用《论语》句，略等于后来的"国家"。

2 "咸欲"二句：都想推行仁德的政治措施来与盛世相媲美。咸，副词，都。比隆盛世，与盛世并驾齐驱。

3 馨香：香美，这里比喻美好的政绩。《尚书·酒诰》："弗惟德馨香，祀登闻于天。"

4 阍于治体：对治理国家的方法熟谙。阍，同"谙"，熟悉。

5 不胜其情：不完全了解他们的实际情况。胜，尽。

6 惮难而趋易：犹言畏难就易。惮，怕。

7 "《传》曰"三句：语出《国语·周语下》："谚曰：'从善如登，从恶如崩。'"韦昭注："如登，喻难；如崩，喻易。"比喻学好不易，学坏容易。

8 承奕世之基：继承一代接一代的基业。奕世，累世，一代接一代。《国语·周语上》："奕世载德，不忝前人。"

9 操八柄之威：执掌着驾驭天下的权威。八柄，语出《周礼·天官·太宰》："以八柄诏王驭群臣。一曰爵，以驭其贵；二曰禄，以驭其富；三曰予，以驭其幸；四曰置，以驭其行；五曰生，以驭其福；六曰夺，以驭其贫；七曰废，以驭其罪。八曰诛，以驭其过。"

10 甘易同之欢：陶醉于和悦而顺从的欢乐之中。甘，甜，引申为陶醉。易，和悦。同，顺同，这里指大臣顺从主上的意旨。

11 挟难进之术：进献着难以为君主所采用的治国方法。难进，指难以被主上采纳。

12 逆耳之言：刺耳的话。《史记·留侯世家》："且'忠言逆耳利于行，毒药苦口利于病'，愿沛公听樊哙言。"

13 "虽则"二句：即使有一定的机会可以劝谏君主，但朝中小人花言巧语地掩饰机会。衅，间隙，引申为机会。

14 "眩（xuàn）于"二句：君主被小小的忠诚所迷惑，沉溺于对小人的恩爱。眩，迷惑，迷乱。恩爱，指君主对小人的恩宠爱护。

15 叙：次序。

16 受谏而不厌：接受臣子的劝谏而不满足。谏，《说文》："以言正人也。"厌，满足。

17 抑情损欲：压抑情感减少私欲。损，减少。

18 以义割恩：按照仁义之理割断恩爱。

19 望：盼望、希望。

20 含垢藏疾：容忍耻辱，隐忍痛苦。语出《左传·宣公十五年》："高下在心，川泽纳污，山薮藏疾，瑾瑜匿瑕，国君含垢，天之道也。"

21 仁覆：仁德的覆盖，乃颂圣之词。

大意

自古以来治国理家的人，都想推行仁德的政治措施来与盛世相媲美。至于他们的政绩，却大多不美好。这并非因为没有忠臣贤人熟谙治理国家的方法，而是由于君主不完全了解忠臣贤人的实际情况，不能任用他们罢了。

人之常情往往是怕难就易，喜欢听别人赞同自己的意见而厌恶听别人不同于自己的意见，这与治理国家的道理恰恰相反。《国语·周语下》上说"顺从好的就如同登高一样，顺从恶的就如同山崩一样"，这说的就是学好的难处啊。君主继承一代接一代传下来的基业，占据着天然形成的形势，执掌着驾驭天下的权威，陶醉于和悦而顺从的欢乐之中，没有什么东西要借取、依靠他人；而忠臣进献着难以为国君所采纳的治国方法，倾吐着难以为国君所听进的逆耳忠言，他们与君主的意旨不能吻合，不也是自然的吗？即使有一定的机会可以劝谏君主，但朝中小人花言巧语地掩饰机会，君主又被小小的忠诚所迷惑，沉溺于对小人的恩爱，致使朝中贤愚之人混杂一起，长幼的次序也已错失。造成这种现状，是由于君主被情欲搅乱了啊。所以，贤明的君主领悟了这一点，就如饥似渴地求访贤人，接受臣子的劝谏而不满足，压抑自己的情感，减少自己的私欲，按照仁义之理割断恩爱。君主没有偏颇错误的授官之举，臣民就没有希望得官的期盼。应该对此再三思考。应该忍受耻辱、隐忍痛苦，以成就仁德之人（孙权）的伟大事业。

导读

据《三国志·吴书·张纮传》载，这篇家训是张纮于病中留示儿子张靖的，所以篇名曰《临困授子靖留笺》，其核心内容是给张靖讲述治国辅政之道。张纮认为，自古为人君者都想把国家治理好，获得“美政”的声誉，然而事与愿违，“多不馨香”，其根本原因在于人君不能重用忠臣贤人，这已经包含了“自古有国有家者”大多不是“明君”的意思，可说是对古代君主专制制度本质的委婉批判。张纮的用意大约是提醒儿子不要对君主抱太大的希望，告诫儿子要认清封建君主的基本特点，以在辅政之路上少走弯路，保命全身；“宜加三思”一句颇值得玩味。如果我们想到这篇家训是六十岁的张纮临终前所写，那么，就自然会懂得这是张纮一生辅政经验的概括，是对儿子倾吐的肺腑之言。至于说到“明君悟之”云云，那不过是张纮理想中的君主而已，当然含有颂圣之意，而他的主旨还在于为儿子讲述辅政之道，求得宦途的平坦，是一篇官场醒语。这是需要着重指出的。

据说，孙权读了本文后流下了眼泪。我们认为，孙权虽然看到了张纮的一片忠诚之心，但他未能准确把握本文的写作主旨。

名言警句

思此时所行，无悔于今。

戒子植

曹操

作者简介

曹操（155—220），字孟德，沛国谯县（今安徽亳州）人，是汉魏间杰出的政治家、军事家和文学家。年二十举孝廉，征拜为议郎。黄巾起义爆发，任骑都尉，在镇压黄巾起义军的过程中发展了自己的势力，迁为济南相。建安元年（196）迎献帝迁都许昌；十三年（208），进位丞相。先后击灭袁术、袁绍等豪强集团，征服乌桓贵族，成为北方的实际统治者。他采用了一系列较为进步的政策，如广兴屯田、抑制兼并、打击豪强、唯才是举等，推动了生产和经济的发展。二十一年（216），受封为魏王。四年后，病死于洛阳。精通兵法，擅长诗文，有《魏武帝集》，其诗文广为后世所传诵。《三国志》有传。

吾昔为顿邱[1]令，年二十三。思此时所行，无悔于今。今汝年亦二十三矣，可不勉[2]欤？

——《三国志·魏书·陈思王植传》

注释

1 顿邱：县名，治所在今河南清丰县西南二十五里。汉灵帝熹平六年（177），曹操任顿邱县令，年二十三。

2 勉：努力。

大意

我从前任顿邱县令时，年龄刚二十三岁。回想那一时期的所作所为，至今没有什么可悔恨的。现在你也已经二十三岁了，能不努力上进吗？

导读

曹操虽为一代枭雄，但非常重视家教，也非常严厉。这篇家训写于建安十九年（214），当时年已六十的曹操南征孙权，于是派他的儿子曹植留守魏都邺城（今河北临漳西南）。这年，曹植徙封临淄侯，颇得曹操的偏爱，《三国志·魏书·陈思王植传》谓："植既以才见异，而丁仪、丁廙、杨修等为之羽翼。太祖狐疑，几为太子者数矣。"在出征之前，曹操仍对教子不能忘怀，于是写了这篇《戒子植》。文章开篇就说自己二十三岁时的所作所为，无悔于今，接着笔锋陡然一转，告诫曹植：现在你也处在你父当年任顿邱令的年龄，你能像你父那样吗？你目前的所作所为也能无悔于后吗？虽无具体指教，但言短意丰，颇富有训诫警示之意，严厉的语气之中蕴含着老父亲的爱子之情，读来令人玩味不已。

名言警句

天地和则万物生，君臣和则国家平。

遗言戒子

向 朗

作者简介

向朗（168—247），字巨达，襄阳宜城（今湖北宜城）人。先依刘表，为临沮长；刘表死，归刘备，曾任巴西太守，旋转任牂牁、房陵太守。刘禅即位后，为步兵校尉，领丞相长史。向朗与马谡友善，他知马谡之情不举，建兴六年（228）被诸葛亮免官。数年后，为光禄勋。诸葛亮卒，任左将军，追论旧功，而封显明亭侯。向朗少时虽涉猎文学，然不治素检；免长史后，优游近二十年，后潜心典籍，孜孜不倦。年逾八十，犹亲自校书，刊定谬误，积聚篇卷。开门接宾，诱纳后进，但只讲论古义，不干时事，颇为时人所敬重。《三国志》有传。

《传》称“师克在和不在众”[1]，此言天地和则万物生，君臣和则国家平，九族和则动得所求[2]、静得所安，是以圣人守和[3]，以存以亡[4]也。吾，楚国之小子[5]耳，而早丧所天[6]，为二兄所诱养[7]，使其性行不随禄利以堕[8]。今但贫耳，贫非人患[9]，惟和为贵，汝其勉之[10]。

——《三国志·蜀书·向朗传》

注释

1 《传》称“师克在和不在众”：语出《左传·桓公十一年》，意谓军队能够取胜，关键在于上下团结一心，不在于人多。克，制胜。

2 动得所求：做任何事都能达到目的。

3 守和：奉行和谐一致的原则，即《老子》所谓“是以圣人抱一为天下式”之意。

4 以存以亡：即而存而亡，谓自生到死。

5 楚国之小子：楚国的后代。楚国，襄阳宜城古属荆楚，故言。小子，子弟、后代，含有自谦义。《诗经·大雅·思齐》：“肆成人有德，小子有造。”

6 早丧所天：早年丧父。天，父亲。《诗经·鄘风·柏舟》：“母也天只，不谅人只！”毛传：“天谓父也。”

7 诱养：引导抚养。

8 使其性行不随禄利以堕：使得我的性格和品行不至于随着世俗利禄的诱惑而堕落。盖指二兄教导有方。以，连词，而。

9 贫非人患：贫困并不是人所忧愁的事情。

10 汝其勉之：你还是努力去做吧。其，句中语气词，表示希望，犹“还是”。

大意

《左传》里说“军队能够取胜关键在于上下团结一心，不在于人多”，这句话旨在说明天地和谐则万物生长，君臣和顺则国家太平，全家族的人和顺则做任何事情都能达到目的，静而不动也可平安无事，所以圣人奉行和谐一致的原则，自生到死都不变。我只是古时楚国的一个子弟罢了，而早年丧父，我被二位兄长所教导、抚养，从而使得我的性格和品行不至于随着世俗利禄的诱惑而堕落。到今日只是贫困而已，但贫困并不是人所忧愁的事情，只有和顺是珍贵的，你还是努力去做吧。

导读

《三国志》裴松之注引《襄阳记》曰："朗遗言戒子曰……"，可知本文是向朗留给儿子向条（字文豹）的临终遗言。向朗因马谡事被诸葛亮免去长史之职，时年六十一岁。他年少时曾拜司马德操为师学习，与徐元直、韩德高、庞士元都很亲善。免官后的向朗近二十年"优游无事"，竟然继续钻研学习，好学不倦，广为时人、后人所称道。大约是仕途蹭蹬和学问老成的缘故吧，向朗晚年悟出了"和为贵"的真正含义。所以，他在不到百字的文中，紧扣住一个"和"字告诫儿子。"二兄诱养"的内涵仍是"家和"才能人和，才能万事和。"和为贵"是向朗一生得出的经验，他把这支金针度给了儿子向条；而对今人来说，"和为贵"的益处难以用语言去表述啊！

名言警句

君子之行，静以修身，俭以养德。
非淡泊无以明志，非宁静无以致远。

诫 子 书

诸葛亮

作者简介

诸葛亮（181—234），字孔明，琅琊阳都（今山东沂南）人，三国蜀国政治家、军事家。幼年丧父失母，后隐居隆中躬耕读十余年。刘备三顾茅庐求教，遂提出了著名的“隆中对”，辅佐刘备建立蜀汉。刘备去世后，又辅佐刘禅，被封为武乡侯，领益州牧，主持军国大事。后于建兴十二年（234）病死于五丈原（今陕西岐山南）军中。《三国志》有传。原有集二十五卷，多已散佚；后人辑有《诸葛亮集》，《出师表》为其名篇。

夫君子之行，静以修身，俭以养德[1]。非淡泊无以明志，非宁静无以致远[2]。夫学须静也，才须学也，非学无以广才[3]，非志无以成学。淫慢[4]则不能励精[5]，险躁[6]则不能治性[7]。年与时驰，意与日去，遂成枯落[8]，多不接世[9]，悲守穷庐[10]，将复何及！

——《诸葛亮集》卷一

注释

1 “夫君子”三句：行，指品行、操守。静，安静，引申为心境专注而不躁动。修身，修养身心。俭，节俭。养德，培养品德。

2 “非淡泊”二句：淡泊，恬静寡欲。无以，没有用来……的方法。明志，使志向清明。宁静，指内心平静。致远，到达远处，引申为取得好的成就。

3 “夫学”三句：须，依靠。广才，使才干增广。

4 淫慢：放纵懈怠。

5 励精：振奋精神。

6 险躁：轻薄浮躁。

7 冶性：修养性情。

8 枯落：同“瓠落”，大而无用。《庄子·逍遥游》：“惠子谓庄子曰：‘魏王遗我大瓠之种，我树之成而实五石。以盛水浆，其坚不能自举也；剖之以为瓢，则瓠落无所容。非不然大也，吾为其无用而掊之。’”

9 接世：接近社会。

10 穷庐：简陋的房舍。

大意

君子的品行，心境安静是为了修养身心，节俭是为了培养品德。不淡泊名利就无法使志向清明，不恬静寡欲就无法取得成就。学习要依靠安静才能上进，才干要依靠学习才能获得。不学习就无法使才干增长，没有志向就无法使学习有所成就。放纵懈怠就不能够振奋精神，轻薄浮躁就不能够修养性情。年华与时光一同飞逝而走，意志随日月离身而去，于是年龄老大而一无所用，大多不能对社会有所贡献，而可悲地守着一间破败简陋的房舍度日，到那时又怎能来得及呢！

导读

杰出的人物大多能够重视教子。诸葛亮日理万机，对子女的教育却抓得很紧，《诫子书》是写给儿子诸葛瞻的。

这篇家训文短而意赅。“静以修身，俭以养德”是一篇之主旨，下文采用逆接法进一步论述个中道理，“非淡泊无以明志”承“俭以养德”而来，“非宁静无以致远”承“静以修身”而来。综观全文，诸葛亮特别强调“静”，这个“静”既包括心境宁静，又包括不慕名利。要想具备好的品德，必须甘于寂寞，必须淡泊名利，像颜回那样“一箪食，一瓢饮，在陋巷，人不堪其忧，回也不改其乐”（《论语·雍也》）；否则，其可怕的后果就是老大无成，悲守穷庐，酿成噬脐之恨。只有做到“静”，才有可能有所成就，而连接“静”与“成就”的桥梁就是发愤学习；只有发愤学习，才能增长才干，才能为世所用。诸葛亮的确是从才、学、志三方面论述了它们之间的辩证关系，强调每一环节对人成长的重要性，同时还用优美而形象的语言描述了“淫慢”“险躁”的可悲后果，有振聋发聩之妙。短短一篇家训，却包含了不少贴近实际、经世致用的深刻道理，难怪人们把诸葛亮作为智慧的象征去看待，也难怪这篇家训历来受到人们的重视和借鉴，更难怪“淡泊以明志，宁静以致远”早已成为名言佳句，以至于许多人把它书写为对联挂在家里了。

志当存高远，慕先贤。

诫外生书

诸葛亮

作者简介

见《诫子书》之“作者简介”。

夫志当存高远，慕先贤，绝情欲，弃疑滞[1]，使庶几[2]之志，揭然[3]有所存，恻然有所感。忍屈伸[4]，去细碎[5]，广咨问，除嫌吝[6]，虽有淹留[7]，何损于美趣[8]？何患[9]于不济[10]？若志不强毅，意不慷慨，徒碌碌滞于俗[11]，默默束于情[12]，永窜伏[13]于凡庸[14]，不免于下流矣。

——《诸葛亮集》卷一

注释

1　弃疑滞：抛弃阻挡前进的东西。疑滞，同“凝滞”，指受阻而停滞不前。屈原《九章·涉江》：“船容与而不进兮，淹回水而疑滞。”洪兴祖补注云：“江淹赋云：‘舟凝滞于水滨。’杜子美诗云：‘旧客舟凝滞。’皆用此语。其作疑者，传写之误耳。”

2 庶几：指好学而可以成才的人。《易经·系辞下》："颜氏之子，其殆庶几乎。"孔颖达疏："言圣人知几，颜子亚圣，未能知几，但殆近庶慕而已。"知几即察微。几，微也。王充《论衡·别通》："夫孔子之门，讲习五经；五经皆习，庶几之才也。"《三国志·吴书·张承传》："勤于长进，笃于物类，凡在庶几之流，无不造门。"

3 揭然：显露的样子。

4 忍屈伸：忍受逆境和顺境的考验。屈，不得志。伸，得志。《荀子·不苟》："与时屈伸，柔从若蒲苇，非慑怯也；刚强猛毅，靡所不信，非骄暴也。"即言随时而进退，殆为诸葛亮所本。

5 细碎：指琐碎的杂事。

6 嫌吝：怨仇和耻辱。

7 淹留：久留，这里指才德不显于世。

8 美趣：美好的志趣。

9 患：忧虑。

10 不济：不成功。

11 碌碌滞于俗：碌碌无为地为世俗所牵累。碌碌，平庸无为。俗，指世俗。滞，滞留，引申为沉溺、牵累。

12 情：这里指世俗的情形，与前文"俗"字变文避复。

13 窜（cuàn）伏：逃窜伏匿，引申为沉沦不振。贾谊《吊屈原文》："鸾凤伏窜兮，鸱枭翱翔。"伏窜、窜伏意义相近。

14 凡庸：指平庸的人。

大意

一个人的志向应当高尚、远大，倾慕古代贤人，断绝私情邪欲，抛弃阻挡向上的东西，使自己高尚的志向清楚地存在于胸中，并不断地用它激励自己。要忍受逆境和顺境的考验，抛弃琐碎的杂事，广泛向他人咨询和求教，丢掉与他人的仇怨和耻辱的心思，即使才德不显于世，又对自己美好的志趣有什么损害呢？又为什么要在没能成功方面忧闷不乐呢？如果志向不刚强弘毅，意气不激昂慷慨，只是碌碌无为地为世俗所牵累，默默无闻地为世情所束缚，长久地沉沦在平庸凡俗之人中间，就难免要落到卑下的地位了。

导读

早立志，立大志，是古代家训中常见的内容之一。诸葛亮的《诫外生书》这篇家训的核心内容也是树立志向，而且提出“志当存高远”。文章阐述了立大志和“志不强毅”所必然会有的两种不同结果：有了大志，即使不能显德于世，对一个人的美德也毫无损害，他是真正的有志者，更何况“有志者，事竟成”；如果不立志或志向不坚强弘毅，那么一个人必然没有成就。为什么人的志向“不弘毅”呢？乃是由于他被世俗的权势、利禄、享乐所牵累和束缚，其结局必然是庸人凡夫。这是诸葛亮一生为人的总结，他的告诫值得后人借鉴。

据习凿齿《襄阳记》载，诸葛亮有小妹嫁与庞德公之子山民，山民为魏黄门吏部郎，早死，其子庞涣，晋太康中任牂牁太守，“外生”或许即指庞涣。

名言警句

言行可覆，信之至也；推美引过，德之至也；扬名显亲，孝之至也；兄弟怡怡，宗族欣欣，悌之至也；临财莫过乎让。此五者，立身之本。

训子孙遗令

王　祥

作者简介

王祥（185—269），字休征，琅琊临沂（今山东临沂）人。汉谏议大夫王吉之后。他早年丧母，因继母谮言而失父爱；事继母至孝，继母欲吃活鱼，他于天寒冰冻时解衣卧冰求鲤，双鲤跃出，他持鱼而归。汉末遭乱，祥携弟扶母避地庐江，隐居三十余年，不应州郡之命。继母终，乃应徐州刺史吕虔征召为别驾，曾率兵征讨盗寇，使州界清静，时人歌之曰："海沂之康，实赖王祥；邦国不空，别驾之功。"后举秀才，除温令，累迁大司农。曹髦继位后，拜为光禄勋，转司隶校尉，迁太常，封万岁亭侯，为三老。及晋武帝建晋，拜太空，进爵为公，加置七官之职。泰始五年卒，享年八十五岁。《晋书》有传。

夫生之有死，自然之理。吾年八十有五，启手何恨[1]？不有遗言，使尔无述[2]。吾生值季末[3]，登庸历试[4]，无毗佐之勋[5]，没[6]无以报。气绝但洗手足，不须沐浴[7]，勿缠尸，皆浣故衣，随时所服。所赐山玄玉佩、卫氏玉玦、绶笥皆勿以敛[8]。西芒上土自坚贞[9]，勿用甓[10]石，勿起坟垄[11]。穿深二丈，椁[12]取容棺。勿作前堂[13]、布几筵[14]、置书箱镜奁[15]之具，棺前但可施床榻而已。精脯[16]各一盘，玄酒[17]一杯，为朝夕奠。家人大小不须送丧，大小祥乃设特牲[18]。无违余命！高柴泣血三年，夫子谓之愚[19]。闵子除丧出见，援琴切切而哀，仲尼谓之孝[20]。故哭泣之哀，日月降杀[21]；饮食之宜，自有制度[22]。夫言行可覆[23]，信之至也；推美引过[24]，德之至也；扬名显亲，孝之至也；兄弟怡怡，宗族欣欣[25]，悌之至也；临财莫过乎让[26]。此五者，立身之本。颜子所以为命[27]，未之思也，夫何远之有！

——《晋书·王祥传》

注释

1 启手何恨：死了又有什么憾恨呢？启手，即“启手足”的省称，死的委婉说法。语出《论语·泰伯》：“曾子有疾，召门弟子曰：‘启予足，启予手！’”启，即“瞀”。《说文》：“瞀，视也。”古人临终以保全名誉身体为幸，后来即以启手足作为善终的代称。

2 使尔无述：使你们没有可以遵循的遗则。述，遵循。《尚书·五子之歌》：“述大禹之戒以作歌。”《礼记·中庸》：“父作之，子述之。”

3 季末：末世、末代。《汉书·叙传下》：“季末淫祀，营信巫史。”王祥生于汉灵帝中平二年，为东汉末代，故云“生值季末”。

4 登庸历试：多次被举用而一试才华。王祥屡次被委以重任，故云。登庸，举用。《尚书·尧典》：“帝曰：‘畴咨若时登庸。’”孔安国传：“畴，谁。庸，用也。谁能咸熙庶绩，顺是事者，将登用之。”

5 无毗（pí）佐之勋：没有辅佐主上的功勋。这是自谦之词。毗，辅助。《诗经·小雅·节南山》：“四方是维，天子是毗。”

6 没：同“殁”，死亡。

7 不须沐浴：不烦劳你们洗发洗身。据《礼记·丧大记》载，古人死后，入殓前要“用巾拭发”“浴发拭尸”。

8 “所赐”三句：玉佩，玉石制的

佩饰。玉玦，玉饰的一种。玦，同“决”，形如环而有缺口，射箭钩弦之具。段成式《酉阳杂俎·忠志》：“玉玦，形如玉环，四分缺一。”绶，丝带，用以系印环。笥（sì），盛衣物或饭食的方形盛器。

9 坚贞：土质硬而纯。

10 甓（pì）：砖。

11 坟垄：坟丘。古时封土成丘的叫坟，平的叫墓。

12 椁（guǒ）：棺材外面套的大棺材。

13 前堂：吊唁的灵堂。

14 几筵：筵席。《国语·周语上》：“设桑主，布几筵。”后称灵座为几筵。汉刘向《新序·杂事》：“君入庙门，升自阼阶，仰见榱栋，俯见几筵，其器存，其人亡。”

15 镜奁：镜匣。《后汉书·阴皇后纪》：“帝从席前伏御床，视太后镜奁中物，感动悲涕，令易脂泽装具。”

16 糒（bèi）脯（fǔ）：干饭和干肉。

17 玄酒：这里指薄酒。其本义为上古祭祀时所用之水。《礼记·礼运》：“故玄酒在室，醴醆在户。”孔颖达疏：“玄酒，谓水也。太古无酒。此水当酒所用，故谓之玄酒。”

18 大小祥乃设特牲：大祥，古时父母死去两周年的祭礼。《礼记·间传》：“父母之丧，……期而小祥，……又期而大祥。”小祥，古时父母死去一周年的祭礼。《仪礼·士虞礼》：“期而小祥。”郑玄注：“小祥，祭名。祥，吉也。”特牲，祭祀时用牛一头或猪一头。这里泛指祭祀品。

19 “高柴”二句：高柴，春秋齐人，一说卫人，字子羔（《礼记》作“子皋”），孔子弟子。子路使柴为费宰，孔子以为未熟习，不宜从政。故《论语·先进》曰：“柴也愚，参也鲁，师也辟，由也喭。”《礼记·檀弓上》：“高子皋之执亲之丧也，泣血三年。”郑玄注：“言泣无声，如血出。”孔颖达疏：“凡人涕泪必因悲声而出，若出血则不由声也。今子皋悲无声，其涕亦出，如血之出，故云泣血。”

20 “闵子”三句：闵子骞，春秋鲁国人，孔子弟子，名损。《孔子家语》：“闵子骞三年丧毕，见于孔子，与之琴，使之弦，切切而悲。孔子曰：‘君子也，哀未尽，能之以礼。’”

21 日月降杀：《礼记·祭义》：“霜露既降，君子履之，必有凄怆之心，非其寒之谓也。”郑玄注：“非其寒之谓，谓凄怆之怵惕，皆为感时念亲也。”

22 “饮食”二句：《礼记·丧大记》：“大夫之丧，主人、室老、子姓，皆食粥，众士疏食水饮，妻妾疏食水饮，士之如之。既葬，主人疏食水饮，不食菜果，妇人亦如之。君大夫士一也。练而食菜果，祥而食肉。”对丧礼的饮食制度有详细的规定。

23 言行可覆：言行可以经得起审查。覆，审查。《汉书·李寻传》：“臣自知所言害身，不辟死亡之诛，惟财留神，反覆覆愚臣之言。”颜师古注：“财与裁同，谓裁量而反思。刘攽曰：‘衍一覆字。’”

24 推美引过：辞让赞美，自认过失。

25 “兄弟”二句：怡怡，和顺的样子。语出《论语·子路》：“朋友切切偲偲，兄弟怡怡。”欣欣，喜乐自得的样子。

26 临财莫过乎让：面对钱财没有比

辞让更高尚的了。《礼记·曲礼上》："临财毋苟得，临难毋苟免。"《鹖冠子·天则》："临利而后可以见信，临财而后可以见仁。"

27 颜子所以为命：颜子，指颜回，字子渊，鲁国人，孔子弟子，比孔子小三十岁，是孔子最得意的学生，年二十九，发尽白，早死。《论语·雍也》："哀公问：'弟子孰为好学？'孔子对曰：'有颜回者好学，不迁怒，不贰过。不幸短命死矣，今也则亡，未闻好学者也。'"

大意

人生而有死亡，这是自然之理。我的年龄已经八十五岁，即使死了又有什么憾恨？如果没有临终遗言，就会使你们没有可以遵循的遗则。我生在末世，多次被举用而一试才华，并没有辅佐主上的功勋，死了也无法报答。我断气后只洗洗手和脚，不烦劳你们濯发洗身，不要用绸布缠包尸体，把我的旧衣服都浣洗一下，将平时所穿的衣服给我穿上。主上所赐给我的山玄玉佩、卫氏玉玦、系印的丝带和盛器都不要随葬。西芒山上土质本自硬而纯，不要再用砖石，不要堆起坟丘。墓穴挖深二丈，外棺只要能容纳内棺即可。不要设灵堂、摆置筵席、安置书箱镜匣等器具，棺材前只可放置床榻罢了。干饭和干肉各置一盘、薄酒一杯，作为早晚祭奠的祭祀品。家人大小人口不要为我送丧，一周年祭日和两周年祭日再设牛猪等祭祀品。你们不要违背我的遗命！高柴为亲丧而泣血三年，孔夫子说他愚。闵子骞已除孝服而见孔子，他弹琴依然琴声悲切，孔夫子说他孝。所以悲哀地为亲人之丧而哭泣，日月都降下霜露，是为感时念亲的缘故；丧葬期间如何饮酒吃饭，自有古人定下的制度。言行可以经得起审查，这是最高的忠信；辞让赞美而自认过失，这是最高的品德；扬名声显父母，这是最大的孝；兄弟和睦，族人喜乐，这是最大的和顺；面对钱财没有比辞让更高尚的了。这五点，是人立身的根本。颜子之所以早死而孔子说是他的"命"，是未能深思到这几点，又有什么遥远的呢！

导读

“人生七十古来稀”（杜甫《曲江二首》），这是唐人的认识。作为一个在人世已经奔波了八十五年的老人，生活在魏晋时代的王祥，即使启手归天，又有何憾？所以，王祥写了这篇“遗令”，以训诫子孙。首先，王祥提出了“薄葬”的要求，非常详尽、具体地表明了自己死后的礼节、葬仪和埋葬方式，主张丧事一概从简。读后不能不使人觉得王祥的确是“过来人”，有看透世事、不计身后的个性特点。其实，在王祥之前，许多洞明世事之士就已提出过“厚葬诲盗”而遗命薄葬的看法和要求，例如《吕氏春秋》中的《节丧》和《安死》两篇有详细明畅的论述。《安死》篇云：

> 今有人于此，为石铭置之垄上曰：“此其中之物，具珠玉、玩好、财物宝器甚多，不可不扫，扫之必大富，世世乘车食肉。”人必相与笑之，以为大惑。世之厚葬也，有似于此。自古及今，未有不亡之国也，无不亡之国者，是无不扫之墓也。……是故大墓无不扫也，而世皆争为之，岂不悲哉！……是故先王以俭节葬死也，非爱其费也，非恶其劳也，以为死者虑也，先王之所恶惟死者之辱也，发则必辱，俭则不发，故先王之葬，必俭、必合、必同。何谓合？何谓同？葬于山林则合乎山林，葬于阪隰则同乎阪隰，此之谓爱人。夫爱人者众，知爱人者寡，故宋未亡而东冢扫，齐未亡而庄公冢扫。国安宁而犹若此，又况百世之后而国已亡乎？故孝子、忠臣、亲父、交友，不可不察于此也。

在《吕氏春秋》之后，几乎历朝历代都有人倡导“薄葬”，如西汉杨贵的《报祁侯缯它书》即指出：“夫厚葬诚无益于死者，而俗人竟以相高，靡财单币，腐之地下。或用今日入而明日发，此真与暴骸于中野何异？”还有刘向《谏营昌陵疏》、王充《论衡·薄葬》、曹丕《终制》、皇甫谧《笃终》及郝昭《遗令戒子凯》等即是。

王祥所处的时代，“厚葬”之风盛行，正如江淹《铜剑赞》论葬事所言：“前汉奢于后汉，魏时富于晋世。”盗墓之风亦大盛，《晋书·索琳传》记愍帝时，揭墓贼发掘汉霸、杜二陵，“多获珍宝”；《陈书·世祖本纪》天嘉六年八月诏：“零乱山丘，变移陵谷，或皆剪伐，莫不侵残，玉杯得于民间，漆简传于世载。”厚葬是造成盗墓的根本原因。王祥之所以遗令训诫子孙薄葬，大约也出于这一考虑。说到底，厚葬于生者、死者都有害而无益！

王祥还在训诫的最后劝子以信、德、孝、悌、让五者为立身之本，从伦理角度提出要求，表现出作者的爱子之情。

无口许人以财，无传不经之谈，无听毁誉之语。

诫 子 书

羊 祜

作者简介

羊祜（221—278），字叔子，泰山南城（今山东费县西南）人。蔡邕外孙，司马师妻弟。魏末任相国从事中郎。晋武帝代魏，加散骑常侍，进爵为侯，又拜尚书右仆射。后都督荆州诸军事，守襄阳，与东吴大将陆抗对境。他抚士庶，垦田积粮，为灭吴作准备。咸宁初，除征南大将军，封南城侯，在晋武帝决定出兵伐吴后病卒，谥曰成。《晋书》有传。

吾少受先君[1]之教，能言之年，便召以典文[2]；年九岁，便诲以《诗》《书》[3]，然尚犹无乡人之称[4]，无清异[5]之名。今之职位，谬恩[6]之加耳，非吾力所能致也。吾不如先君远矣！汝等复不如吾。咨度弘伟[7]，恐汝兄弟未之能也；奇异独达[8]，察汝等将无分也。恭为德首，慎为行基[9]，愿汝等言则忠信，行则笃敬[10]，无口许人以财，无传不经之谈[11]，无听毁誉[12]之语。闻人之过，耳可得受，口不得宣，思而后动。若言行无信，身受大谤[13]，自入刑论[14]，岂复惜汝？耻及祖考[15]。思乃父言，纂乃父教，各讽诵之[16]。

——《艺文类聚》卷二十三

注释

1 先君：已经去世的父亲。羊祜之父名羊道，曾任上党太守。

2 典文：典范的书籍，重要的文献。

3 《诗》《书》：指《诗经》《尚书》。

4 尚犹无乡人之称：还没有获得同乡人的称誉。尚犹，同义词连用，还。

5 清异：高洁不凡。

6 谬恩：错谬的恩惠。这是颂圣和自谦之词。

7 咨度（duó）弘伟：筹划谋略广泛而深远。咨度，筹划谋略。弘，大。

8 奇异独达：指独自达到才能超凡的境地。

9 “恭为”二句：谦恭是道德的纲领，谨慎是行为的根本。

10 笃（dǔ）敬：忠厚恭敬。

11 不经之谈：缺乏根据的言论。

12 毁誉：一对反义词，诽谤、赞扬。

13 大谤：严厉的指责。

14 自入刑论：自然会受到刑罚论处。论，判罪。《史记·吕太后本纪》：“其群臣或窃馈，辄捕论之。”

15 祖考：祖先。《尚书·君牙》：“今命尔予翼，作股肱心膂，缵乃旧服，无忝祖考。”当为本句及下句所本。

16 “思乃父言”三句：乃，你（们）的。纂，继承。《礼记·祭统》：“子孙纂之，至于今不废。”讽诵，默诵，此处指牢记心中、时时体味。

大意

我自幼受你祖父的教育，到能说话的年龄，就被教习重要的文献；九岁时，他就教我读《诗经》和《尚书》，然而还没有获得本乡人的称誉，没有高洁不凡的声名。现在我有这样的职位，承蒙皇上赐予我的恩惠，并不是我凭自己的力量所能达到的。我不如你祖父太远了！你们又不如我。筹划谋略既广泛又深远，我担心你们难以达到；独自达到才能超凡的境地，我看你们也没有这样的素质。谦恭是道德的纲领，谨慎是行为的根本，希望你们说话要忠诚真实，行事要忠厚恭敬，不要空口许诺给人钱财，不要传播缺乏根据的言论，不要听信别人诽谤或称赞的话语。如果听到别人的过失，只要耳朵听进去即可，嘴上再不要讲出来，做事要经过思考再去做。如果说话做事不诚实，自身就会受到严厉的指责，自然会受到刑罚论处，到那时谁还会怜恤你们呢？而且你们的祖先也会蒙受耻辱。想想你父亲的话，继承你父亲的教诲，每个人要经常背诵。

导读

羊祜出身于豪门世族，但他十二岁时，父亲便去世了，他侍奉叔父像侍奉父亲一样，可见其孝敬长辈之一斑。他曾遇到的一个老人对他说："孺子有好相，年未六十，必建大功于天下。"羊祜博学能文，非常健谈，身长七尺三寸，相貌堂堂，所以当时有人把他比作孔子的弟子颜回，于此可见羊祜学养之深厚。正因此，羊祜死后，当地人为他立碑于岘山，以纪念他的功绩，看到其碑者都为之感动下泪，所以称其碑为"堕泪碑"。

羊祜本人身居高位，对自己的政绩却持谦虚的态度，认为自己远不如亡父，又以自己作比，指出儿子才疏学浅，"复不如吾"。因此，应该重视品德修养，立身处世应该"言则忠信，行则笃敬"；又从反面告诫儿子如果"言行无信"，不仅"身受大谤，自入刑论"，还会给先祖先宗蒙上一层耻辱。那么，如何能给祖宗争光呢？羊祜要求"思乃父言，纂乃父教，各讽诵之"，永志不忘。言语轻重适宜，口吻宽严有度，是一篇优秀的家训，对今人不无借鉴意义。

人无志，非人也。

家诫（节选）

嵇 康

作者简介

嵇康（223—262），字叔夜，谯国铚县（今安徽濉溪）人。少孤，为魏宗室婿，仕魏为中散大夫，故称“嵇中散”。“竹林七贤”之一。丰神俊逸，博洽多闻，崇尚老庄。工诗文，善鼓琴，精乐理。由于不愿与司马氏合作，“每非汤武而薄周孔”、抨击当代的虚伪礼法和趋炎附势之士，遭钟会诬陷，为司马昭所杀，年仅四十。临刑前，索琴弹《广陵散》，曰：“《广陵散》于今绝矣！”《三国志》《晋书》均有传。著有《嵇中散集》，有鲁迅校本。

人无志，非人也。但君子用心，有所准行，自当量其善者，必拟议而后动[1]。若志之所之，则口与心誓，守死无二，耻躬不逮[2]，期于必济[3]。若心疲体懈，或牵于外物，或累于内欲，不堪近患，不忍小情，则议于去就[4]；议于去就，则二心[5]交争；二心交争，则向所以见役之情[6]胜矣！或有中道而废，或有不成一匮而败之[7]。以之守则不固，以之攻则怯弱，与之誓则多违，与之谋则善泄；临乐则肆情[8]，处逸则极意[9]。故虽繁华熠耀，无结秀之勋[10]；终年之勤，无一旦之功。斯君子所以叹息也。若夫申胥之长吟[11]，夷、齐之全洁[12]，展季之执信[13]，苏武之守节[14]，可谓固矣。故以无心守之，安而体之，若自然也，乃是守志之盛者也。……

夫言语，君子之机[15]。机动物应，则是非之形著矣，故不可不慎。若于意不善了[16]，而本意欲言，则当惧有不了之失，且权忍之。后视向不言此事，无他不可，则向言或有不可。然则能不言，全得其可矣。且俗人传吉迟，传凶疾，又好议人之过阙[17]，此常人之议也。坐中所言，自非高议。但是动静消息，小小异同，但当高视，不足和答[18]也。非义不言，详静敬道，岂非寡悔之谓？人有相与变争，未知得失所在，慎勿豫之也[19]。且默以观之，其（是）非行自可见：或有小是不足是，小非不足非，至竟可不言以待之。就[20]有人问者，犹当辞以不解。

——《艺文类聚》卷二十三

注释

1 拟议而后动：意谓事前先有筹划而后再去做，庶无差错。语出《周易·系辞上》：“拟之而后言，议之而后动，拟议以成其变化。”王弼注：“拟议以动则盖变化之道。”

2 耻躬不逮：以不亲自达到目的为耻。逮，及，引申为达到目的。

3 期于必济：期望于一定要成功。济，成功。

4 去就：去留、进退。《荀子·乐论》：“唱和有应，善恶相象，故君子慎其所去就也。”

5 二心：异心，不同的两种心。《左传·庄公十四年》：“纳我而无二心者，吾皆许之。”

6 向所以见役之情：原来被役使驱逐的心情。向，原来、先前。见，表被动关系。

7 有不成一匮而败之：有的功亏一篑而失败。匮，同“篑”，盛土的竹筐。《尚书·旅獒》：“为山九仞，功亏一篑。”功败垂成的意思。

8 肆情：放纵私情。肆，放纵无拘束。

9 极意：尽意、恣意。《史记·乐书》："放弃《诗》《书》，极意声色，祖伊所以惧也。"似为本文所本。

10 "故虽"二句：熠（yì）耀，光彩鲜明。语出《诗经·豳风·东山》："仓庚于飞，熠耀其羽。"结秀，植物结实。江总《永阳王斋后山亭铭》："高桐百尺，垂杨五株；开荣九畹，结秀三珠。"

11 申胥之长吟：申胥，即申包胥，春秋时楚国大夫。姓公孙，封于申，故号申包胥。《左传·定公四年》："初，伍员与申包胥友。其亡也，谓申包胥曰：'我必复（覆）楚国。'申包胥曰：'勉之！子能复（覆）之，我必能兴之。'及昭王在随，申包胥如秦乞师，曰：'吴为封豕、长蛇，以荐食上国，虐始于楚。寡君失守社稷，越在草莽，使下臣告急，……若楚之遂亡，君之土也。若以君灵抚之，世以事君。'秦伯使辞焉，曰：'寡人闻命矣。子姑就馆，将图而告。'对曰：'寡君越在草莽，未获所伏，下臣何敢即安？'立，依于庭墙而哭，日夜不绝声，勺饮不入口七日。秦哀公为之赋《无衣》。九顿首而坐。秦师乃出。"长吟，即指此事。

12 夷、齐之全洁：夷，伯夷；齐，叔齐。殷商孤竹国君的两个儿子。《庄子·让王》载：武王遇伯夷、叔齐于岐阳，与盟曰："加富二等，就官一列，血牲而埋之。"二人相视而笑，曰："今天下闇，周德衰，其并乎周以涂吾身也，不如避之以洁吾行。"二人遂北至于首阳之山，饿而死焉。

13 展季之执信：展季，春秋鲁大夫展禽，字季。封于柳下，故称柳下季。谥惠，故称柳下惠。《吕氏春秋·审己》载："齐攻鲁求岑鼎，鲁君载他鼎以往，齐侯弗信而反之为非，使人告鲁侯曰：'柳下季以为是，请因受之。'鲁君请于柳下季，柳下季答曰：'君之赂以欲岑鼎也，以免国也。臣亦有国于此，破臣之国以免君之国，此臣所难也。'于是鲁君乃以真岑鼎往也，且柳下季可谓此能说矣。"（末句《新序》作"可谓守信矣"。）执信，即指此事。

14 苏武之守节：苏武，字孟坚。汉武帝天汉元年（前100），苏武出使匈奴，被扣留长达十九年，其间备受艰难，但不辱使命，可谓威武不能屈，富贵不能淫，贫贱不能移。"始以强壮出，及还，须发尽白。"（《汉书·李广苏建列传》）

15 君子之机：君子立身处世的关键。机，事物的枢要、关键。《韩非子·十过》："此存亡之机也。"

16 了：明白。

17 过阙：过错缺点。阙，缺点、过错。

18 和（hè）答：应和作答。《管子·白心》："人不倡不和。"

19 慎勿豫之也：千万不要参与。豫，同"与"，参与。《左传·隐公元年》："豫凶事，非礼也。"

20 就：假设连词，即使。《三国志·魏书·辛毗传》："就与孙（资）、刘（放）不平，不过令吾不作三公而已，何危害之有？"

大意

人如果没有志向，那就不能算作人。但君子运用他的心志，有所想做的事，自然要衡量它好的方面，一定要事前筹划好而后再去做。如果心里想要做到，那么口与心要结誓，至死不二，以不亲自达到目的为耻辱，期望于一定要成功。如果心里感到疲倦、体力松懈，那是因为或者为外物所牵制，或者为内欲所困扰，不能承受目前的忧虑，不能忍受细小的情思，就会考虑进退去留；一旦考虑起进退去留，就会产生两种不同的心态交相争斗；一旦两种心态相互争斗，那么原来役使自己的心情就占了上风。有的中途而废，有的功亏一篑而功败垂成。用这样的心态来守志就会不牢固，用这样的心态进取就会怯懦软弱，用这样的心态起誓大多会违誓，用这样的心态来筹谋就会容易泄密；这样，遇到快乐的场面就会无拘束地放纵私情，处于安逸的环境就会尽情恣意。所以，即使繁盛的花朵光彩鲜明，但没有结为果实的功勋；终年到底的辛勤劳作，而不会有一日的成功。这是君子叹息的原因。至于像申包胥向秦求救兵的日夜啼哭，像伯夷、叔齐不食周粟而饿死于首阳那样的保身洁行，像柳下惠那样的坚守诚信，像苏武那样的固守节操，可以说是牢固的了。所以用无有二心固守志向，安然地身体力行，像自然而然地一样，才算是固守志向的佼佼者啊。……

言语，是君子立身处世的关键所在。关键一动，外物就会响应，那么是非的形貌就会明白了，所以不可不在言语上谨慎。如果对于意旨不能很好地明白，而自己的本意又想说出来，那么应当担心会因不明白而产生失误，姑且忍住不说。之后再观察先前不说此事，没有什么不可以的，那么说明先前要说的或许有不可说的道理。既然能够不说，做得全面一些就很好了。况且世俗之人传扬好话迟缓，而传扬坏话则快速，又喜好议论他人的过失缺点，这是常人的观点。座中所谈的话，自然不是什么高明的议论。但是其中的动、静、消、长，小小的异同之处，只可居高而对待，不值得应和作答。不符合义的话不说，安静而敬重道义，难道这不是减少后悔吗？人们有互相争辩的，还不知道得失在哪一边时，千万不要参与进去。还要静静地观察他们，其中的是非将自然而然地表现出来：一方有小是而不值得首肯，一方有小非而不值得非议，到最终可以以不说来对待这种情况。即使有人要问你的见解，还应当以不解是非推辞掉。

导读

本文第一段主要谈立志的问题，嵇康提出君子应当立志，进而守志，“耻躬不逮，期于必济”；又从反面论述无志及“心疲体懈”的诸种缘由和表现，以及它们功败垂成的后果。他还举出了古代几位著名人物申包胥、伯夷和叔齐、柳下季、苏武的事例，认为他们是固守志向的范例，告诫子弟们以他们为榜样，成就事业，成为真正的君子。人要立志之论，前贤所言多矣。但如嵇康这样写入家训，且正反论证以教诲子弟者实不多见。

第二段主要谈“慎言语”的问题。早在《周易·颐卦》中就有了这样的观点：“象曰：君子以慎言语，节饮食。”孔颖达正义云：“病从口入，祸从口出。”《鬼谷子·权篇》引“古人有言”曰：“口可以食，不可以言。”《焦氏易林·否之巽》曰：“杜口结舌，言为祸母。”凡此均道出了不慎言语的可怕后果，揭示出人生历程的艰难复杂性，蕴藏着极为深刻而丰富的含义。因为“多言多语，恶口恶舌，终日言恶，寝卧不绝，为众所憎，为人所疾”（《六韬》）。作为饱学之士的嵇康自当深谙“慎言语”的真谛。为此，他在《家诫》中反复告诫子弟要少言语，多观察，以求全身远祸。“俗人传吉迟，传凶疾”之论，具有真理性，值得借鉴。

需要指出的是，嵇康一生的实践却和《家诫》所论格格不入。在《与山巨源绝交书》中，他说自己很欣赏阮籍的“口不论人过”，“每师之而未能及”，他解释说这是由于自己“至性过人，与物无伤”；其实，他“每非汤武而薄周孔”，甚至“刚肠疾恶，轻肆直言，遇事便发”，而未能做到“慎言语”。他对达官贵人不理不睬，对世俗小人嫉如寇仇，他在理论上是一位巨人，而在实践上却是一个矮子！因此，年仅四十岁而命归黄泉则是必然的。如果我们知道《家诫》乃嵇康被捕入狱后所写，那么我们就能稍加深入地懂得嵇康的良苦用心：他是以一个即将走上死地的父亲的身份给儿子总结自己一生的冷暖得失，期望儿子不要步其父之后尘，要引以为戒啊！所以鲁迅在《魏晋风度及文章与药及酒之关系》中指出：“但我看他做给他的儿子的《家诫》——当嵇康被杀时，其子方十岁，算来当他做这篇文章的时候，他的儿子是未满十岁的——就觉得宛然是两个人。他在《家诫》中教他的儿子做人要小心，还有一条一条的教训。……我们就此看来，实在觉得很希奇：嵇康是那样高傲的人，而他教子就要他这样庸碌。因此我们知道，嵇康自己对于他自己的举动也是不满足的。所以批评一个人的言论实在难，社会上对于儿子不像父亲，称为‘不肖’，以为是坏事，殊不知世上正有不愿意他的儿子像自己的父亲哩。试看阮籍嵇康，就是如此。这是，因为他们生于乱世，不得已，才有这样的行为，并非他们的本志。但又于此可见魏晋的破坏礼教者，实在是相信礼教到固执之极的。”鲁迅的这段评论实属通明之论。

名言警句

人之居世，忽去便过。日月可爱也！故禹不爱尺壁而爱寸阴。

诫子书

王修

作者简介

王修（生卒年不详），字叔治，北海营陵（今山东昌乐东南）人。七岁丧母，年二十，游学南阳。初平中，孔融召为主簿，守高密令，复守胶东令。后被袁绍辟为即墨令。袁绍死后，曹操辟王修为司空掾，迁魏郡太守，官至大司农郎中令。王修为人颇重义气，甚有谋略，为官清廉。曹操攻破南皮，见王修家谷不满十斛，有书数百卷，乃叹曰：“士不妄有名。”《三国志》有传。

自汝行之后，恨恨[1]不乐，何者？我实老矣，所恃[2]汝等也，皆不在目前，意遑遑[3]也。

人之居世，忽去便过。日月可爱也！故禹不爱尺璧而爱寸阴[4]。时过不可还，若年大不可少也。欲汝早之，未必读书，并学作人[5]。汝今逾郡县、越山河、离兄弟、去妻子者，欲令见举动之宜[6]，效高人远节，闻一得三[7]，志在善人[8]。左右不可不慎，善否之要，在此际也[9]。行止与人，务在饶之[10]。言思乃出，行详乃动[11]，皆用[12]情实道理，违斯败矣。

父欲令子善，唯不能杀身[13]，其余无惜也。

——《全后汉文》卷九十四

注释

1 怅怅：若有所失的样子。
2 所恃：所依靠的。
3 遑遑：不安的样子。
4 禹不爱尺璧而爱寸阴：语出《淮南子·原道训》："故圣人不贵尺之璧，而重寸之阴，时难得而易失。禹之趋时也，履遗而弗取，冠挂而弗顾，非争其先也，而争其得时也。"禹，即大禹，古代神话传说中夏后氏部落领袖，为治理洪水，曾三过家门而不入。尺璧，直径一尺的璧玉，言其大而可贵。曹丕《典论·论文》："夫然则古人贱尺璧而重寸阴，惧乎时之过已。"
5 "欲汝"三句：希望你及早珍惜光阴，不一定只读书，也要学做人。早之，指及早珍视时间。
6 欲令见举动之宜：想让世人看到你得体恰当的为官举止。举动，指为官时的所作所为。
7 闻一得三：从"闻一知十"变化而来（详见《论语·公冶长》），形容聪明，善于类推。
8 志在善人：志向在于为人们做善事。
9 "善否（pǐ）"二句：好坏的关键，就在于这种人际关系。善否，一对反义词。要，关键。
10 "行止"二句：与人交往做事，一定要宽恕。行止与人，即与人行止。饶，恕、让。
11 行详乃动：做事时要先经过周密的计划才去行动。详，周详、审慎。
12 用：以，按照。
13 杀身：舍弃性命。

大意

自从你走了之后，我若有所失，闷闷不乐，为什么呢？我确实老了，所依靠的人就只有你们了，但你们都不在我眼前，我心中惶惶不安。

人活在世间，很快就过去了。时光值得爱惜啊！所以大禹不爱直径一尺的璧玉而珍惜短暂的光阴。时间一过去就不能再回来，就像人的年龄长大就再不可能变小一样。希望你及早珍惜光阴，不一定只读书，同时要学做人。你现在逾越郡县、翻山过河、离别兄弟、离开妻子儿女，目的就是想让世人看到你得体恰当的为官举止，效法品德高尚之人的远大节操，知道一个道理而类推出许多道理，志向在于为人们做善事。对你前后左右的人，不可不谨慎小心，好坏的关键，就在于这种人际关系。与人交往做事，一定要宽恕。话要经过思考才能说出来，行事要先经过周密的计划才去行动，这一切都要按照真实情况和道理去进行，违背这一点就会失败了。

父亲让儿子学好，唯独不能做的是替他舍弃性命，其余的就没有什么可顾惜的了。

导读

《三国志·魏书·王修传》记载，王修有一子，名叫王忠，官至东莱太守、散骑常侍。裴松之注引王隐《晋书》云：“修一子，名仪，字朱表，高亮雅直”，后被司马文王所杀。据此，可以知道王修有二子：王忠、王仪。这封《诫子书》大约就是写给王忠、王仪的，文中“所恃汝等也”也说明王修不止一子；而从第二部分文字看，则似乎是写给离家为官的儿子的，但究竟是写给王忠还是王仪，就无从确知了。

王修“忠贞，足以矫俗”，这是陈寿的评价。从这封家书也可以看出王修其人的个性特点。信中要求儿子要珍惜光阴，及时修身，运用大禹不爱尺璧而爱寸阴的典故非常恰当，是长者教育子女经常要讲的老话（例如传统戏曲《三娘教子》中王春娥就唱道：“一寸光阴一寸金，寸金难买寸光阴。失了寸金还犹可，失了光阴哪里寻？”），这还看不出王修的过人之处。而“未必读书，并学作人”二句，就显示出了王修的睿智，既要读书学习，也要注重修身做人。俗话说：“千里做官，为的是吃穿。”王修则不这么认为，他认为儿子翻山涉水、抛妻丢子而去为官，目的是想让世人知道王氏子弟做官在于展现真才实学，“效高人远节，闻一得三，志在善人”。读到这里，我们不得不佩服王修的过人品德和远见卓识。至于下文所言具体如何待人、如何说话、如何做事云云，倒在其次。

末三句掷地有声，可以说道出了天底下为人父者的共同感受：只要儿子能向善，父亲还有什么不能贡献出来呢？只是不能为儿子舍弃性命，因为“杀身”于儿子向善并无益处。

裴松之注引《魏略》云：“修为司金中郎将，陈黄白异议，因奏记曰：‘修闻枳棘之林，无梁柱之质；涓流之水，无洪波之势。是以在职七年，忠谠不昭于时，功业不见于事，欣于所受，俯惭不报，未尝不长夜起坐，中饭释餐。何者？力少任重，不堪而惧也。谨贡所议如左。’”若将《诫子书》与这段文字对照一读，则不难看出王修的为人，他教导儿子要“见举动之宜”“志在善人”等，的确是言传身教了。

名言警句

开卷有得。

与子俨等疏

陶渊明

作者简介

陶渊明（365—427），一名潜，字元亮，自号五柳先生，私谥靖节，浔阳柴桑（今江西九江）人。出身于没落贵族家庭，其曾祖据说就是东晋大司马陶侃，其祖父和父亲均做过太守一类的官。至渊明时，家道已经衰落。他早年怀有建功立业之志，后曾任江州祭酒、镇军参军、建威参军、彭泽令等职。由于对当时黑暗现实的不满和对“真风告逝，大伪斯兴”的腐朽官场的憎恶，于四十一岁时辞官归隐，以后一直过着躬耕隐居的生活。《晋书》《南史》《宋书》都有传。其作品的思想和艺术价值很高，对后代文学的发展影响很大。尤其是宋元以后，人们推他为屈原以后、杜甫以前之第一人，欧阳修甚至有“晋无文章，惟陶渊明《归去来兮辞》一篇而已”之评。有《陶渊明集》。

告俨、俟、份、佚、佟[1]：天地赋命[2]，生必有死。自古贤圣，谁独能免？子夏[3]有言曰：“死生有命，富贵在天。”[4]四友[5]之人，亲受音旨[6]，发斯谈者，将非穷达不可妄求，寿夭永无外请故耶[7]？

吾年过五十，少而穷苦，每以家弊[8]，东西游走[9]。性刚才拙，与物多忤[10]。自量为己，必贻俗患[11]。僶俛辞世[12]，使汝等幼而饥寒。余尝感孺仲贤妻之言[13]，败絮自拥[14]，何惭儿子[15]？此既[16]一事矣，但恨邻靡二仲[17]，室无莱妇[18]，抱兹[19]苦心，良[20]独内愧。

少学琴书，偶爱闲静，开卷有得，便欣然忘食。见树木交荫[21]，时鸟变声，亦复欢然有喜。常言：五六月中，北窗下卧，遇凉风暂至[22]，自谓是羲皇上人[23]。意浅识罕，谓斯言可保[24]；日月遂往，机巧[25]好疏[26]，缅求在昔[27]，眇[28]然如何！

疾患以来[29]，渐就衰损。亲旧不遗[30]，每以药石[31]见救，自恐大分[32]将有限也。汝辈稚小家贫，每役[33]柴水之劳，何时可免？念之在心，若何可言[34]。然汝等虽不同生[35]，当思四海皆兄弟[36]之义。鲍叔、管仲，分财无猜[37]；归生、伍举，班荆道旧[38]。遂能以败为成[39]，因丧立功[40]。他人尚尔，况同父之人哉！颍川韩元长[41]，汉末名士，身处卿佐[42]，八十而终，兄弟同居，至于没齿[43]。济北氾稚春[44]，晋时操行人[45]也，七世同财，家人无怨色。《诗》曰："高山仰止，景行行止[46]。"虽不能尔[47]，至心尚之[48]。汝[49]其慎哉！吾复何言。

——《陶渊明集》卷七

注释

1 俨、俟（sì）、份（bīn）、佚（yì）、佟（tóng）：渊明五个儿子的大名，小名分别为舒、宣、雍、端、通。

2 赋命：给予人生命。

3 子夏：姓卜名商，子夏是他的字。孔丘的弟子，春秋时卫国人。

4 "死生"二句：语出《论语·颜渊》。

5 四友：何孟春注："《孔丛子》：孔子四友，回、赐、师、由，非子夏，而此云然者，特谓其同列耳。"

6 音旨：要义。指孔子思想的精华。

7 "将非"二句：将非，岂非。穷达，偏义复词，着重指达。寿夭，偏义复词，着重指寿。外请，额外期求。

8 以家弊：因为家境贫乏。以，因为。弊，贫乏。

9 游走：奔波。

10 与物多忤：与共事的人总合不来。物，除自己以外的物和人，这里指官场中人。忤，逆、抵触。

11 必贻俗患：指做官必然留下祸患。贻（yí），留。俗患，官场中的祸害。

12 僶（mín）俛（miǎn）辞世：指勉力自己顾全操守而辞官归隐。僶俛，同"黾勉"，努力、勉力。

13 孺仲贤妻之言：孺仲，指东汉王霸，孺仲是其字，太原人，少有清节，光武帝时连征召不仕。郡友令狐子伯为楚相，而其子为功曹。子伯使子奉书于霸。霸为子蓬头垢面而不知礼感到惭愧。其妻闻之，说："君少修清节，不顾荣禄，今子伯之贵，孰与君之高？奈何忘宿志而惭儿女子乎！"霸起身而笑，遂共终身隐居。事见《后汉书·列女传》。

14 拥：裹身。此句意为自己因为坚守节操，虽贫无愧。

15 何惭儿子：何必为儿子不如别人而惭愧呢？

16 既：乃、是。

17 二仲：指汉代求仲、羊仲。汉代兖州刺史蒋诩，因王莽专权，辞官归隐，在竹林中开有三径，只与隐居的求仲、羊仲二人来往，时人谓之二仲。见汉代赵岐《三辅决录·逃名》及《高士传》。

18 莱妇：老莱子的妻子。春秋时，楚国人老莱子避乱，隐耕于蒙山之阳。楚王使人用璧帛为礼去聘，老莱子允。妻劝说："可食以酒肉者，可随以鞭捶；可授以官禄者，可随以铁钺。今先生食人之酒肉，受人之官禄，此皆人之所制也。居乱世而为人所制，能免于患乎？"于是老莱子改变了主意，与妻一起逃隐于江南。事见《高士传》《列女传》。

19 兹：此。

20 良：甚、很。

21 树木交荫：树木枝荫交叉。

22 凉风暂至：凉风突然吹来。暂，突然。白居易《琵琶行》："如听仙乐耳暂明。"

23 羲皇上人：伏羲氏之前的人。羲皇，伏羲氏。

24 "意浅"二句：罕，少。谓，以为。斯言，指"五六月中"至"羲皇上人"几句话。保，持，指保持下去。

25 机巧：投机取巧之事。

26 好疏：很生疏。好，很。

27 缅求在昔：怀念追忆以前的情形。

28 眇：同"渺"，远。

29 疾患以来：颜延之《陶征士诔》："年在中身，疢维痁疾。"（疢，病而常发。痁，有热无寒之疟。）

30 不遗：不弃。

31 药石：草药及石类药。石类药如钟乳、磁石等。

32 大分（fèn）：犹大数，指寿命。

33 每役：常被驱使。每，常。

34 若何可言：意即有什么话可说呢？若何，如何。

35 不同生：不是一母所生。长子俨为渊明前妻所生，后四子为续弦翟氏所生。

36 四海皆兄弟：《论语·颜渊》："司马牛忧曰：'人皆有兄弟，我独亡。'子夏曰：'商闻之矣：死生有命，富贵在天。君子敬而无失，与人恭而有礼。四海之内，皆兄弟也。君子何患乎无兄弟也。'"

37 "鲍叔"二句：鲍叔，即鲍叔牙，春秋时齐国大夫，以知人著称；管仲，春秋时著名政治家。《史记·管晏列传》："管仲曰：'吾始困时尝与鲍叔贾，分财利，多自与，鲍叔不以我为贪，知我贫也。……生我者父母，知我者鲍子也。'"

38 "归生"二句：归生，又名声子，楚国大夫；伍举，楚国大夫。班，列、铺。荆，落叶灌木，此处指其枝条。道旧，叙谈旧好。据《左传·襄公二十六年》，楚伍举与归生友善。伍举因罪奔郑，又赴晋做官，归生作使臣去晋，与伍举遇于郑国郊外，坐在一起吃饭，谈起重温旧好的事。归生返楚，向令尹子木说，楚国人才，多为晋国所用，这样对楚国不利。子木遂准许把伍举从郑国召回，并增益伍举的爵禄，伍举终于回到楚国。

39 以败为成：管仲辅齐公子纠逃于鲁，齐公子小白先回到齐都做了国君，鲁国派军队护送公子纠攻齐，被齐打败，鲁君受胁于齐而杀公子纠，囚管仲。管仲靠鲍叔的推荐回到了齐国并任相，成就霸业。事见《史记·管晏列传》及《齐太公世家》。

40 因丧立功：指伍举奔郑，本是一次失败，但后来竟协助公子围继承王位而立下功劳。事见《左传·昭公元年》。

41 韩元长：名融，东汉人。其父韩韶，为县官，有德名。元长官至太仆，年七十卒。

42 卿佐：汉代太仆为九卿之一，掌管皇帝车马。

43 没齿：没有了牙齿，指年老。

44 氾（fàn）稚春：名毓，字稚春，西晋人，世代读书，和睦相处，到毓时已七代了。见《晋书·儒林传》。

45 操行人：有操守洁行的人。

46 高山仰止，景行行止：见《诗经·小雅·车舝（xiá）》。止，句尾助词。景行，大道。原意为仰见高山，车行于大道。此处指应向先贤的美德善行学习。

47 尔：如此。

48 至心尚之：意谓诚心诚意尊崇他们。至心，至诚之心。尚，尊崇、崇慕。

49 汝：此处作多数，你们。

大意

告诉俨、俟、份、佚、佟：天地赋予人生命，有生就必定有死。自古以来的圣贤，谁能够独自避免死亡呢？子夏曾说："死生有命，富贵在天。"他是与孔子四友同列的人，必定亲自接受了孔子的教诲，发表这样的言论，岂不是因为显达不可非分地追求，寿命也终究不能额外地去期求的缘故吗?

我年岁已过五十，少年时穷苦，常常因为家贫而到处奔波。我秉性刚直而才能愚拙，与共事的人总合不来。自己替自己掂量，做官必然留下祸患。于是努力做到辞去官职过隐居生活，因此使你们从小就忍饥受冻。我曾被王孺仲妻子的话所感动，既然自己也裹着破棉絮御寒，又何必为儿子不如别人而感到惭愧呢?这是一回事嘛。遗憾的是邻居中没有求仲、羊仲那样的高士，家中又没有老莱子妻那样的妻子，怀抱着这样的苦心，内心实在惭愧。

我少年时曾学琴、读书，有时喜爱闲静，打开书卷，有所心得，便高兴得忘记了吃饭。看见树木枝荫交叉，随时节的不同，鸟鸣声也在改变，我也十分高兴。曾经说过：五六月中，在北窗下躺着，遇到凉风突然吹来，便自以为是生活在伏羲氏以前的人。我思想肤浅，见识不多，以为这样的自在生活可以一直保持下去。时光逐渐逝去，对那些投机取巧的事已非常生疏，追念以往的情形，茫然不知如何。

我生病以来，日渐衰弱。亲朋好友不遗弃我，时常用药物石针给我医治，自己则担心在世的日子很有限了。你们从幼小时起即遇家中贫困，经常要承担打柴挑水的劳动，也不知何时才能免除，我心里想着此事，又有什么话好说呢?然而你们虽然不是一母所生，但仍然要想到“四海之内皆兄弟”的大义。鲍叔、管仲分钱财，谁多谁少没有猜忌；归生与伍举坐在铺在路边的荆条上叙谈旧情。因此管仲被俘而能靠鲍叔推荐得以成就事业；伍举奔郑，经归生推荐，得以返国并建立功勋。异姓之人尚能如此，何况是同父兄弟呢?颍川的韩元长是汉末名士，身处卿位，八十岁才去世，他们兄弟不分家在一起生活，直到去世。济北的氾稚春是晋代有操守的人，他家七代不分家，家中没有互相怨恨的表情。《诗经》里说：

"有德行的人，大家都仰慕；宽广的道路，大家都遵行。"即使达不到那样的程度，也应该诚心诚意地尊崇学习他们。你们要谨慎啊！我还有什么话可说呢。

导读

晋义熙十一年（415），陶渊明五十一岁，痁疾发作，困于床，身体逐渐衰弱，自恐与大限之日不远，于是作《与子俨等疏》。俨，陶俨，陶渊明的长子。疏，文体的名称，内容是分析与说清道理。

文章开篇即叙生死有常的道理，表现出委命、达观的思想，同时也暗蕴着一生贫困、理想没有实现的深深感伤。接着叙写自己的身世，对因自己的固穷守节而累及儿子，深表不安与内疚。接着写自己往昔生活的恬然自得。对大自然的陶醉，对自由安逸生活的热爱，以及洁净高雅的情怀，在清词丽句中表露无遗。"日月遂往，机巧好疏，缅求在昔，眇然如何"几句，似乎是对自己人生选择的疑惑，实则是对因贫而累及儿子的自愧。自己的美好生活体验与儿子们"幼而饥寒"构成了渊明疑惑自责的心理动因，而究其实质，依然是对儿子们的一片深切的爱心，而并不是如有人所说的对自己人生选择的否定。文章最后一段篇幅较长，以前代"兄弟同居""七世同财"的典型事例，劝诫儿子们应互爱互助、和睦相处。因俨与其他四子不是一母所生，陶渊明担心他们难以和睦，故详加告诫，体现了他对和睦幸福家庭生活的重视。

渊明曾作《命子》《责子》二诗，分别从正面和反面来教育儿子。《命子》勉励长子俨继承祖辈的光荣家风，努力成材；《责子》表现出渊明对儿子的深深失望。从责备的内容上也反映了他对儿子的希望：勤快、好学、懂事、上进。而这篇疏，既没有劝勉儿子努力进取的话，也没有不满与责备，充满字里行间的却是深深的自责。从“余尝感孺仲贤妻之言，败絮自拥，何惭儿子”及希望儿子和睦相处的劝诫来看，他对儿子们成就事业已不抱什么希望了。有的只是眷眷父子之情，殷殷诫勉友爱之心，读来深切感人。清代林云铭说：“与子俨一疏，乃陶公毕生实录，全副学问也。穷达寿夭，既一眼觑破，则触处任真，无非天机流行。末以善处兄弟劝勉，亦其至情不容已处。读之惟见真气盘旋纸上，不可作文字观。”

陶渊明诫子循循善诱，平易可亲，推心置腹，诚然是一种可取的教育方式，而其希望儿子互助、友爱、和睦相处的训诫，也是值得今人借鉴的。

名言警句

遏恶扬善，亲贤远佞。

遗令敕诸子

源　贺

作者简介

源贺（407—479），原名秃发破羌，鲜卑族，南凉河西王秃发傉檀之子，西平乐都（今青海乐都）人。傉檀为乞伏炽磐所灭，源贺自乐都奔归北魏，魏太武帝拓跋焘赐姓名源贺，从拓跋焘征战，任前锋大将，善于料敌制胜，累官至殿中尚书。文成帝时，任冀州刺史，改封陇西王，清廉节俭，颇有政声。卒谥宣，葬于金陵。《魏书》《北史》均有传。

吾顷以老患辞事[1]，不悟[2]天慈[3]降恩，爵逮于汝[4]。汝其毋傲吝[5]，毋荒怠[6]，毋奢越[7]，毋嫉妒[8]。疑思问[9]，言思审[10]，行思恭[11]，服思度[12]。遏恶扬善[13]，亲贤远佞[14]。目观必真，耳属必正[15]。诚勤以事君，清约以行己[16]。吾终之后，所葬时服单椟[17]，足申孝心；刍灵[18]明器[19]，一无[20]用也。

——《魏书·源贺传》

注释

1 吾顷以老患辞事：我近来因年老有病辞去公事。顷，副词，近来，不久前。以，因。患，疾病，用作动词。辞事，辞去官府的公事。太和元年前，源贺即上书称病乞骸骨，至于再三，孝文帝才答应了源贺的请求。太和元年二月，治病于温汤，孝文帝及太后遣使屡问消息。

2 不悟：没有料到。

3 天慈：指皇帝。

4 爵逮于汝：官爵赐及你们身上。源贺有二子，长子延，谨厚好学，初以功臣子拜为侍御中散，卒赠凉州刺史；次子思礼，后赐名怀，谦学宽雅，有大度，高宗末任侍御中散，源贺辞官后，诏令源怀受源贺之爵，任征南将军、殿中尚书等职。

5 毋傲吝：不要傲慢吝啬。

6 荒怠：荒废和偷懒。

7 奢越：奢侈过度。

8 嫉妒：害贤为嫉，害色为妒。

9 疑思问：有疑难问题要想到向人求教。下三句之“思”仿此。

10 审：慎重。

11 恭：指恭敬有礼。

12 度：指限度，即不过分华靡。

13 遏（è）恶扬善：阻止恶事，多做善事。

14 远佞（nìng）：远离奸佞小人。

15 耳属（zhǔ）必正：耳朵听到的一定要正确可信。耳属，语出《诗经·小雅·小弁》：“君子无易由言，耳属于垣。”郑玄笺：“王无轻用谗人之言，人将有属耳于壁而听之者。”本意是以耳附壁而窃听，谚语“墙内说话墙外有人听”本此。源贺本句“属”可理解为听。

16 “诚勤”二句：诚勤，诚实而努力。清约，清廉俭约。《后汉书·李恂传》：“拜兖州刺史，以清约率下，常席羊皮，服布被。”行己，约束自己。

17 时服单椟：时常穿的衣服和一副小棺材。椟，形体较小的棺材。《左传·昭公二十九年》：“堑而死，公将为之椟。”杜预注：“为作棺也。”单椟，指只用小棺而不用外椁。

18 刍灵：茅草扎成的人马，是古代殉葬用品。清孙希旦《礼记集解》：“涂车、刍灵，皆送葬之物也。”

19 明器：古代用竹、木或陶土专为随葬而制作的器物。《礼记·檀弓下》：“其曰明器，神明之也。涂车刍灵，自古有之，明器之道也。”宋赵彦卫《云麓漫钞》卷五：“古之明器，神明之也。今之以纸为之，谓之冥器，钱曰冥财。”

20 无：同“毋”，不要。

大意

我近来因年老有病辞去公事，没有料到皇帝仁慈地降下恩惠，把官爵赐到你们身上。你们在待人方面还是不要傲慢、吝啬，在学业方面不要荒废和偷懒，在生活方面不要奢侈过度，在为人处世方面不要嫉贤妒能。有了疑难问题要想到向人求教，说话要想到慎重，行动要想到恭敬有礼，穿衣要想到不过分华靡。要阻止恶事，多做善事；亲近贤人，远离奸佞小人。眼睛看到的一定要客观真实，耳朵听到的一定要正确可信。要诚实努力地侍奉君主，要清廉俭约地约束自己。我死了以后，埋葬时把我时常穿的衣服穿上，并用一副小棺材，就足以表达你们对我的孝心了；至于那些纸人草马和随葬器物，一概不要用了。

导读

纵观北魏大将源贺的一生，可谓战功赫赫，颇有声名，难能可贵的是源贺不以富贵骄人，不放纵子弟，家教甚严。这篇遗训是源贺于北魏太和元年（477）春季写给儿子延、思礼的，这时他已年过古稀，致仕休息，而二子却受到了赐爵赐官的恩惠。一般人在这种显赫的上升顺境中往往会利令智昏，放松教育子弟，甚至还会任子弟胡作非为，最后酿成灾祸，给家族带来沉重的打击，甚至家破人亡。而源贺积一生奋斗之经验，此时的头脑十分清醒，他于二子可能会头脑发昏之时给他们当头棒喝，告诫二子不应贪天功为己力，不要忘乎所以，“毋傲吝，毋荒怠，毋奢越，毋嫉妒”，即从为人、学业、衣食、处事方面严格要求二子；并且指出要“遏恶扬善，亲贤远佞”。源贺写本文之日，正是源家“天慈降恩，爵逮于汝”之时，源贺能够抓住恰当时机，对儿子严加教诲，这对我们今人来讲，特别具有借鉴意义。

源贺最后还提到了薄葬的问题，告诫二子简单埋葬父亲已“足申孝心”，这既有不要奢侈浪费的用意，也含有“薄葬免祸”的哲理。这一点也值得今人思考和借鉴。

名言警句

深慎言语，不可轻论人恶。
无贵无贱，待之以礼。

诫子孙

杨椿

作者简介

杨椿（455—531），字延寿，本字仲考，孝文帝赐改延寿，弘农华阴（今陕西华阴）人。初拜中散，典御厩曹，后迁内给事，领兰台行职。历济州刺史，因讨武都氐有功，还兼太仆卿。一生南北征战，屡建战功，先后平定秦州、泾州等乱，进号车骑大将军、开府仪同三司。永安初，进位太保、侍中。不久告老致仕。后为尔朱天光所害，享年七十七岁。太昌初，赠太师、丞相、冀州刺史。《魏书》《北史》均有传。

我家入魏之始，即为上客[1]，给田宅[2]，赐奴婢、马牛羊，遂成富室。自尔至今二十年[3]，二千石[4]、方伯[5]不绝，禄恤[6]甚多。至于亲姻知故，吉凶之际，必厚加赠禭[7]；来往宾僚，必以酒肉饮食。是故亲姻朋友无憾焉。国家初，丈夫好服綵色[8]。吾虽不记上谷翁[9]时事，然记清河翁[10]时服饰，恒见翁著布衣韦带[11]。常约敕[12]诸父曰："汝等后世，脱若[13]富贵于今日者，慎[14]勿积金一斤、綵帛百匹已[15]上，用为[16]富也。"又不听[17]治生求利，又不听与势家作婚姻。至吾兄弟，不能遵奉。今汝等服乘[18]，以渐[19]华好，吾是以知恭俭之德，渐不如上世也。又吾兄弟，若在家，必同盘而食，若有近行，不至，必待其还，亦有过中不食[20]，忍饥相待。吾兄弟八人，今存者有三，是故不忍别食也。又愿毕吾兄弟世[21]，不异居、异财，汝等眼见，非为虚假。如闻汝等兄弟，时有别斋独食者，此又不如吾等一世也。吾今日不为贫贱，然居住舍宅，不作壮丽华饰者，正虑汝等后世不贤，不能保守之，方[22]为势家所夺。

北都时，朝法严急[23]。太和[24]初，吾兄弟三人并居内职[25]。兄在高祖[26]左右，吾与津在文明太后[27]左右。于时口敕责诸内官[28]，十日仰密得一事[29]，不列便大瞋嫌[30]。诸人多有依敕密列者，亦有太后、高祖中间传言构间者[31]。吾兄弟自相诫曰："今忝二圣近臣[32]，母子间甚难，宜深慎之。又列人事，亦何容易！纵被瞋责，慎勿轻言。"十余年中，不尝言一人罪过，当时大被嫌责，答曰："臣等非不闻人言，正恐不审[33]，仰误圣听[34]，是以不敢言。"于后终以不言蒙赏。及二圣间言语，终不敢辄尔[35]传通。太和二十一年，吾从济州来朝[36]，在清徽堂豫谯[37]，高祖谓诸王诸贵曰："北京[38]之日，太后严明，吾每得杖，左右因此有是非言语。和[39]朕母子者，唯杨椿兄弟。"遂举赐四兄及我酒。汝等脱若万一蒙时主知遇，宜深慎言语，不可轻论人恶也。

吾自惟文武才艺、门望姻援不胜他人[40]，一旦位登侍中、尚书，四历九卿，十为刺史，光禄大夫、仪同、开府、司徒、太保；津今复为司空者，正由忠贞，小心谨慎，口不尝论人过，无贵无贱，待之以礼，以是故至此耳。闻汝等学时俗人，乃[41]有坐而待客者，有驱驰势门者，有轻论人恶者，及见贵胜则敬重之，见贫贱则慢易[42]之。此人行之大失，立身之大病也。汝家仕皇魏以来，高祖以下乃有七郡太守、三十二州刺史，内外显职，时流少比[43]。汝等若能存礼节，不为奢淫骄慢，假不胜人[44]，足免尤诮[45]，足成名家。吾今年始七十五，自惟气力，尚堪朝觐[46]天子，所以孜孜求退者，正欲使汝等知天下满足之义，为一门法[47]耳，非是苟求千载之名也。汝等能记吾言，百年之后，终无恨矣。

——《魏书·杨椿传》

注释

1 上客：尊贵的客人。《战国策·秦策三》：“应侯曰：‘善。’乃延入座，为上客。”这里指为皇帝青睐而成为显宦。

2 给（jǐ）田宅：赐给田地住宅。“给”与下文“赐”义相近，变文避复。

3 自尔至今二十年：从那时到现在二十年来。尔，指示代词。

4 二千石：汉代称郎将、郡守和知府为二千石，月俸禄百二十斛。

5 方伯：一方诸侯之长。《礼记·王制》：“千里之外设方伯。”后称地方长官为方伯。东汉以来，多称刺史为方伯。

6 禄恤：俸禄和救济。

7 赠襚（suì）：馈赠钱财和衣物。赠，向死者赠送衣被。《公羊传·隐元年》：“丧事有赗。……车马曰赗，货财曰赙，衣被曰襚。”何休注：“襚犹遗（wèi）也，遗是助死之礼。”

8 丈夫好服綵（cǎi）色：男子喜欢穿丝绸綵服。綵，同“彩”。

9 上谷翁：指杨椿之曾祖杨珍，杨珍曾在北魏时任过上谷（郡名，治所在沮阳，今河北怀来县东南）太守，故称。翁，对老年男子的尊称，《方言》：“凡尊老，周、晋、秦、陇谓之公，或谓之翁。”

10 清河翁：指杨椿的祖父杨真。杨真曾任河内（郡名，治所在今河南怀州）、清河（郡名，治所在清阳，今河北清河东南）二郡太守，故称。

11 韦带：古时贫贱之人所系的无饰皮带。《汉书·贾山传》："夫布衣韦带之士，修身于内，成名于外，而使后世不绝息。"当为杨文所本。

12 约敕：约束告诫。

13 脱若：假设连词，如果；"脱"与"若"同义连用。

14 慎：千万，常用于表示告诫时。

15 已：同"以"。

16 用为：以为，认为。用，同"以"。

17 听：从，任，引申为允许。下"听"字同。

18 服乘：泛指衣食和车马。《三国志·魏书·崔琰传》："世子仍出田猎，变易服乘，志在驱逐。"

19 渐：渐进，逐步发展。

20 过中不食：过午不食。

21 毕吾兄弟世：我们兄弟几人一直到去世。毕，尽。

22 方：将。《北史·杨椿传》作"将为世家所夺"。

23 北都时，朝法严急：西晋末，朝廷的法律严苛、急紧。北都，西晋末鲜卑拓跋猗卢筑盛乐城以为北都，故址在今内蒙古和林格尔西南土城子。北都时，即指西晋末。

24 太和：北魏孝文帝元宏年号（477—499）。

25 兄弟三人并居内职：兄弟三人都在朝廷内担任官职。兄弟三人，指杨播、杨椿、杨津。杨播曾于太和初在朝廷内任中散，累迁给事中等职。杨椿曾于太和初在朝廷内任中散，迁内给事，又领兰台行职，改授中部曹。杨津年十一任侍御中散，迁符玺郎中。

26 高祖：指孝文帝元宏，卒谥曰"孝文皇帝"，庙号"高祖"。

27 文明太后：指高宗皇后冯氏。

28 口敕责诸内官：文明太后"行不正，内宠李奕显祖因事诛之，太后不得意，显祖暴崩，时言太后为之也。承明元年，尊曰太皇太后，复临朝听政"（《魏书·皇后列传》）。这里指文明太后口下诏令责成内官。

29 十日仰密得一事：十天内命令要密奏一事。仰，公文用语，犹命令。

30 不列便大瞋嫌：不记列上奏就非常恼怒憎恶。

31 亦有太后、高祖中间传言构间者：也有在太后、高祖之间传话制造隔阂的人。高祖非文明太后所亲生，故有人乘机谗言离间。故下文有"母子间甚难"云云。

32 忝二圣近臣：愧居太后、高祖身边侍臣。忝，谦辞，愧。

33 不审：不审慎明察。

34 仰误圣听：上奏使圣君的听闻有所失误。

35 辄尔：随便地。

36 吾从济州来朝：我从济州刺史任上来京朝拜圣上。杨椿因军功，曾任济州刺史。

37 豫讌：参加宴会。豫，同"与"。讌，同"宴"。

38 北京：犹前文"北都"。

39 和：和谐、和睦，这里用作动词。

40 "吾自惟"二句：自惟，自思。门望，门庭的声望。姻援，亲戚的援助。

41 乃：竟然。

42 慢易：傲慢轻侮。《史记·张耳陈余列传》："高祖从平城过赵，赵王朝夕袒韝蔽，自上食，礼甚卑，有子壻礼。高祖箕踞詈，甚慢易之。"当为杨文所本。

43 时流少比：时辈很少有人能够

相比。

44 假不胜人：宽容而不与人争强好胜。

45 尤诮（qiào）：指责怨怪。

46 朝觐（jìn）：朝拜。

47 门法：犹家法。《晋书·吴隐之传》："延之弟及子为郡县者，常以廉慎为门法。"

大意

我们杨家从入北魏以来，就做了朝廷的上宾，朝廷不仅赐给田地、住宅，而且赐有仆人和马、牛、羊等，于是我们便成了富贵人家。从那时到现在二十年以来，杨家先后任郡守、刺史等官的人连绵不断，享受到的俸禄和各种周济很多。至于亲戚朋友，他们有喜事或不幸时，我家都一定要厚加馈赠钱财和衣物；对待来往宾客，也一定要用酒肉款待。因此，所有亲戚朋友对我家没有什么不满意的。北魏建国初期，男子都爱好穿丝绸彩服。我虽然已不记得我的曾祖父在世时的事情，可是还记得我的祖父在世时的服饰，常见他穿着粗布衣服，腰里系着无饰皮带。他常约束、告诫我的父辈说："你们后辈人，如果比我今天还富有，千万不要积累黄金一斤、彩绸百匹以上，而以为富有啊！"他既不允许父辈经营产业借以获取盈利，也不允许他们与有钱有势的人联姻结亲。而到了我们兄弟这一辈，却不能按照祖父的遗训去做。如今你们这一辈人的衣服和车马，越来越豪华了。因此，我深知奉行祖传的节俭美德，已渐渐不如上代了。另外，我们兄弟之间，若都在家，必同桌共餐，若有人远出近行，大家都一定要等他回来；有时过午未食，大家也仍忍着饥饿等待。我们兄弟共有八人，而今活着的只有三个了，因此，更不忍各吃各的。大家都希望直到我们兄弟几人生活到去世，不分家另住，也不分财产。你们都是亲眼看见这些的，并不是假言虚话。今后，如果听到你们兄弟常有分室单吃的，这就又不如我这辈的兄弟了。我今日并不算是贫贱人家，然而房舍住宅却不做华丽的装饰，正是考虑到你们后世将可能成为不肖子孙，不能保住这份产业，将会被有势力的人夺走啊。

尚在北都时，朝廷的法律严苛急紧。太和初年（477），我们兄弟三人都在朝廷内供职，我兄长在高祖左右，我与弟杨津在文明太后左右。在这时，太后口下诏令，责成各位内官，每十天必须密奏一事，不记述上奏就非常恼怒憎恶。诸官员中就有依照太后诏令秘密记述上奏的，也有在太后和高祖中间传话制造隔阂的。我们兄弟三人相互告诫说："现在我们愧居太后和高祖身边侍臣，母与子之间很难相处，应该特别对此谨慎，还要记述上奏人事，又谈何容易！即使被怒目斥责，都千万不要随便说话。"十余年中，不曾说一个人的罪过，当时被狠狠地憎恨斥责，我们回答说："臣等不是没有听到人们说起关于朝廷的言论，正是担忧不审慎明察，奏上使圣君的听闻有所失误，所以不敢说话。"此后最终因为我们不轻易说话而得到奖赏。涉及太后、高祖之间的言辞，则始终不敢随便地传道讲谈。太和二十一年（479），我从济州刺史任上来朝拜高祖皇帝，在清徽堂参加宴会，高祖对诸王侯贵戚说："在北都的时日，太后严厉明察，我每每得到杖责，左右大臣因此有是是非非的谈言微词。和睦我们母子关系的，只有杨椿兄弟。"于是高祖举杯赐酒给四兄弟和我。你们如果万一得到当朝君主重用，应该特别谨慎言语，不可轻率地谈人的过失啊。

我自思在文武才能、门庭的声望和亲戚的援助方面，确不胜别人，可是很快任侍中、尚书，四次为九卿，十次为刺史，并被授光禄大夫、仪同、开府、司徒、太保等职；津弟今又任职司空，正是由于忠贞不贰，小心谨慎，口里不曾议论别人之非，无论贵贱之人，都一概以礼相待，因此故到了如此的地位。听说你们学习世上那些凡夫俗子，竟然有坐着接待客人的事情，有在有权势的门前奔跑不已的举动，有随便议论他人过错的行为，甚至见到富贵人家就非常敬重，见到贫贱的人就傲慢轻侮。这是人的品行的最大丧失，立身处世的最大弊病。我们杨家自从在北魏做官以来，从高祖以下，竟有七郡太守、三十二州刺史，朝廷内外都任重要职务，时辈很少能有人相比。你们兄弟若能保持礼节，不奢侈堕落，不骄傲轻慢，能宽容行事而不与人争强好胜，那就能避免受人的指责与怨怪了，也足以成为大有名望的人。我今年才七十五岁，自思仍有精力，还能够朝见皇帝，我之所以诚恳地多次要求退休，正是想让你们懂得天下知足的意义，树立一种家法罢了，而不是苟且地求得一个千年百载的美名。你们能记住我的话，我百年之后，也就没有什么遗憾了。

导读

《魏书·杨椿传》载：杨椿七十五岁时，家世已非常显重，有人劝杨椿携家避祸，椿曰："吾内外百口，何处逃窜？正当坐任运耳。"庄帝还宫后，杨椿屡次上书请求退休，庄帝始恩准，并"下御座执椿手流泪曰：'公先帝旧臣，实为元老。今四方未宁，理须咨访。但高尚其志，决意不留，既难相违，深用凄怆。'"杨椿亦嘘唏不已，庄帝特赐绢布，在城西张方桥为杨椿饯行。"行路、观者莫不称叹"。杨椿临行时，他的儿子杨昱为征东将军，不能随父归田；他的弟弟杨顺之子杨仲寅为正平太守；他的哥哥杨播之子杨侃、其弟之子杨遁俱从驾河北。杨椿忧虑子侄们在宦海风波中翻船，特地写了这篇家训。无论从家训角度看，还是从文学作品方面看，本文都不失为一篇颇有真情、寓含着人生哲理的"宦途仙石药方"。

可以说，本篇家训是杨椿一生治家、处世、仕宦经验的总结之作。杨椿身逢南北对峙之际，世道人事难以逆料，但他和兄弟们都能在仕途上有惊无险，从而位居方面，这就很值得研究了。

在治家方面，杨氏一门仍依照中国古代的传统美德，勤俭持家。作者历述了杨氏成为富室的原因，当然其间既有感恩戴德之情，也有歌颂圣上之意。接着作者笔锋一转，言他家待“亲姻知故”“来往宾僚”都慷慨大方，将宜待人宽、律己严之义巧妙推出，与后文教诫子孙“无论贵贱，待之以礼”紧相呼应。为了揭明俭朴持家也是杨门的传统，杨椿以其曾祖，尤其是祖父杨真的做人风范为例，引用了祖父的几句蕴含真理的语句：如果富贵过今日，不可积蓄钱财，不可经营产业牟利，不可与权门豪族通婚姻。这都是“过来人”的肺腑之言，可惜后人乃至今人既不理解其深刻含义，又不能身体力行！针对子孙豪华侈靡的现状，杨椿又举例说明自己同辈兄弟不分另家财、不分灶而食的一贯做法，以现身说法，教导子孙团结和睦。“若有近行，不至，必待其还，亦有过中不食，忍饥相待”诸句，将一个和睦的家庭和感人的场景描摹得活灵活现。总之，引上辈的节俭、和睦相处，是为了给子孙树立榜样。

在处世方面，本文重点讲了宽厚待人、无论贵贱的道理。杨门乃钟鸣鼎食之族，亲朋故旧、来往宾客肯定很多，若有稍不礼遇者，就有可能被人责骂、被人嫉妒，甚至埋下祸根，招来横祸。因此，他家待人就毫不吝啬，“是故亲姻朋友无憾焉”。针对子孙们或坐以待客、或驱驰势门、或见贵胜则敬重而见贫贱则慢侮的恶劣行为，杨椿疾首痛心，严厉告诫子孙们“不为奢淫骄慢，假不胜人”。由此亦可看出杨椿的深谋远虑，他为子孙们计的真挚情感。

最可注意者，是杨椿举例说明，杨氏一门何以能稳保富贵、兄弟几人身居显位的一个重要原因：不轻论人过。在文明太后听政期间，诏敕官员们必须十天内上奏一件事——监视高祖及其宠臣的言行，许多人都按照诏令去做了，有的甚至还无中生有，挑拨离间二圣之间的关系。当时的朝廷内部真可谓风雨如磐，陷阱比比。但是，杨氏兄弟的头脑始终非常清醒，在遭到太后愤怒的斥责后，用巧妙的言辞作了合理的辩解，如此坚持不渝十余年。十余年，对杨氏兄弟来说，那不知有多么漫长啊！正是这一点，使杨氏兄弟终受奖赏，终身受用不尽。高祖统掌大权后，对杨氏兄弟优礼有加，一一委以重任。姑且抛开杨氏兄弟“权变”的一面不论，就其“小心谨慎，口不尝论人过”而言，可谓参透了仕宦的真谛。祸从口出的先例极多，言多必有失的先例也很多，但杨椿所举的例证极具典型性，足可引起后人，尤其是走上仕途之人的深深思考。

至于杨椿在体力尚健时就急流勇退，乞求致仕，以让子孙“知天下满足之义”，以为杨门树一家法，这同样具有借鉴意义。因为伴君如伴虎，宦途如涉海；杨椿在退休仅两年后的七十七岁时，竟被尔朱天光所害，不就是一个绝好的例证吗？

名言警句

圣贤之书，教人诚孝，慎言检迹，立身扬名。

颜氏家训·序致

颜之推

作者简介

颜之推（531—约 595），字介，琅琊临沂（今山东临沂）人。年少即博览经传，为梁湘东王萧绎文士，年仅十九，即任东湘王国右常侍，加镇西墨曹参军，继在郢州治所夏口（今湖北武汉市）任掌书记。侯景叛军攻破郢州，被俘，为人救，免死罪。后辗转回到江陵，任梁元帝散骑侍郎，奏舍人事，奉命校书，得尽读秘阁藏书。西魏军攻陷江陵，他再度被俘，又辗转逃奔北齐，受到齐文宣帝高洋的信用，参与机要。齐亡入周，任御史上士。隋灭北周，被太子杨勇召为学士。不久以病而终。《梁书》《北史》《北齐书》均有传。所著《颜氏家训》“篇篇药石，言言龟鉴，凡为子弟者，可家置一册，奉为明训，不独颜氏”（王钺《读书蕞残》）；它是中国历史上第一部家训专著，历来为人们所重视，其影响之大，难以缕述。

夫圣贤之书，教人诚孝[1]，慎言检迹[2]，立身扬名[3]，亦已备矣。魏、晋已[4]来，所著诸子，理重事复，递相模敩[5]，犹屋下架屋，床上施床[6]耳。吾今所以复为此者，非敢轨物范世[7]也，业[8]以整齐门内，提撕[9]子孙。夫同言而信，信其所亲；同命而行，行其所服[10]。禁童子之暴谑[11]，则师友之诫，不如傅婢[12]之指挥；止凡人之斗阋，则尧舜之道，不如寡妻之诲谕[13]。吾望此书为汝曹之所信，犹贤于傅婢寡妻耳。

吾家风教[14]，素为整密。昔在龆龀[15]，便蒙诱诲；每从两兄[16]，晓夕温凊[17]，规行矩步[18]，安辞定色[19]，锵锵翼翼[20]，若朝严君[21]焉。赐以优言，问所好尚，励短引长，莫不恳笃[22]。年始九岁，便丁荼蓼[23]，家涂[24]离散，百口索然[25]。慈兄鞠养[26]，苦辛备至；有仁无威，导示不切。虽读《礼传》[27]，微爱属文[28]，颇为凡人之所陶染[29]，肆欲轻言[30]，不修边幅[31]。年十八九，少知砥砺[32]，习若自然，卒难洗荡。二十已后，大过[33]稀焉；每常心共口敌[34]，性与情竞[35]，夜觉晓非，今悔昨失[36]，自怜[37]无教，以至于斯。追思平昔之指[38]，铭肌镂骨[39]，非徒古书之诫，经目过耳[40]也。故留此二十篇[41]，以为汝曹后车[42]耳。

——《颜氏家训》卷一

注释

1 诫孝：忠孝。因避隋文帝讳而改“忠”为“诫”。

2 慎言检迹：说话谨慎而行为庄重自持。检迹，自持而不放纵。张华《游猎篇》：“伯阳为我诫，检迹投清轨。”王利器《颜氏家训集解》谓“检迹，六朝习用语”。

3 立身扬名：语出《孝经·开宗明义》：“立身行道，扬名于后世，以显父母，孝之终也。”

4 已：同“以”。

5 递相模敩（xiào）：后来的人模仿前面的人。敩，同“效”，仿效。

6 “屋下”二句：为六朝、隋、唐时习用语，比喻重复他人的言行而没有创新。

7 轨物范世：做世人言行的准则和规范。卢文弨曰：“车有轨辙，器有模范，喻可为世人仪型也。”《左传·隐公五年》：“君将纳民于轨物者也。”

8 业：《资治通鉴·梁纪三》：“国子博士封轨，素以方直自业。”胡三省注：“业，事也，以方直为事。”

9 提撕：提醒教训。语出《诗经·大雅·抑》："匪面命之，言提其耳。"郑玄笺："我非但对面语之，亲提撕其耳。""耳提面命"本此。

10 "夫同言而信"四句：同样一句话而有的人就相信，这是因为说话者是他们所亲近的人；同样一个命令而有的人就执行，这是因为发令者是他们所佩服的人。《淮南子·缪称训》："同言而民信，信在言前也；同令而民化，诚在令外也。"

11 暴谑：过分的玩笑。

12 傅婢：婢女。《后汉书·吕布传》："私与傅婢情通。"

13 "止凡人"三句：斗阋（xì），争斗。《左传·僖公二十四年》："兄弟阋于墙，外御其侮。"尧舜，传说中上古时代的两位贤王。寡妻，嫡妻。《诗经·大雅·思齐》："刑于寡妻。"郑玄笺："寡有之妻。"

14 风教：门风家教。风、教义同。《毛诗序》："风，风也，教也，风以动之，化以教之。"

15 龆（tiáo）龀（chèn）：换齿之时，这里指幼童时代。《韩诗外传》卷一："故男八月生齿，八岁而龆齿，……女七月生齿，七岁而龆齿。"陶渊明《祭从弟敬达文》："相及龆龀，并罹偏咎。"

16 两兄：指颜之仪、颜之善。《南史·颜协传》："子之仪、之推。"又《颜氏家庙碑》（颜真卿撰）有之善，称之推为弟。

17 晓夕温凊（qìng）：语出《礼记·曲礼上》："凡为人子之礼，冬温而夏凊，昏定而晨省。"郑玄注："温以御其寒，凊以致其凉。"凊，寒、凉。

18 规行矩步：比喻举动合乎规矩。《晋书·潘尼传》："规行矩步者，皆端委而陪于堂下。"

19 安辞定色：说话平和，神色安详。《礼记·曲礼上》："安定辞。"又《冠义》："凡人之所以为人者，礼义也。礼义之始，在于正容体，齐颜色，顺辞令。"

20 锵（qiāng）锵翼翼：行走时毕恭毕敬。《广雅·释训》："锵锵，走也。翼翼，敬也，又和也。"

21 严君：父母。《周易·家人》："家人有严君焉，父母之谓也。"后多专指父亲。

22 悫笃（dǔ）：恳切深厚。

23 便丁荼（tú）蓼（liǎo）：就遇到了艰苦的处境。这里比喻遇到父亲去世。丁，当、碰上。荼蓼，草名，荼味苦，蓼味辣，喻处境艰苦。《后汉书·陈蕃传》："今帝祚未立，政事日蹙，诸君奈何委荼蓼之苦，息偃在床？"

24 家涂：家道。

25 百口索然：全家人丁冷清离散。百口，指全家。《资治通鉴》卷二三五胡三省注："人谓其家之亲属为百口。"索然，冷清离散的样子。

26 鞠养：鞠育，抚养。《诗经·小雅·蓼莪》："父兮生我，母兮鞠我，拊我畜我，长我育我。"

27 《礼传》：《颜氏家训集解》："《礼传》，所以别《礼经》而言，《礼经》早已失传，今之《礼记》与《大戴礼记》，即《礼传》也。"

28 微爱属文：有些喜爱作文。属文，联字造句，使之相属连，成为文章，即写作文章。

29 陶染：熏陶感染。

30 肆欲轻言：放纵私欲，信口开河。

31 不修边幅：不注意衣着、仪表。

边幅，布帛的边缘，比喻衣着、仪表。《后汉书·马援传》：“公孙（述）不吐哺走迎国士，与图成败，反修饰边幅，如偶人形。此子何足久稽天下乎？”

32 少知砥砺：稍稍懂得要磨炼品性。少，同“稍”。砥砺，磨刀石，引申为磨炼。

33 大过：大的过失。

34 心共口敌：谓心里想的与嘴里说的相敌斗，不致信口开河。《三国志·魏书·武帝纪》裴松之注引《魏略》：“口与心计，幸且待罪。”“心共口敌”，盖本于此。

35 性与情竞：理性与情感相互斗争。

36 “夜觉”二句：《淮南子·原道训》高诱注：“月悔朔，日悔昨。”此句即本此。

37 自怜：自己哀怜。

38 指：同“旨”，意旨、意向。

39 铭肌镂骨：犹铭心刻骨。铭、镂，都是刻的意思。

40 经目过耳：比喻眼睛一看、耳朵一听就全忘记了。

41 二十篇：《颜氏家训》共有二十篇。

42 后车：语出《汉书·贾谊传》：“前车覆，后车戒。”

大意

古代圣贤的书，教导人要忠孝，说话谨慎而行为庄重自持，立身扬名，已经说得很完备了。自魏晋以来，阐述古代圣贤思想的书，一般事理重复，后来的人模仿因袭前面的人，犹如屋子里建屋子，床上再放置床一样。我现在之所以又撰写这本书，不敢奢想以它来做世人言行的准则和规范，而只是想以整理自家门风，提醒教训子孙为己任而已。同样一句话有的人就相信，这是因为说话者是他们所亲近的人；同样一个命令而有的人就服从，这是因为发令者是他们所佩服的人。如果要禁止顽童的过分的玩笑，那么师友的规劝，还不如婢女的指挥有效；如果要阻止一般人之间的争斗，那么尧舜的教导，还不如他们自家妻子的诱导规劝有效。我希望这本书被你们所信奉，它要比婢女和妻子的话说得好一些。

我们颜家的门风家教，素来就整齐严密。还在幼童时代，我就受到了长辈的诱导教诲；经常跟着我的两位兄长，早晚侍奉双亲，驱寒送暖，举动合乎规矩，说话平和，神色安详，走路时毕恭毕敬，就像给父母请安一样。父母时常赐予我金玉良言，询问我的喜好和志向，勉励我改正缺点而发扬优点，这一切莫不恳切深厚。我年龄刚刚九岁，就遇到了父亲去世的变故，家道一下子衰败了，人丁离散，全家冷清。我慈爱的兄长抚养我们，艰苦劳辛莫不经受；然而兄长有仁爱之心而无威严之举，对我的教导提示不够严厉。我虽然读了《礼传》，也有些喜爱作文，但由于深受凡夫俗子的影响，放纵私欲，信口开河，不注意衣着、仪表的整洁。到十八九岁时，才稍稍懂得磨炼品性了，但习惯成自然，最终还是难以彻底改掉不良习惯。二十岁以后，我的大过失就犯得少了；时常心里想的与嘴里说的相互斗争，理性与情感相互斗争，夜里就醒悟到白天的过错，今天就后悔昨天的失误，自己哀怜那段时间没有得到良好的教育，以至于到了这种地步。追想往昔的意旨，可谓铭心刻骨，不像阅读古书上的训诫，用眼睛一看，用耳朵一听就忘了。所以，我留下这二十篇家训，把它作为你们的鉴戒吧。

导读

《序致》是《颜氏家训》的序言，“六朝以前作品，自序往往在全书之末，亦有在全书之首者，如《孝经》之《开宗明义》第一首章是，此亦其比”（王利器《颜氏家训集解》）。在序言中，颜之推主要交代了自己撰写此书的原因和目的。他有感魏晋以来文人著述往往因袭而无补于人生的现象，结合自己的亲身感受，揭明自己撰写此书的目的在于“整齐门内，提撕子孙”，教育颜家的儿孙，重正颜门家风，并“非敢轨物范世也”。出于这样的目的，颜之推的遣词用语就显得比较亲切和真挚，循循善诱的文气贯注于字里行间。可注意者，作者一点也不掩饰或讳言幼年时期所犯的过失、所走的弯路。相反，他以自己二十岁以前“不知砥砺”而与凡夫庸人交往不慎，以至于养成了一些“卒难洗荡”的坏毛病为例，从几个年龄阶段出发，详细解剖了自己的交友之失、言语之失和行为之失，以现身说法告诫子孙引以为戒。这种坦荡无私的胸怀本身就具有训诫意义，很值得为人长辈者借鉴。

作者还追忆分析了自己二十岁前养成不少毛病的原因，作者九岁丧父，家道中落，虽蒙兄长抚育，但兄长“有仁无威，导示不切”，因此尽管兄长在鞠养自己方面“苦辛备至”，令作者感激不已，但兄长毕竟是兄长，对自己的教诲基本上失败了。其中包含有这样的深刻启示：教子当靠长辈，同辈人教弟往往失败；而教育应从小抓起，一旦养成不良习惯，则难以纠正。常言说的长兄如父，大约主要是就抚育方面而言。这一点也足可引起后人的注意。

名言警句

少成若天性，习惯如自然。

人之爱子，罕亦能均；自古及今，此弊多矣。

贤俊者自可赏爱，顽鲁者亦当矜怜。

有偏宠者，虽欲以厚之，更所以祸之。

颜氏家训·教子

颜之推

作者简介

见《颜氏家训·序致》之“作者简介”。

上智不教而成，下愚虽教无益，中庸之人，不教不知也[1]。古者，圣王有胎教[2]之法：怀子三月，出居别宫，目不邪视，耳不妄听，音声滋味，以礼节之。书之玉版，藏诸金匮[3]。生子咳哫[4]，师保[5]固明孝仁礼义，导习之矣。凡庶[6]纵不能尔，当及婴稚[7]，识人颜色，知人喜怒，便加教诲，使为则为，使止则止。比及数岁，可省笞罚。父母威严而有慈，则子女畏慎而生孝矣。吾见世间，无教而有爱，每不能然；饮食运为[8]，恣其所欲，宜诫翻奖[9]，应诃[10]反笑，至有识知，谓法当尔[11]。骄慢已习，方复制之，捶挞至死而无威，忿怒日隆而增怨，逮于成长，终为败德。孔子云：“少成若天性，习惯如自然”是也[12]。俗谚曰："教妇初来，教儿婴孩。"诚哉斯语！

凡人不能教子女者，亦非欲陷其罪恶；但重[13]于诃怒，伤其颜色，不忍楚挞[14]惨其肌肤耳。当以疾病为谕，安得不用汤药针艾[15]救之哉？又宜思勤督训者，可愿[16]苛虐于骨肉乎？诚不得已也。

王大司马母魏夫人[17]，性甚严正；王在湓城[18]时，为三千人将，年逾四十，少[19]不如意，犹捶挞之，故能成其勋业。梁元帝[20]时，有一学士，聪敏有才，为父所宠，失于教义：一言之是，遍于行路[21]，终年誉之；一行之非，揜藏文饰[22]，冀其自改。年登婚宦[23]，暴慢日滋，竟以言语不择，为周逖抽肠衅鼓[24]云。

父子之严，不可以狎[25]；骨肉之爱，不可以简[26]。简则慈孝不接，狎则怠慢生焉。由命士[27]以上，父子异宫[28]，此不狎之道也；抑搔痒痛[29]，悬衾箧枕[30]，此不简之教也。或问曰："陈亢喜闻君子之远其子[31]，何谓也？"对曰："有是也。盖君子之不亲教其子也。《诗》有讽刺之辞[32]，《礼》有嫌疑之诫[33]，《书》有悖乱之事[34]，《春秋》有袤僻之讥[35]，《易》有备物之象[36]：皆非父子之可通言，故不亲授耳。"[37]

齐武成帝子琅邪王[38]，太子母弟[39]也，生而聪慧，帝及后并笃爱之，衣服饮食，与东宫[40]相准。帝每面称之曰："此黠儿[41]也，当有所成。"及太子即位，王居别宫，礼数优僭[42]，不与诸王等；太后犹谓不足，常以为言。年十许岁，骄恣无节，器服玩好，必拟乘舆[43]；常[44]朝南殿，见典御进新冰[45]，钩盾献早李[46]，还索不得，遂大怒，诟[47]曰："至尊已有，我何意无？"不知分齐[48]，率皆如此[49]。

识者多有叔段、州吁之讥[50]。后嫌宰相[51]，遂矫诏[52]斩之，又惧有救，乃勒麾下军士[53]，防守殿门；既无反心，受劳而罢，后竟坐此幽薨[54]。

人之爱子，罕亦能均；自古及今，此弊多矣。贤俊者自可赏爱，顽鲁者亦当矜怜[55]。有偏宠者，虽欲以厚之，更[56]所以祸之。共叔之死，母实为之。赵王之戮，父实使之[57]。刘表之倾宗覆族[58]，袁绍之地裂兵亡[59]，可为灵龟明鉴[60]也。

齐朝有一士大夫，尝谓吾曰："我有一儿，年已十七，颇晓书疏[61]，教其鲜卑语及弹琵琶[62]，稍欲通解，以此伏事[63]公卿，无不宠爱，亦要事也。"吾时俛而不答[64]。异哉，此人之教子也！若由此业[65]，自致卿相[66]，亦不愿汝曹为之。

——《颜氏家训》卷一

注释

1 "上智"四句：《论语·阳货》："惟上智与下愚不移。"《汉书·古今人表》："可与为善，不可与为恶，是谓上智。可与为恶，不可与为善，是谓下愚。"孙星衍《问字堂集》："上智谓生而知之，下愚谓困而不学。"可知"智"兼指资质和知识而言。《后汉书·杨终传》："终以书戒马廖云：'上智下愚，谓之不移；中庸之流，要在教化。'"即此文所本。中庸之人，指智力中常的人。

2 胎教：古人认为胎儿在母体中能够受孕妇言行的影响，所以孕妇须谨守礼仪，以给胎儿良好影响，谓之"胎教"。详见《大戴礼·保傅》。

3 "书之"二句：玉版，刊刻文字的白石板。金匮，用金属制成的藏书柜。诸，兼词，之于。《大戴礼·保傅》："素成胎教之道，书之玉版，藏之金匮，置之宗庙，以为后世戒。"

4 咳喂：一本作"孩提"。《颜氏家训集解》元注："《说文》：'咳，小儿笑也。喂，号也。'"《孟子·尽心上》："孩提之童。"赵岐注："孩提，二三岁之间，在襁褓，知孩笑，可提抱者也。"

5 师保：古时担任辅导和协助帝王的官，有师有保，统称师保。《礼记·文王世子》："师也者，教子以事而喻诸德者也；保也者，慎其身以辅翼之而归诸道者也。"

6 凡庶：普通人。

7 婴稚：幼儿。

8 运为：即云为，行为。

9 翻奖：反而奖励。翻，副词，反而。庾信《卧疾穷愁》诗："有菊翻无酒，无弦则有琴。"

10 诃（hē）：大声斥责。

11 谓法当尔：（孩子）认为按道理本当如此。

12 "孔子云"三句：贾谊《新书·保傅》："孔子曰：'少成若天性，习惯成自然。'是殷周之所以长有道也。"少成，从小养成的习惯。天性，人的与生俱来的本性。《抱朴子·勖学》："盖少则志一而难忘，长则神放而易失，故修学务早，及其精专，习与性成，不异自然也。"可以参看。

13 重：难。司马相如《喻巴蜀檄》："重烦百姓。"《索隐》："重犹难也。"《文选》李善注："重，难也。"是其证。

14 楚挞：用荆条抽打。楚，荆条。

15 针艾：即针灸。

16 可愿：一本作"岂愿"。

17 王大司马母魏夫人：《梁书·王僧辩传》："僧辩字君才，右卫将军神念之子也。世祖以僧辩为征东将军、开府仪同三司、江州刺史，封长宁县公。承圣三年，加太尉、车骑大将军；顷之，丁母太夫人忧，策谥曰贞敬太夫人。夫人姓魏氏，性甚安和，善于绥接，家门内外，莫不怀之。及僧辩克复旧京，功盖天下，夫人恒自谦损，不以富贵骄物，朝野咸共称之，谓为明哲妇人也。"

18 湓城：即湓口，为湓水流入长江处。故址在今江西九江西。

19 少：同"稍"。

20 梁元帝：即萧绎，字世诚，梁武帝之子，萧纲之弟，承圣元年（552）即位。曾将公私典籍七万卷，付之一炬。

21 行路：路人。蔡琰《悲愤诗》："观者皆歔欷，行路亦呜咽。"

22 揜（yǎn）藏文饰：掩盖、遮盖。揜藏，掩盖。揜，同"掩"。文饰，遮盖。《论语·子张》："小人之过也必文。"成语有"文过饰非"。

23 婚宦：即"宦学婚嫁"的简称，为六朝人习用语，这里指成年。《列子·力命》："语有之：'人不婚宦，情欲失半；人不衣食，君臣道息。'"

24 衅鼓：祭祀时用牲血或人血涂在鼓的缝隙处。

25 狎：亲昵而不庄重。

26 简：傲慢而不拘礼节。

27 命士：古称读书做官者为士；受有爵命的士叫命士，与命官义近。

28 父子异宫：父与子要分开宫室居住。《礼记·内则》："由命士以上，父子皆异宫，昧爽而朝，慈以旨甘，日出而退，各从其事，日入而夕，慈以旨甘。"

29 抑搔痒痛：按摩抓挠父母的痒痛

之病。《礼记·内则》："子事父母，妇事舅姑，及所，下气怡声，问衣寒燠，疾痛苛痒，而敬抑搔之……"

30 悬衾（qīn）箧（qiè）枕：《礼记·内则》："父母舅姑将坐，奉席请何向；将衽，长者奉席请何趾，少者执床与坐，御者举几，敛席与簟，悬衾箧枕，敛簟而襡之。"孔颖达疏："悬其所卧之衾，以箧贮所卧之枕。"意谓长者起床后，晚辈应替长者收拾卧具，把被子悬挂起来，把枕头藏在箱子里。

31 "陈亢"句：陈亢，孔子弟子。语出《论语·季氏》：陈亢问于伯鱼曰："子亦有异闻乎？"对曰："未也。尝独立，鲤趋而过庭。曰：'学《诗》乎？'对曰'未也。''不学《诗》，无以言。'鲤退而学《诗》。他日，又独立，鲤趋而过庭。曰：'学《礼》乎？'对曰：'未也。''不学《礼》，无以立。'鲤退而学《礼》。闻斯二者。"陈亢退而喜曰："问一得三，闻《诗》，闻《礼》，又闻君子之远其子也。"

32《诗》有讽刺之辞：《诗经》里有讽刺嘲骂人的言辞。如《伐檀》《硕鼠》等即是。

33《礼》有嫌疑之诫：《礼记》里有避开嫌疑的告诫。《礼记·曲礼上》："男女不杂坐，不同椸枷，不同巾栉，不亲授，嫂叔不通问。……寡妇之子，非有见焉，弗与为友。"

34《书》有悖乱之事：《尚书》里有悖礼作乱的记述。《尚书》有《汤誓》《泰誓》《牧誓》等，皆载以臣伐君之事。

35《春秋》有衺僻之讥：《春秋》里有对奸邪行为的讥刺。如"春秋笔法""微言大义"即是。衺，即"邪"。

36《易》有备物之象：《周易》里有备物致用的卦象。《周易·系辞上》："备物致用，立成器以为天下用。"

37 "皆非"二句：《白虎通·辟雍》："父所以不自教子何？为其渫渎也。又授受之道，当极说阴阳夫妇变化之事，不可以父子相教也。"

38 琅邪王：指齐武成帝高湛的第三子高俨，初封东平王，武成崩，改封琅邪王。

39 母弟：同母之弟。《左传·宣公十七年》："凡大子之母弟，公在曰公子，不在曰弟。凡称弟，皆母弟也。"《北齐书·武成十二王传》："明皇后生后主及琅邪王俨。"

40 东宫：太子所居之处，这里代指太子高纬。

41 黠（xiá）儿：聪慧的儿童。

42 礼数优僭（jiàn）：礼数优厚得超过了他的本分。

43 必拟乘舆：一定要同皇帝相比拟。乘舆，本指君主乘坐的车子，这里代指皇帝。

44 常：同"尝"，曾经。

45 典御进新冰：典御进献刚从地窖里取出的冰块。典御，主管帝王饮食的官员。

46 钩盾献早李：钩盾献上早熟的李子。钩盾，主管帝王园林的官员。

47 诟（gòu）：骂。

48 分齐：本分限定的界限。

49 率皆如此：他的行为大致都是如此。此句乃举例后的总结语。

50 叔段、州吁之讥：叔段，春秋时郑庄公之弟共叔段，共叔段依恃其母姜氏的纵容偏宠，欲壑难填，最后竟与其母密谋发动叛乱，被郑庄公平定，事后共叔段出逃共国，故称；姜氏被庄公幽禁。事见《左传·隐公元年》。州吁，春秋时卫庄公之子，弑其兄卫桓公自立，最后被卫国人杀死。事见《左传·隐公三年》及《左传·隐公四年》。

51 宰相：指尚书令、录尚书事和士开，武平二年（571）七月，被琅邪王高俨矫诏杀死。

52 矫诏：假传圣旨。

53 勒麾下军士：率领手下的将士。勒，统率、率领。麾下，手下。

54 幽薨：被秘密处死。琅邪王被处死时年仅十四，事见《北齐书·武成十二王传》。薨，《礼记·曲礼下》："天子死曰崩，诸侯曰薨。"

55 矜怜：同情和怜爱。

56 更：反而。曹植《吁嗟篇》："当南而更北，谓东而反西。""更"与"反"互文。

57 "赵王"二句：据《史记》载，高祖宠爱戚夫人，欲废太子，立戚夫人子赵王如意，赖大臣及留侯计得毋废。高祖崩，吕后乃令永巷囚戚夫人，而召赵王鸩之。赵王死，断戚夫人手足，去眼煇耳，饮瘖药，使居厕中，曰人彘。

58 刘表之倾宗覆族：刘表宗族的覆灭。据《后汉书·刘表传》载，表字景升，山阳高平人，为镇南将军、荆州牧。二子：琦、琮。表初以琦貌类己，甚爱之。后为琮娶表后妻蔡氏之侄，蔡氏遂爱琮而恶琦，毁誉日闻，表每信受。妻弟蔡瑁，及外甥张允，并得幸于表，又睦于琮。琦不自宁，求出为江夏太守。表病，琦归省疾，允等遏于户外，使不得见。琦流涕而去。遂以琮为嗣，琮以印授琦，琦怒投之地，将因丧作乱，会曹操军至新野，琦走江南，琮后举州降操。

59 袁绍之地裂兵亡：据《后汉书·袁绍传》载，冀州牧袁绍有三子：谭、熙、尚。袁绍后妻刘氏偏宠袁尚，袁谭即出任青州刺史，袁熙为幽州刺史。袁绍死后，袁绍的亲信假传圣旨，奉袁尚为继承人。谭、熙不服，互以兵戎相见，终于都被曹操消灭。

60 灵龟明鉴：龟壳为古人占卜工具，铜镜可以照形，故以此比喻值得借鉴的教训。

61 书疏：为六朝人习用语，指信札之类。陶渊明《祭程氏妹文》："寻念平昔，触事未远，书疏犹存。"《晋书·陶侃传》："远近书疏，莫不手答。"

62 教其鲜卑语及弹琵琶：北齐出自鲜卑族，性喜琵琶，故当时朝野之干时求进者，多仿效学习鲜卑语及弹琵琶。

63 伏事：服侍。伏，同"服"。

64 吾时俛而不答：我当时低下头而没有回答。俛，同"俯"。

65 此业：指学习鲜卑语及弹琵琶而服侍公卿一事。

66 自致卿相：即使到达卿相的地位。自，假设连词，即使。

大意

资质超群的人，不用教育就可以成材；智力低下的人，即使教育也没有用处；智力中常的人，不教育就不会懂得事理。古时候，圣明的帝王有所谓胎教的方法：王后怀太子到三个月后，就要搬到专门的房间去住，不该看的就不看，不该听的就不听，音乐和饮食都依照礼来加以节制。这种胎教的方法，都写在玉版上，藏在书柜里。太子生下来到两三岁时，师保本来就是已经确定好的，就开始对他进行孝、仁、礼、义的教育训练。一般百姓纵然不能做到这一步，也应当在孩子知道辨认大人的脸色，明白大人的喜怒时，就对他加以教诲，大人让他做他就去做，大人让他停止他就停止。等他长到几岁的时候，就可以省去对他使用打竹板的处罚了。如果父母平时威严而有慈爱，那么子女就会敬畏谨慎，而产生孝心。我看到人世间做父母的，不知教育而只是溺爱子女，往往不能这样；他们对子女的饮食行为，任意放纵，本应告诫子女的，反而加以奖励，本应呵责子女的，反而报以笑容，子女懂事以后就误以为按道理本当如此。子女骄横傲慢的习气已经养成了，才又去制止它，把子女鞭抽棍打到死的地步却树立不起父母的威信，对子女的愤怒一天天增大，却只会招致子女的怨恨，子女长大成人以后终究是道德败坏。孔子说："少成若天性，习惯如自然。"正是这个道理。俗话说："教媳妇趁新到家门时，教儿子要赶幼年时。"这话说得太对了！

那些未能教育子女的人，也并不是想让子女陷入罪恶的深渊；只是不忍心呵斥责骂子女，不忍心伤其脸面，不忍子女被荆条抽打皮肉受苦罢了。这应该用治病来打比方，子女生了病，父母哪里能不用汤药针艾去救治他们呢？再说那些勤于督促训导子女的父母，他们难道愿意虐待自己的亲骨肉吗？实在是不得已啊。

大司马王僧辩的母亲魏老夫人，品性非常严谨方正。王僧辩在湓城时，是三千士卒的将官，年纪已过四十了，但稍微不称魏老夫人的意，老夫人还用棍棒教训他，所以王僧辩才能成就功业。梁元帝的时候，有一位学士，聪明有才，被父亲所宠爱，没能受到严格的教育：如果他一句话说得好，父亲就恨不得让过往行人都知道，一年到头都称赞他；如果他一件事有闪失，他父亲为他百般遮掩粉饰，心里是希望他自己改正。学士成年以后，凶暴傲慢的习气日甚一日，最终因为说话不检点，被周逖抽出肠子，血被拿去涂鼓。

父亲与儿子的关系应该严肃，不该对孩子过分亲昵；亲生骨肉之间的相爱感情，不能不拘礼节。如果不拘礼节，那么慈爱孝敬都谈不上；如果过分亲昵，那么放肆不敬之心就会产生。古书上讲，儿子若有“命士”以上的爵位，要和父亲分室居住，这就是不过分亲昵的做法；当晚辈的要给父母按摩抓挠驱病，长辈起床后，晚辈应替他们收拾卧具，这就是讲究礼节的做法。有人问：“陈亢愿意听到君子与自己的孩子保持距离的事，这是什么意思呀？”我回答说：“有这样的事，大约君子是不亲自教授自己的孩子吧。因为《诗经》里面有讽刺嘲骂的诗句，《礼记》里面有避开嫌疑的告诫，《尚书》里面有悖礼作乱的记述，《春秋》里面有对奸邪行为的讥刺，《周易》里面有备物致用的卦象，这些都是不适合父子之间直接讲述的，所以君子不亲自教授自己的孩子。”

齐武成帝的儿子琅邪王高俨，是太子高纬的同胞弟弟，他生来就很聪慧，武成帝和明皇后都十分宠爱他，吃的穿的，都让他与太子一个标准。武成帝经常当面称赞他说：“这可是个聪慧的孩子啊，以后会成大器。”等到太子即位，琅邪王被迁到北宫去住，享受的礼仪优厚得超过了他的本分，与其他诸侯王都不一样；太后还说优待不够，经常挂在嘴上。琅邪王十岁左右时，骄横放肆得没有节制，穿的用的，一律要与皇帝相比拟。他曾经到南殿朝拜，正碰上典御官、钩盾令向皇上进献新从地窖里取出的冰块及早熟的李子，回府后就派人去索要，未得到，就怒骂道：“皇上都有的东西，我凭什么就没有呢？”他不懂得谨守为臣的本分，他的行为大致都是如此。有识之士多指责说这是古代的共叔段、州吁。往后，琅邪王讨厌宰相和士开，就假传圣旨将和士开杀掉，又担心有人来相救，竟率领手下军士防守殿门。其实他也不是真心想谋反，受安抚后也就撤兵了，但后来终究因为此事被秘密处死。

人们喜爱自己的孩子，但对子女很少能够做到一视同仁。从古到今，这样做而导致的弊端够多了。聪慧漂亮的孩子，固然值得赏识喜爱；那愚蠢迟钝的孩子，也应该怜悯同情。有那偏宠孩子的，虽然想让孩子长大成人，反而因此害了他。共叔段的死，实际是他母亲造成的。赵王如意的被杀戮，实际是他父亲导致的。刘表宗族的覆灭，袁绍的兵败地失，这些事例都像灵龟、明镜一样可供人们借鉴啊。

齐朝有位士大夫，曾经对我讲：“我有个孩子，已经十七岁了，很会书札之类的事，我教他讲鲜卑语、弹琵琶，他渐渐地也快掌握了，凭这些本事去侍奉王公大人们，没有不宠爱他的，这也是一件重要的事啊！”我当时低下头而没有回答。这个人教育孩子，真让人惊异啊！假如由于这种事情，即使达到卿相的地位，我也不愿让你辈去做。

导读

如果我们读了《序致》尚看不出“可家置一册”的价值的话，那么，读了《教子》就不能不将《颜氏家训》“奉若明训”。

《教子》是全书之精华所在。顾名思义，它主要是讲如何教育子女的问题，可以概括为以下几个方面。

一、要重视早期教育，从幼小时代就要抓起，包括胎教。作者开宗明义，以“中庸之人，不教不知也”排除了“上智”“下智”之人的教育。这也符合人世实情：中庸之人居多。又以“不教不知”点明教育的不可或缺。颜之推似乎相信胎教之法，所以他引用了不少资料，反复说明了胎教的重要性。作者颇具总体眼光，指出凡庶达不到胎教所规定的要求，则可退一步着手，即从幼儿“识人颜色，知人喜怒”时“便加教诲”。这样进行教育，自可省去对子女的体罚，因为子女已经养成良好习惯了，并引孔子之语和俗谚作了通俗而深刻的解说。所以，司马光在其《书仪》卷四中指出：

> 古有胎教，况于已生？子始生未有知，固举以礼，况于已有知？孔子曰：“幼成若天性，习惯如自然。”《颜氏家训》曰：“教妇初来，教子婴孩。”故慎在其始，此其理也。若夫子之幼也，使之不知尊卑长幼之礼，每致侮詈父母，殴击兄姊，父母不加呵禁，反笑而奖之，彼既未辨好恶，谓礼当然；及其既长，习已成性，乃怒而禁之，不可复制；于是父疾其子，子怨其父，残忍悖逆，无所不至。此盖父母无深思远虑，不能防微杜渐，溺于小慈，养成其恶故也。

可以看出，司马光与颜子推的观点一致，他受颜之推的影响也很清楚。

二、教育子女应当严格，不可偏宠溺爱。常言说，惯子如杀子。颜之推深谙此理。他引用了大量材料，如共叔段“兄弟相残”、赵王如意被鸩药毒死、梁元帝时一学士被“抽肠衅鼓”、琅邪王高俨被秘密处死、刘表宗亲彻底覆灭、袁绍举家地裂兵亡等令人惊心动魄的前代或当代事例，不厌其详地申述对子女要严格教育的重要性和必要性，以及偏宠溺爱子女的可怕后果。读来令人如冷水浇背，不得不引起良久的深思。这是反面论证。正面的资料，作者引得不多，他以王僧辩母魏夫人的教子为例，道出了名将王僧辩成功的原因，亦很有说服力。这样正反结合论说道理，就很有对照借鉴作用。

三、在教育方式方法上，作者认为应该宽严适当，需有老师教诲。关于宽严适当，作者认为“父子之严，不可以狎；骨肉之爱，不可以简”，并引《论语》中陈亢喜闻君子远其子的故事，强调了君子不亲自教育子女的合理性和必要性，从而点明子女需“师保”教诲，师之重要性一并点出。

四、教育子女不要为仕进而谄事权贵。作者举出北齐一士大夫让其子学习鲜卑语及弹琵琶以服侍权贵求得仕进一例，说明教育子女要走正道，不可谄事权贵、丧失人格。《抱朴子·讥惑》也有这样的观点：“余谓废已习之法，更勤苦以学中国之书，尚可不须也；况于乃有转易其声音，以效北语，既不能便良，似可耻可笑，所谓不得邯郸之步，而有匍匐之嗤者。”可见，颜之推之论亦有知音。千载而下，顾炎武读了《教子》篇后也指出：“嗟乎！之推不得已而仕于乱世，犹为此言，尚有《小宛》诗人之意；彼阉然媚于世者，能无愧哉！”（《日知录》十三）确如顾炎武所说，颜之推生当乱世，饱经忧患，但他能耿介独立，教育子女不苟且媚俗，这一点同样值得表出，令人深思。

名言警句

人皆因禄富，我独以官贫。
所遗子孙，在于清白耳。

谕子房玄龄

房彦谦

作者简介

房彦谦（544—613），字孝冲，清河（今属河北）人。幼年丧父，十八岁时，任北齐齐州刺史主簿。隋文帝开皇七年（587），授承奉郎，迁监察御史。隋灭南陈后奉命安抚泉、括等十州，颇有政绩，受到朝廷重赏，升秦州总管录事参军，任满迁长葛（今河南长葛北）县令，甚有惠政。仁寿年间（601—604），文帝遣使巡行全国考察官吏政绩，房彦谦被评为天下第一，升任鄀州（今湖北荆门）司马。离长葛任时，百姓依依不舍，哭送于路，并竖碑铭其功德。任职鄀州期间，因久无刺史，全州事务都由其一人处理，却井井有条，人称“异政”。隋炀帝即位后，因弹劾不肖，遭当权者嫉恨，被贬出朝廷。其子房玄龄，为唐朝名相。《北史》《隋书》均有传。

人皆因禄[1]富，我独以官贫。所遗子孙，在于清白耳。

——《北史·房彦谦传》

注释

1　禄：古代官吏的俸给，即俸禄。

大意

别人都因做官有俸禄而富贵，唯独我因做官而贫穷。留给子孙后代的财产，就只有“清白”二字了。

导读

父母应该给子孙后代留下什么遗产，是一个古老而严肃、常谈常新又谈何容易的话题。

《汉书·疏广传》载疏广从小勤奋好学，为人谨慎，汉宣帝时拜为太子的老师。他带着皇帝和太子赠送的大量金子告老还乡。疏广回归乡里后，天天让家里摆设酒食，邀请族人、老朋友及宾客，一起娱乐。他多次询问家里的余金还有多少，催家人去买东西回来供给酒肴。过了一年多，疏广的子孙私下对疏广所喜爱和相信的兄弟老人说：“子孙希望趁着他（疏广）在世时多经营点产业，如今每天这样饮食，耗费将尽。希望您能够到老人家里去，劝说他买田置宅。”老人就在闲暇时间给疏广讲了这些话，疏广说：“吾岂老悖不念子孙哉？顾自有旧田庐，令子孙勤力其中，足以共衣食，与凡人齐。今复增益之以为赢余，但教子孙怠堕耳。贤而多财则损其志；愚而多财则益其过。且夫富者，众人之怨也；吾既亡以教化子孙，不欲益其过而生怨。又此金者，圣主所以惠养老臣也，故乐与乡党宗族共飨其赐，以尽吾余日，不亦可乎！”于是族人心悦诚服。疏广旨在培养儿孙们自立自强的生活态度和生活能力，而绝不满足子孙们的物质要求，以避免让子孙们养成好逸恶劳、不思进取的恶习，他留给子孙后代的遗产是多么地优厚！疏广的教育方法的确值得今人深思。

《汉书·韦贤传》载韦贤与子韦玄成俱以明经位至宰相，时有谚语曰："遗子黄金满籯，不如教子一经。"韦贤留给儿子的遗产是攻读经书。

《后汉书·杨震传》载杨震乃东汉著名贤臣，学识渊博，德高望重，遂有"关西孔子"之称，他深夜却金而说的"天知，神知，我知，子知，何谓无知"的名言广为流传。杨震本性公正廉洁，不肯接受私下的拜见。他的子孙常吃蔬菜，步行出门，他的老朋友中有年长的人想要让他为子孙开办一些产业，杨震不答应，说："让后代被称作清官的子孙，把这个馈赠给他们，不也很优厚吗？"杨震留给子孙的遗产是祖先清白的名声！

不难发现，房彦谦所谓"所遗子孙，在于清白耳"与杨震之语一脉相承。作为一个一生先后经历了东魏、北齐、北周和隋四个王朝的"过来人"，房彦谦定当对前车之鉴、宦海风波、家族图存有其刻骨铭心的认识，因此，他做官以清廉著称，所以"我独以官贫"，而"人皆因禄富"，正所谓"世人皆浊而我独清"！然而，这正是房彦谦的聪明过人之处，他没有给子孙留下什么黄金白银、良田广厦，而是"清白"二字这个无价之宝，正因此，他的儿子房玄龄才能成为唐代初年著名良相、杰出谋臣。房彦谦的遗产难道不优厚吗？

当下社会经济大潮波涛汹涌，亿万富翁难以数计，或给子女以豪宅香车，或给子女以巨额存款，或给子女以家族企业之股份，不一而足，而对子女的教育却抛置脑后，因此子女吸毒、赌博、坐吃山空者屡屡见于新闻报道。俗语说：上梁不正下梁歪。俗语还说：有其父必有其子。不禁让人想起了苏轼《艾子杂说》中的一篇题为

《富人之子》的短文，说齐国有个富人，家里积攒了很多钱财，但是他的两个儿子很笨，儿子的父亲又不教他。一天，艾子对富人说："您的儿子虽然长得很漂亮，但不通事务，他日后怎么能够持家呢？"富人大怒道："我的儿子聪明并且具有各种本领，怎么会不了解世间的各种事务呢？"艾子说："不需要尝试别的，只要问你的儿子，米是从哪里来的，如果知道，我承担胡言乱语的罪名。"父亲就叫他的儿子来问他，儿子笑嘻嘻地说："我怎么会不知道呢？米每次都是从布袋里取来的嘛。"富人神情变得严肃，改变面容说："你这笨儿子，难道不知道米是从田中来的吗？"艾子说："不是那样的父亲，就生不出那样的儿子。"

有子不教，就算家有千金，也难以改变孩子的愚蠢无知。为人父母者应当担负起教育下一代的重任，让子女成为对国家、民族有用的人才，这才是父母给子孙后代最好的遗产。只有这样，或许才可以避免"养子不教如养驴，养女不教如养猪"（《增广贤文》）的讥笑。

名言警句

实艺懿行，人未必信；纤瑕微累，十手争指。修己不得不恳，为学不得不坚。

诫子弟书

柳　玭

作者简介

柳玭（生卒年不详），柳公绰之孙，柳仲郢之子，京兆华原（今陕西耀州）人。玭应两经举，释褐秘书正字，又由书判拔萃转左补阙，高湜辟为度支推官，次年，补右补阙；高湜出镇泽潞，奏为节度副使，入为殿中侍御史。高湜贬高要尉，玭三上疏申理。高湜见疏叹曰："我自辨析，亦不及此。"文德初以吏部侍郎修国史，拜御史大夫。昭宗时拟任宰相，为宦官中伤作罢。后坐事贬泸州刺史卒。新、旧《唐书》均有传。

夫门地高者，可畏不可恃。可畏者，立身行己，一事有坠先训，则罪大于他人。虽生可以苟取名位，死何以见祖先于地下？不可恃者，门高则自骄，族盛则人之所嫉。实艺懿行[1]，人未必信；纤瑕微累[2]，十手争指[3]矣。所以承世胄[4]者，修己不得不恳，为学不得不坚。夫人生世，以无能而望他人用，以无善而望他人爱，用爱无状[5]，则曰："我不遇时，时不急贤。"亦由[6]农夫卤莽种，而怨天泽之不润，虽欲弗馁[7]，其可得乎！

予幼闻先训，讲论家法。立身以孝悌为基，以恭默[8]

为本，以畏怯为务，以勤俭为法，以交结为末事，以弃义为凶人。肥家以忍顺，保友以简敬[9]。百行备[10]，疑身之未周；三缄密[11]，虑言之或失。广记如不及，求名如傥来[12]。去吝与骄，庶几减过。莅官则洁己省事，而后可以言守法，守法而后可以言养人[13]。直不近祸，廉不沽名[14]。廪禄虽微，不可易黎甿之膏血[15]；榎楚虽用，不可恣褊狭之胸襟[16]。忧与福不偕，洁与富不并。比见门家子孙，其先正直当官，耿介特立[17]，不畏强御[18]；及其衰也，唯好犯上，更无他能。如其先逊顺处己，和柔保身，以远悔尤，及其衰也，但有暗劣[19]，莫知所宗。此际几微[20]，非贤不达。

夫坏名灾己，辱先丧家，其失尤大者五，宜深志之。其一，自求安逸，靡甘淡泊，苟利于己，不恤人言[21]。其二，不知儒术，不悦古道，懵前经[22]而不耻，论当世而解颐[23]，身既寡知，恶人有学[24]。其三，胜己者厌之，佞己者[25]悦之，唯乐戏谭[26]，莫思古道。闻人之善嫉之，闻人之恶扬之。浸渍颇僻[27]，销刓德义[28]，簪裾徒在[29]，厮养何殊[30]！其四，崇好慢游，耽嗜曲蘖[31]，以衔杯为高致，以勤事为俗流，习之易荒，觉已难悔。其五，急于名宦，昵近权要[32]，一资半级，虽或得之，众怒群猜，鲜有存者。兹五不是，甚于痤疽[33]。痤疽则砭石可瘳[34]，五失则巫医[35]莫及。前贤炯戒[36]，方册具存[37]；近代覆车[38]，闻见相接。

夫中人已下，修辞力学者[39]，则躁进患失，思展其用；审命知退者[40]，则业荒文芜，一不足采。唯上智则研其虑[41]，博其闻，坚其习[42]，精其业，用之则行，舍之则藏[43]。苟异于斯，岂为君子？

——《旧唐书·柳玭传》

注释

1 实艺懿行：真实才能和善良的品行。艺，才能。

2 纤瑕微累：纤小的缺点和细微的过失。瑕，玉上面的斑点，引申为过失、缺点。《三国志·吴书·朱据传》："以功覆过，弃瑕取用。"累，过失。《邓析子·无厚》："君有三累，臣有四责。何谓三累？惟亲所信，一累；以名取士，二累；近故亲疏，三累。"

3 十手争指：语出《礼记·大学》："十目所视，十手所指，其严乎！"形容一举一动都不能离开人们的眼目。

4 世胄：世家，贵族的子孙。

5 无状：无功状，无成绩。此处意为没有成效，希望落空。

6 由：同"犹"，犹如。《孟子·梁惠王上》："民归之，由水之就下。"

7 馁：饥饿。

8 恭默：恭敬而沉默少言。《三国志·蜀书·刘巴传》："又自以归附非素，惧见猜嫌，恭默守敬，退无私交，非公事不言。"

9 简敬：诚实恭敬。简，诚实。《礼记·王制》："有旨无简，不听。"郑玄注："简，诚也。"

10 百行备：多方面的品行都具备。百行，多方面的品行。《诗经·卫风·氓》"士之耽兮，犹可说也"郑玄笺："士有百行，可以功过相除。"三国魏王昶《戒子书》："夫孝敬仁义，百行之首，行之而立，身之本也。"

11 三缄密：多次闭口不言而慎密。三缄，即三缄其口，语出《孔子家语·观周》："孔子观周，遂入太祖后稷之庙，庙堂右阶之前有金人焉，三缄其口而铭其背曰：'古之慎言人也。'"密，慎密。《韩非子·说难》："夫事以密成，语以泄败。"似为柳文所本。

12 傥来：即"傥来物"的简称，意为无意得来的东西。语出《庄子·缮性》："物之傥来，寄也。"成玄英疏："傥者，意外忽来者耳。"《陈书·江总传》："轩冕傥来之一物，岂是预要乎！"

13 "莅（lì）官"三句：莅官，任官、做官。洁己，自正其身。《论语·述而》："人洁己以进，与其洁也，不保其往也。"《后汉书·张奂传》："奂正身洁己，威化大行。"省事，精简事务。《淮南子·泰族》："省事之本，在于节用。"《晋书·荀勖传》："省吏不如省官，省官不如省事。"养人，犹养民，教养百姓。

14 沽名：即沽名钓誉。

15 "廪禄"二句：廪禄，犹国家给的俸禄。黎甿（méng），犹黎民。甿，田民、农民。

16 "榎（jiǎ）楚"二句：榎、楚皆木名。古代用以作笞罚的刑具。《三国志·魏书·孙礼传》："讼者据墟墓为验，听者以先老为正，而老者不可加以榎楚。"恣，放纵，无拘束。褊（biǎn）狭，气量狭小。

17 耿介特立：光明正大而品行卓异。耿介，光明正大。屈原《离骚》："彼尧舜之耿介兮，既遵道而得路。"

18 强御：横暴有势力者。《后汉书·党锢传》："天下模楷李元礼，不畏强御陈仲举。"

19 暗劣：同"闇劣"，愚昧无能。《三国志·魏书·杜恕传》："忠能者进，阘劣者退，谁敢依违而不自进？”

20 几微：细微。这里指细微而深刻的道理。《后汉书·陈宠传》：“陈宠奉事先帝，深见纳任，……今不蒙忠能之赏，而计几微之故，诚伤辅政容贷之德。”

21 不恤人言：不忧虑顾惜别人的谴责。恤，忧虑、顾惜。《战国策·秦策》：“战胜宜阳，不恤楚交，忿也。”

22 懵前经：对前代的经书懵然无知。

23 解颐：开颜欢笑。《汉书·匡衡传》：“无说《诗》，匡鼎来；匡说《诗》，解人颐。”

24 恶（wù）人有学：憎恶别人有学问。

25 佞（nìng）己者：巧言奉迎自己的人。

26 戏谭：嬉笑谈论。谭，同“谈”。

27 浸渍颇僻：逐渐变得偏邪不正。浸渍，本指物受水久而透湿，引申为积久而发生作用。《淮南子·修务训》：“夫鼓舞者非柔纵，而木熙者非眇劲，淹浸渍渐靡使然也。”颇僻，偏、不平正。语出《尚书·洪范》：“人用侧颇僻，民用僭忒。”张衡《思玄赋》：“行颇僻而获志兮，循法度而离殃。”

28 销刓（wán）德义：消耗减损道德仁义。刓，磨损。

29 簪裾徒在：显贵华丽的衣服白穿在身上。簪裾，显贵者的服饰。

30 厮养何殊：这与那些厮役之人有什么不同呢？厮养，犹厮役，指劈柴养马的人。《史记·淮阴侯列传》：“夫随厮养之役者，失万乘之权；守儋石之禄者，阙卿相之位。”

31 “崇好”二句：慢游，浪荡遨游。《尚书·益稷》：“无若丹朱傲，惟慢游是好。”耽嗜曲蘖（niè），沉溺嗜好饮酒。曲蘖，本指酒母，引申为酒。《世说新语·任诞》：“鸿胪卿孔群好饮酒，……群尝书与亲旧：‘今年田得七百斛秫米，不了曲蘖事。’”

32 昵近权要：亲近权豪势要。

33 痤（cuó）疽（jū）：痈疮。《韩非子·外储右上》：“夫痤疽之痛也，非刺骨髓，则烦心不可支也。”

34 砭（biān）石可瘳（chōu）：砭石银针尚可以治愈。砭石，石块磨制的尖石或石片，用以治痈疽，除脓血。后以金属为工具为针。瘳，病愈。《后汉书·华佗传》：“病皆瘳。”

35 巫医：巫师和医师。上古时往往巫医一体。这里似指神医。

36 炯戒：明白的鉴戒。班固《幽通赋》：“即讯尔以吉象兮，又申之以炯戒。”

37 方册具存：典籍都保存了下来。方册，典籍。程大昌《演繁露》卷七：“方册云者，书之于版，亦或书之竹简也。通版为方，联简为册。”具，同“俱”，都。

38 覆车：即覆车之戒，比喻失败的教训。贾谊《陈政事疏》：“又曰：‘前车覆，后车诫。’”

39 修辞力学者：指苦读书史、勉力而学的人。修辞，指修饰词句。《周易·乾》：“修辞立其诚，所以居业也。”这里指通过勤读书史而求用于世。力学，勉力而行。《礼记·中庸》：“好学近乎知，力行近乎仁。”

40 审命知退者：相信天命知难而退的人。这里指信心不足、甘于落伍者。知退，语出《左传·宣公十二年》：“见可而进，知难而退，军之善政也。”本文反其意而用之。

41 研其虑：磨炼他的思维。

42 坚其习：坚守他的习性。

43 “用之”二句：语出《论语·述而》：“子谓颜渊曰：‘用之则行，舍之则藏，惟我与尔有是夫。’”意谓被任用即行其道，不任用即退而隐居。蔡邕《陈太丘碑文序》：“其为道也，用行舍藏，进退可度。”

大意

出身高门宅第的人，只可心存戒惧而不可依恃。之所以要心存戒惧，是因为立身行事，若有一件事未遵从祖先的训诫，那么罪过就会大于别人。即使活着时可以依凭苟且取得名誉地位，而死了又有何面目见祖先于地下？之所以不可以依恃，是因为门第高就会自骄，宗族强盛就会招来别人的嫉恨。有真实的才能和善良的品行，别人未必相信；而有纤小的缺点和细微的过失，就会有许多人看见而争相指斥。所以能够继承世家的，修身就不能不勤恳，治学就不能不坚定。人生在世，没有才能却期望别人重用，没有善行而期望别人喜爱，如果未受重用，不受欣赏，就说：“我生不逢时，时不急用贤才。”这也如同农夫鲁莽地种田，反而埋怨天雨不滋润一样，虽然不想挨饿，可是怎么可能呢？

我幼年就听先人的训诫，讲论柳门家法。立身要以孝顺父母尊敬兄长为基础，以恭敬少言为根本，以小心谨慎为要务，以勤劳节俭为法则，以交结友朋为小事，以违背仁义为凶人。要凭忍让恭顺使家族兴旺，要以诚实恭敬保持朋友关系。多方面的品行都具备后，还要怀疑自己修身未能周全；多次闭口少言而慎密处事，还要忧虑言或有失。广博地记忆犹感不足所用，追求功名应像获取了无意得来的东西。抛弃吝啬和骄傲，或许可以减少过失。做官要自正其身精简事务，而后才可以谈到守法，守法后才可以谈到教养百姓。耿直而要能躲避灾祸，廉洁而不能沽名钓誉。俸禄即使微少，也不能榨取老百姓血汗；刑具假如要动，也不能因自己气量狭小而乱用。忧虑与福分不会同时来临，廉洁与暴富不能并存。近来见某些家门的子孙，他们的祖先为官正直，光明正大而品行卓异，不畏横暴而有势力之人；等到其家衰微的时候，只喜欢冒犯君上，别无其他能耐。假如他们的祖先能谦逊恭顺地做人，和平忍让地保身，以远离悔恨和过失，等到其家衰微的时候，仅仅有愚昧无能的毛病，而不知道它的本源。此中细微而深刻的哲理，非贤达之人不能洞知。

败坏声名祸害自己，辱没祖先毁败家庭，这种过失有五大方面，应该深刻铭记。其一，自己贪求享乐安逸，不能甘于淡泊，如果于己有利就干，毫不忧虑顾惜别人的谴责。其二，不懂得儒家之学，不喜欢古代的学术、政治、方法、道理，对前代的经书懵然无知而不以为耻，议论当世的政事而喜笑颜开，本身就已经什么都不懂，却还憎恶他人学有所成。其三，超过自己的人就讨厌，巧言奉迎自己的人却喜欢，只是乐于嬉笑闲扯，不想学古代的学术、政治、方法、道理。听到别人的优点就嫉妒，听到别人的错误就宣扬。这样逐渐变得偏邪不正，消磨减损了道德仁义，显贵的官服白穿在身上，而与那些低下的役人有什么不同！其四，崇尚喜悦浪荡遨游，沉溺嗜好作乐饮酒，以举杯喝酒为高卓的情趣，以勤于本职之事为庸俗之流，渐渐养成习惯而容易享乐过度，等到察觉时已追悔莫及。其五，急于出名为官，亲近权豪势要，一官半职，即使有时得到，而人人愤怒、群众猜忌，很少有能保住的。这五个方面的过失，比有了痈疮还要厉害。因为有了痈疮，针石还可以医治，而有了这五大过失，则神医也难以治愈。前代贤人的明白鉴戒，保存在典籍之中；近代失败的教训，时时还可以听到见着。

中等才能及以下的人，其中苦读书史、勉力而学的，一般是急躁地进取，忧虑失去机会，想要一展宏图，为世所用；其中相信命运、知难而退的，一般是学业荒废而文辞杂乱，无一可取之处。只有上等才能的人会磨炼他的思维，扩大他的见闻，坚守他的习性，精研他的学业，为世所用就出来做官，不为世所用即退而隐居。如果与此不同，难道算是君子吗？

导读

柳氏一门，世代有高官显宦，柳公权的书法更是“体势劲媚，自成一家。当时公卿大臣家碑板，不得公权手笔者，人以为不孝。外夷入贡，皆别署华贝，曰此购柳书”（《旧唐书·柳公权传》）。柳门之所以人才辈出，当与柳氏教子有方大有关系，故后人称“柳氏家法”自可容易理解。

可惜的是，“柳氏家法”的大部分内容已难以读到了，而从柳玭的《诫子弟书》中我们即可以窥其一斑。本文名为《诫子弟书》，所以作者重在就自己家族的现实地位教训子孙，开门见山地指出“门地高者，可畏不可恃”的论点，进而逻辑严密地论证了“可畏不可恃”的诸种理由，言辞诚恳而严厉，比喻形象而贴切，足可引人注目，“凤头”之誉，良非过之。

第二部分可以看作“柳氏家法”的精髓和主体。文章以排比句式详细地记述了“先训”的内容，又陈述了自己的见解，是对“柳氏家法”的继承和发展。其间佳句迭出，哲理丰富而深奥。“猪肚”之誉，亦不过之。

第三部分则高度概括了“坏名灾己，辱先丧家”的五大过失，告诫子弟“深戒之”。这样既具体又全面的家训，在古代家训中，尤其是在单篇家训中实不多见，其传世价值非常之高，我深信这一点。

末段文字颇耐人寻味，对“中人已下”的人做了两个方面的分析，指出“修辞力学者”的缺点，又指出“审命知退者”的通病。然后文笔一转指出“上智”者的立身行事准则，要求、期望子弟做“上智”之人的含义不言而喻。“豹尾”之誉，亦毫不过之。

这既是一篇极好的家训，又是一篇美文，人们评价“杜甫作诗、韩愈作文，无一字无来处”；我们注意到柳玭本篇《诫子弟书》也可以说是“无一字无来处”。可惜，物好恨少啊！

所幸的是，《新唐书》中还载录了柳玭的一篇题为《戒子孙》的家训，其中少数文字与本篇雷同，而具体事例甚佳，不知是对本篇的扩充，还是另有所本。总之，“柳氏家训”传世不多，所以我们不嫌其长，把《戒子孙》附录于下，供读者参考。

戒子孙

夫门地高者，一事坠先训，则异它人，虽生可以苟爵位，死不可见祖先地下。门高则自骄，族盛则人窥嫉。实艺懿行，人未必信；纤瑕微累，十手争指矣。所以修己不得不至，为学不得不坚。夫士君子生于世，己无能而望它人用，己无善而望它人爱，犹农夫卤莽种之而怨天泽不润，虽欲弗馁，可乎？余幼闻先公仆射言：立己以孝悌为基，恭默为本，畏怯为务，勤俭为法。肥家以忍顺，保交以简恭，广记如不及，求名如傥来，莅官则洁己省事，而后可以言家法，家法备，然后可以言养人。直不近祸，廉不沽名。忧与祸不偕，洁与富不并。董生有云：“吊者在门，贺者在闾。”言忧则恐惧，恐惧则福至。又曰：“贺者在门，吊者在闾。”言受福则骄奢，骄奢则祸至。故世族远长与命位丰约，不假问龟蓍星数，在处心行事而已。

昭国里崔山南琯子孙之盛，仕族罕比。山南曾祖母长孙夫人年高无齿，祖母唐夫人事姑孝，每旦，栉纵笄拜阶下，升堂乳姑，长孙不粒食者数年。一日病，言无以报吾妇，冀子孙皆得如妇孝。然则崔之门安得不大乎？东都仁和里裴尚书宽子孙众盛，实为名阀。天后时，宰相魏玄同选尚书之先为婿，未成婚而魏陷罗织狱，家徙岭表。及北还，女已逾笄。其家议无以为衣食资，愿下发为尼。有一尼自外至，曰："女福厚丰，必有令匹，子孙将遍天下，宜北归。"家人遂不敢议。及荆门，则裴赍装以迎矣。今势利之徒，舍信誓如反掌，则裴之蕃衍，及天之报施也。余旧府高公先君兄弟三人，俱居清列，非速客不二羹胾，夕食龁葡瓠而已，皆保重名于世。

永宁王相国涯居位，窦氏女归，请曰："玉工货钗直七十万钱。"王曰："七十万钱，岂于女惜？但钗直若此，乃妖物也，祸必随之。"女不敢复言。后钗为冯球外郎妻首饰，涯曰："为郎吏妻，首饰有七十万钱，其可久乎！"冯为贾相国悚门人，贾有奴颇横，冯爱贾，召奴责之，奴泣谢。未几，冯晨谒贾，贾未出，有二青衣赍银罂出，曰："公恐君寒，奉地黄酒三杯。"冯悦，尽举之。俄病渴且咽，因暴卒。贾为叹息出涕，卒不知其由。明年，王、贾皆遘祸。噫，王以珍玩为物之妖，信知言矣，而不知恩权隆赫之妖甚于物邪？冯以卑位贪货，不能正其家，忠于所事，不能保其身，不足言矣。贾之奴害客于墙庑之间而不知，欲始终富贵，其可得乎？舒相国元舆与李繁有隙，为御史，鞫谯狱，穷致繁罪，后舒亦及祸。今世人盛言宿业报应，曾不思视履考祥事欤？夫名门右族，莫不由祖考忠孝勤俭以成立之，莫不由子孙顽率奢傲以覆坠之。成立之难如升天，覆坠之易如燎毛。

余家本以学识礼法称于士林，比见诸家于吉凶礼制有疑者，多取正焉。丧乱以来，门祚衰落，基构之重，属于后生。夫行道之人，德行文学为根株，正直刚毅为柯叶。有根无叶，或可俟时；有叶无根，膏雨所不能活也。至于孝慈、友悌、忠信、笃行，乃食之醯酱，可一日无哉？

名言警句

玉不琢，不成器；人不学，不知道。

诲 学 说

欧阳修

作者简介

欧阳修（1007—1072），字永叔，号醉翁，晚年改号六一居士，江西庐陵（今江西吉安）人。幼年孤苦，母亲以荻杆画地教字。二十四岁中进士，官至枢密副使、参知政事。死后谥文忠。他为人刚直敢言，注意拔擢后进，曾支持范仲淹的革新运动，但晚年趋于保守，和司马光一起反对王安石的“新法”。《宋史》有传。他在散文、诗、词诸方面卓有成就，倡导古文革新运动，反对宋初的浮华文风，提倡效法韩柳，认为文学应有益于人生，强调内容重于形式。其散文平易流畅，清新自然，对后代散文的发展影响很大，是“唐宋八大家”之一。曾与宋祁合撰《新唐书》，又独自编撰《新五代史》。有《欧阳文忠集》。

玉不琢，不成器[1]；人不学，不知道[2]。然玉之为物，有不变之常德[3]，虽不琢以为器，而犹不害为玉也。人之性因物则迁[4]，不学则舍君子而为小人，可不念哉？付奕[5]。

——《欧阳修全集·笔说》

注释

1 “玉不琢”二句：语出《礼记·学记》。琢，雕刻玉石。
2 不知道：不懂得道理。
3 有不变之常德：有它不会改变的固有的品德。
4 因物则迁：随着外界事物的影响就会发生变化。迁，变化。
5 奕：指欧阳修的次子欧阳奕。

大意

玉石若不经过雕刻，就不能成为器物；人如果不经过学习，就不懂得道理。但是玉石作为一种物质，有它不会改变的固有的品格，即使不加工雕刻而使它成为器物，但仍然无损于它那作为玉的本质。人的品性，随着外界事物的影响就会发生变化。如果不学习，就会舍弃成为君子的可能而变为小人，岂可不考虑这个道理呢？父付儿奕。

导读

自从《礼记·学记》概括出“玉不琢，不成器”这一名言后，人们常把它作为座右铭来看待，随着启蒙读物《三字经》的传播，它更为人们所熟知。欧阳修则对玉与人的本性，尤其是玉不变而人可变这一特性作了精当的剖析，着重揭明了人性的弱点、优点：如果刻苦学习，可以成为君子；反之，则会变为小人，君子与小人的差别不言而喻，而学习则是造成这种差别的根本原因。这样，作者极巧妙地点明了题目，“付奕”二字则点明了写作本文的目的。大家手笔，真有鬼斧神工之妙。

我们注意到，欧阳修特别偏爱“玉不琢，不成器”的名言，他不仅以此教孩子，而且早在天圣七年（1029）应试国子监时即以

《监试玉不琢不成器赋》为题而名列第一。为免读者翻检之劳，兹将该赋引录于下，以资参读：

监试玉不琢不成器赋（良玉非琢，安得成器）

至宝虽美，因人乃彰。欲成器而斯尚，由载琢以为良。瑕玷弗施，始中含于温润；切磋有则，取应用于圆方。披大礼之遗言，洞先儒之所录，以谓玉不因琢，器莫得以自贵；人不因学，道无由而内勖。故我诱之于人，谕之以玉。内含其美。虽禀质而可嘉；外饰其形，假载雕而后足。然以宝有可尚，世诚所希，价连城而有待，气如虹而上挥。礼神之用斯在，磨玷之言则非。禀尔天真，包十德而成质；制由工巧，参六瑞以凝辉。然则攻自他山，列乎良璞，虽曰宝也，不能效于自用；虽曰坚也，未有成于不琢。美在中矣，徒内抱于英华；砻而错诸，始外成于圭角。岂不以玉者华于国而可重，器者用于人而克安？规矩殊形于圭璧，短长具制于躬桓，亦犹在镕者金，必资乎锻砺之设；从绳者木，遂分乎曲直之端。且夫人务其师，玉贵其德。性虽本善，不学则弗至于道；质虽至美，不琢则弗成其饰。稽匪刻匪雕之说，理实异斯；嘉如切如磋之言，义诚有得。彼大圭贵乎尚质，鸣佩取乎扬声，虽效珍而并用，在设喻以非精。曷若彰教诲而有渐，譬琢雕而可成。是故西琥东圭，舍规模而安创；半璋全璧，非制度以难明。向若追琢不加，刻画非备，虽缜密以含彩，在文华而曷视！故扬子以谓玉不雕，则璠玙不作器。

名言警句

上品之人，不教而善；中品之人，教而后善；下品之人，教亦不善。

人非善不交，物非义不取，亲贤如就芝兰，避恶如畏蛇蝎。

戒子孙

邵 雍

作者简介

邵雍（1011—1077），字尧夫，范阳（今河北涿州）人，幼随父迁共城（今河南辉县）。隐居苏门山百源之上，人称“百源先生”。死后谥康节，又称“康节先生”。屡授官不受，居洛阳，与富弼、司马光、吕公著等从游甚密。在哲学上，他认为宇宙本原是“太极”，亦即“道”“心”，“天由道而生，地由道而成”。他用《周易》六十四卦绘成方图、圆周以及八卦及《卦令图》等制成《先天图》，认为“天地万物尽在其中”。他认为人类社会是由盛到衰的，其学说被后人发展为算命学。《宋史》有传。有《皇极经世》《伊川击壤集》。

上品之人，不教而善；中品之人，教而后善；下品之人，教亦不善[1]。不教而善，非圣[2]而何？教而后善，非贤[3]而何？教亦不善，非愚而何？是知善也者，吉[4]之谓也；不善也者，凶[5]之谓也。吉也者，目不观非礼之色，耳不听非礼之声，口不道非礼之言，足不践非礼之地，人非善不交，物非义不取，亲贤如就芝兰[6]，避恶如畏蛇蝎；

或曰不谓之吉人，则吾不信也。凶也者，语言诡谲[7]，动止[8]阴险，好利饰非[9]，贪淫乐祸[10]，疾良善如仇隙[11]，犯刑宪[12]如饮食，小则殒身[13]灭性[14]，大则覆宗绝嗣[15]；或曰不谓之凶人，则吾不信也。《传》有之曰：“吉人为善，惟日不足；凶人为不善，亦惟日不足。”[16]汝等欲为吉人乎？欲为凶人乎？

——《宋文鉴》卷一百八

注释

1 “上品”诸句：均从《颜氏家训·教子》承袭而来；见本书该篇注。

2 圣：无事不通曰圣。《尚书·洪范》：“聪作谋，睿作圣。”孔安国传：“于事无不通谓之圣。”

3 贤：德才兼备曰贤。《尚书·大禹谟》：“野无遗贤，万邦咸宁。”

4 吉：善，与“凶”相对。《逸周书·武顺》：“礼义顺祥曰吉。”

5 凶：恶，与“吉”相对。《左传·昭公二年》：“作凶事，为凶人。不助天，其助凶人乎？”

6 亲贤如就芝兰：亲近贤人就像靠近芝草兰花一样。《荀子·王制》：“其民之亲我也欢若父母，好我芳若芝兰。”当为本文所本。

7 诡谲（jué）：怪诞，变化多端。

8 动止：动静，进退。这里指行为举动。

9 好（hào）利饰非：贪求利益，掩饰过错。

10 贪淫乐祸：迷恋淫逸，自招祸殃。乐祸，这里指沉溺歌舞声色之中而自招祸殃。《左传·庄公二十年》：“郑伯闻之，见虢叔曰：‘寡人闻之：哀乐失时，殃咎必至。今王子颓歌舞不倦，乐祸也。夫司寇行戮，君为之不举，而况敢乐祸乎？奸王之位，祸孰大焉？临祸忘忧，忧必及之。盍纳王乎？’”

11 疾良善如仇隙：憎恨良善之人就像对仇人一样。仇隙，用作名词，犹仇人。《三国志·魏书·刘表传》：“初，表及妻爱少子琮，……乃遂出长子琦为江夏太守，众遂奉琮为嗣，琦与琮遂为仇隙。”

12 刑宪：刑律。

13 殒身：死亡。《史记·汉兴以来诸侯王年表》：“大者叛逆，小者不轨于法，以危其命，殒身亡国。”

14 灭性：旧谓因丧亲过悲而危及生

命。《孝经·丧亲》："教民无以死伤生，毁不灭性。"这里引申为死亡。

15 覆宗绝嗣：没灭宗族，断绝后代。语出《尚书·五子之歌》："荒坠厥绪，覆宗绝祀。"

16 "《传》有之"诸句：语出《尚书·泰誓》。孔安国传："言吉人竭日以为善，凶人亦竭日以行恶。"

大意

上智的人不用教育就善良，中智的人经过教育就会善良，下愚的人虽经教育也不会善良。不用教育就善良，这不是圣人是什么呢？经过教育就会善良，这不是贤人是什么呢？虽经教育也不善良，这不是愚人是什么呢？这使我们懂得，善良就是吉祥，不善就是凶险。善良吉祥的人眼不看不合礼义的情景，耳不听不合礼义的声音，口不说不合礼义的言辞，脚不踏不合礼义的地方。对人，不善良的不和他交往；对物，如不合礼义便不取拿。亲近贤人就像靠近芝草兰花一样，躲避恶人就像害怕蛇蝎毒虫一样。如果有人说这不叫吉祥之人，那么我是不相信的。凶恶不吉利的人语言怪诞而变化多端，行为举动阴险难测，贪图利益而掩饰过错，迷恋淫逸而自招祸殃。憎恶善良之人就像对仇人一样，触犯刑律就像吃家常便饭。这种人小则亡身丧命，大则灭家绝后。如果有人说这不叫作不吉利的凶人，那么我是不相信的。《尚书》上说："善良吉祥的人做好事总怕时间不够，凶恶不吉利的人做坏事也总怕时间不够。"你们想做吉人呢，还是想做坏人呢？

导读

"吉""凶"二字是贯穿全文的文眼；"为吉人"而"不为凶人"是邵雍告诫子孙的重心所在。作者运用浅显而准确的语言和排比句式做出了形象而深刻的描述，可以说给吉人和凶人画出了精彩的图像，立下了判别吉人和凶人的尺度。

邵雍得子较晚，四十五岁时才生下长子伯温，其欣喜之情不难感知。他写有《生男吟》一诗云：“我今行年四十五，生男方始为人父。鞠育教诲诚在吾，寿夭贤愚系于汝。我若寿命七十岁，眼前见汝二十五。我心欲汝成大贤，未知天意肯从否。”正因此故，邵雍对儿子的教育抓得甚紧，他还写有《诫子吟》《教子吟》诗多首，其中有云：“鸡能警旦，马能代行，犬能守御，牛能力耕。人禀天地，万物之灵，妒贤嫉能，不如不生。”“有过不能改，知贤不肯亲。虽生人世上，未得谓之人。”由此可以看出邵雍之重视教子是一贯的。

名言警句

人之子孝，本于养亲以顺其志，死生不违于礼，是孝诚之至也。

福州五戒

蔡 襄

作者简介

蔡襄（1012—1067），字君谟，兴化仙游（今属福建）人。天圣八年（1030）进士。庆历三年（1043）知谏院，曾知福、泉、杭三州，累官至端明殿学士。卒谥忠惠。《宋史》有传。工书法，学虞世南、颜真卿，并取法晋人。正楷端庄沉着，行书温淳婉媚，草书参用“飞白法”，人称当时第一，为“宋四家”之一。诗文清道粹美，皆入妙品。有《茶录》《荔枝谱》《蔡忠惠集》。

观今之俗，为父母者，视已之子犹有厚薄；迨至娶妇，多令异食[1]。贫者困于日给，其势不得不然；富者亦何为之？盖父母之心，不能均于诸子以至此。不可不戒！

人之子孝，本于养亲以顺其志，死生不违于礼，是孝诚之至也。观今之俗，贫富之家，多于父母异财，兄弟分养，乃至纤悉无有不校[2]；及其亡也，破产卖宅，以为酒肴，设劳亲知，施与浮图[3]，以求冥福。原其为心[4]，不在于亲，将以夸胜于人，是不知为孝之本也。生则尽养，死不妄费，如此岂不善乎？

兄弟之爱，出于天性，少小相从，其心欢欣，岂有间哉？迨因娶妇，或至临财[5]，憎恶一开，即成怨隙[6]；至有兴诉讼，冒刑狱，至死而不息者，殊可哀也。盖由听妇言，贪财利，绝同胞之恩、友爱之情，遂及于此。

娶妇何谓？欲以传嗣[7]，岂为财也。观今之俗，娶其妻不顾门户，直求资财，随其贫富，未有婚姻之家[8]不为怨怒。原其由，盖婚礼之夕，广縻费[9]；已而校奁橐[10]，朝索其一，暮索其二。夫虐其妻，求之不已；若不满意，至有割男女之爱，辄相弃背。习俗日久，不以为怪。此生民之大弊，人行最恶者也。

凡人情莫不欲富，至于农人商贾百工之家，莫不昼夜营度[11]，以求其利。然农人兼并，商贾欺谩，大率刻剥贫民[12]，罔昧神理[13]；譬如百虫聚居，强者食啖，曾不暂息[14]。求而得之，广为施与，冀灭罪恶，其愚甚矣。今欲为福，孰若[15]减刻剥之心，以宽贫民？去欺谩之行，以畏神理？为子孙之计，则亦久远；居乡党之间，则为良善。其义至明，不可不志。

——《宋文鉴》卷一百八

注释

1 异食：指分居另炊。

2 乃至纤悉无有不校（jiào）：甚至于对很微小的事物没有不计算的。纤悉，本指细微详尽。《文心雕龙·总术》："昔陆氏《文赋》，号为曲尽，然泛论纤悉，而实体未该。"这里指极其细微的事物。

3 施与浮图：送给佛教僧人。即人死

后做佛事超度亡灵。浮图，亦作“浮屠”，是梵语的音译，指佛。

4 原其为心：推究他们的用心所在。原，推其根源。

5 临财：指对财物的取予。《礼记·曲礼上》：“临财毋苟得，临难毋苟免。”《鹖冠子·天则》：“临利而后可以见信，临财而后可以见仁。”

6 怨隙：嫌隙、不和。《后汉书·臧洪传》：“将吏皆垂泣曰：‘明府之于袁氏，本无怨隙，今为郡将之故，自致危困，吏人何忍当舍明府去也？’”

7 传嗣：传宗接代。嗣，子孙、后代。

8 婚姻之家：亲家。《尔雅·释亲》：“婿之父为姻，妇之父为婚。……妇之父母，婿之父母，相谓为婚姻。”

9 广縻费：大大地浪费。

10 校（jiào）奁（lián）橐（tuó）：清算装陪嫁衣物的袋子。橐，盛物的袋子。

11 昼夜营度：白天晚上都在经营揣度。屈原《天问》：“圜则九重，孰营度之？”

12 刻剥贫民：剥削贫穷的百姓。刻剥，剥削。《三国志·魏书·陈留王纪》：“刻剥众羌，劳役无已。”

13 罔昧神理：欺骗神明天理。罔昧，即“罔冒”，弄虚作假、将伪乱真。《隋书·裴蕴传》：“于时犹承高祖和平之后，禁网疏阔，户口多漏。或年及成丁，犹诈为小，未至于老，已免租赋。蕴历为刺史，素知其情，由是条奏，皆令貌阅。……诸郡计账，进丁二十四万三千，新附口六十四万一千五百。帝临朝览状，谓百官曰：‘前代无好人，致此罔冒。’”

14 曾不暂息：竟然没有一会儿的停息。曾，竟。

15 孰若：犹孰与、何如，常用在把两者放在一起进行比较而取其一。

大意

观察今日的风俗，做人父母的，看待自己的子女尚有厚薄之分；等到儿子娶了媳妇，大多让他们分居另炊。贫穷之家为每日的供给所困，这种情势使他们不得不这样；而富贵之家为何也要这样做呢？大概父母的心，不能够公正平均地对待各位儿子才到了如此地步。不可不引以为戒！

为人子的孝敬，根本在于侍奉双亲而顺双亲的心思做事，无论死生都不能与礼相违背，这才是孝顺忠诚的最高表现。而观察今日的风俗，贫穷和富贵之家，大多是与父母各管各的财物，兄弟数人分养父母，甚至对很微小的事物也没有不计算的；到父母死的时候，儿子破产出卖田宅，把他的所获用来买酒肉，设宴款待亲友故旧，把钱送给佛教僧人，目的是求得阴间的幸福。推究他们的用心所在，并不在于为双亲送终，而是借以夸耀胜过他人，这是不懂得孝敬的根本啊。活着时尽力奉养，死了后不胡乱花费，这样难道不好吗？

兄弟之间的友爱，是出于天性的，自幼一起长大，他们的心情欢欣无比，哪里有什么隔阂呢？大概由于娶了媳妇，或者是对于财物的取予有了矛盾，憎恶的感情就开始有了，随即有了嫌隙和不和；甚至于有兴起诉讼，顶着受刑坐监的危险，到死都不安分放松的人，这实在令人悲哀啊！大概由于听了妇人之言，贪图财物利益，就断绝了一母同胞的恩德和兄弟友爱的情分，于是到了这种地步。

娶妻图什么呢？想凭此而传宗接代，哪里是为了财物呢。而观察今日的风俗，娶妻不顾及出身什么门户，只不过是为了求得钱财，无论是贫是富，没有两亲家之间不结为怨仇的。推究其中的缘由，大概是因操办婚礼之时，大大地奢侈浪费；之后丈夫清点装陪嫁财物的箱奁袋子，早上索要这一件，晚上索要那一件。丈夫虐待他的妻子，无休止地索求嫁妆。假若不能满足丈夫之意，甚至有的割断男女之爱，就相互抛弃了。习俗一天天地流传下来，而人们不以为奇怪。这是百姓中的最大弊端，人行为中最恶劣的表现啊。

大凡人之常情没有不想富贵的，至于农民、商人、各种工匠之家，没有不昼夜经营考虑，以求得利益的。但是农民相互兼并，商人欺骗买主，大都是剥削贫苦的百姓，欺骗神明天理；这就如百虫聚集在一起，强横者吃弱小者，竟然没有片刻的停息。而搜得财物之后，却广为散发给人，希望能减掉自己的罪恶，这种做法是最愚蠢的。现在想求得福气，这种做法哪能比得上剥削之心而宽待贫苦百姓、丢弃欺骗之行而畏惧神明天理呢？为子孙后代打算，家业也就能够永久长远；居住在乡村父老之间，则要行良善之事善。它的含义非常明白，不能不记在心间。

导读

《福州五戒》是蔡襄任福州知府时观察民情民风之后写的一篇训诫，它虽针对福州风俗而发，而对于每一个家族都有借鉴意义。

“五戒”分述了五个方面的风俗和具体纠正措施。一是父母待子不均，一娶妇便令他们异食分居。这指出了天下不少父母的通病，虽都是自己所生，但待他们厚薄不同，远近有别。这不仅会使儿子与父母之间发生矛盾，还会使兄弟之间产生隔阂，的确“不可不戒”。二是不少为人子者生前不尽孝、死后却奢侈浪费，博取他人夸奖。其实是他们根本不懂得什么是真正的“孝”。这在今天同样有针对性！不知有多少为人子女者，对生父生母不予赡养，甚者令父母流落街头，死于沟壑；而父母一旦死亡，众子女就两腿如飞，前来瓜分所剩无几的“家产”，令行人扼腕，使邻居切齿，让亲旧哀叹！三是强调兄弟之爱出于天性，不可断绝。作者分析了绝同胞之恩的两个常见原因：第一是听妇人言，即听耳畔语而起不良心，这在当今社会同样有极好的警示意义；第二是贪求财利，大打出手者有之，兴诉讼而两败俱伤者亦有之。四是谈到了婚姻不问门户而直为钱财的问题，指出买卖婚姻的必然恶果，令人惊心！客观地说，这种风俗在今天的不少地方仍然存在，这的确是“生民之大弊，人行最恶者也”，应予坚决地摒弃。五是谈了“君子爱财，而应取之有道”的问题。作者列举了农人、商贾兼并欺骗的致富手段，又列举了富者聚敛之后广博施与以求灭灾减罪的至愚行为，向为富不仁者指出了切实可行的道路。足以令为富不仁者汗颜惊起，令盘剥百姓者羞赧不已。

《福州五戒》文字精练，而内容丰富，难怪欧阳修评价蔡襄时这样写道："其子弟有不率教令者，条其事，作《五戒》以教谕之。久之，闽人大便。公既去，闽人相率诣州，请为公立德政碑，吏以法不许谢，即退而以公善政私刻于石，曰：'俾我民不忘公之德。'"(《端明殿学士蔡公墓志铭》)

名言警句

由俭入奢易，由奢入俭难。

训 俭 示 康

司马光

作者简介

司马光（1019—1086），字君实，陕州夏县（今山西夏县）涑水乡人。宝元进士。仁宗时，初任地方官，后为京官，任天章阁待制兼知谏院。英宗时，进龙图阁直学士。神宗初，任翰林兼侍读学士。在政治上，他反对王安石行新法；神宗任他为枢密副使，他辞归洛阳隐居十五年，潜心撰《资治通鉴》。哲宗元初，太皇太后高氏听政，召他主持国政，旋任尚书左仆射兼门下侍郎，为相八个月病卒。《宋史》有传。其所撰《资治通鉴》凡二百九十四卷，是一部重要的中国历史典籍；其《涑水家仪》和《家范》，对后世影响较大。有《司马公文集》等。

吾本寒家[1]，世以清白相承。吾性不喜华靡[2]，自为乳儿，长者加以金银华美之服，辄羞赧[3]弃去之。二十忝科名[4]，闻喜宴独不戴花[5]。同年[6]曰："君赐不可违也。"乃簪一花。平生衣取蔽寒，食取充腹，亦不敢服垢弊以矫俗干名[7]，但顺吾性而已。众人皆以奢靡为荣，吾心独以俭素为美。人皆嗤吾固陋[8]，吾不以为病，应之曰："孔子称：'与其不逊也，宁固。'[9]又曰：'以约失之者鲜矣。'[10]又曰：'士志于道而耻恶衣恶食者，未足与议也。'"[11]古人以俭为美德，今人乃以俭相诟病[12]，嘻，异哉！

近岁风俗尤为侈靡，走卒类士服[13]，农夫蹑丝履[14]。吾记天圣[15]中，先公为群牧判官[16]，客至未尝不置酒，或三行、五行[17]，多不过七行。酒酤[18]于市，果止于梨、栗、枣、柿之类，肴止于脯、醢、菜羹[19]，器用瓷、漆[20]。当时士大夫家皆然，人不相非也。会数[21]而礼勤，物薄而情厚。近日士大夫家，酒非内法[22]，果肴非远方珍异，食非多品，器皿非满案[23]，不敢会宾友，常数月营聚[24]，然后敢发书[25]。苟或不然[26]，人争非之，以为鄙吝[27]。故不随俗靡者，盖鲜矣[28]。嗟乎！风俗颓弊[29]如是，居位者虽不能禁，忍助之乎！

又闻昔李文靖公[30]为相，治居第于封丘门内[31]，厅事[32]前仅容旋马。或言其太隘，公笑曰："居第当传子孙，此为宰相厅事诚隘；为太祝、奉礼[33]厅事，已宽矣。"参政鲁公[34]为谏官，真宗遣使急召之，得于酒家。既入，问其所来，以实对。上曰："卿为清望官[35]，奈何饮于酒肆？"对曰："臣家贫，客至，无器皿、肴、果，故就酒家觞[36]之。"上以其无隐，益重之。张文节为相[37]，自奉养如为河阳掌书记[38]时，所亲或规之曰："公今受俸不少，而自奉若此。公虽自信清约[39]，外人颇有公孙布被[40]之讥。公宜少从众。"公叹曰："吾今日之俸，虽举家锦衣玉食，何患不能？顾人之常情，由俭入奢易，由奢入俭难。吾今日之俸岂能常有？身岂能常存？一旦异于今日，家人习奢已久，不能顿俭，必致失所[41]。岂若吾居位、去位、身存、身亡，常如一日乎？"呜呼！大贤之深谋远虑，岂庸人所及哉？

御孙曰："俭，德之共也；侈，恶之大也。"[42]共，同也，言有德者皆由俭来也。夫俭则寡欲。君子寡欲，则不役于物[43]，可以直道而行。小人寡欲，则能谨身节用，远罪丰家。故曰："俭，德之共也。"侈则多欲。君子多欲，则贪慕富贵，枉道速祸[44]。小人多欲，则多求妄用，败家丧身。是以居官必贿，居乡必盗。故曰："侈，恶之大也。"

昔正考父饘粥以糊口，孟僖子知其后必有达人[45]。季文子相三君，妾不衣帛，马不食粟，君子以为忠[46]。管仲镂簋朱纮，山节藻棁，孔子鄙其小器[47]。公叔文子享卫灵公，史鳅知其及祸，及戍，果以富得罪出亡[48]。何曾日食万钱，至孙以骄溢倾家[49]。石崇以奢靡夸人，卒以此死东市[50]。近世寇莱公豪侈冠一时，然以功业大，人莫之非，子孙习其家风，今多穷困[51]。

其余以俭立名，以侈自败者多矣，不可遍数，聊举数人以训汝。汝非徒[52]身当服行[53]，当以训汝子孙，使知前辈之风俗云。

——《温国文正司马公文集》卷六十九

注释

1 寒家：贫寒人家。司马光之父司马池曾历任州县长官，官至天章阁待制，但为官清廉，家无长物，故云。

2 华靡：豪华奢侈。

3 辄羞赧（nǎn）：就因害羞而脸红。

4 忝科名：指考中进士。忝，谦辞，愧。

5 闻喜宴独不戴花：闻喜宴，进士考试发榜后，考中者所举行的庆祝宴会。唐代放榜后，新进士大宴于曲江亭，谓之曲江会。宋人称闻喜宴，由朝廷置宴，与宴者都由皇帝赐花插在帽檐上以示荣耀。此指唯本人不戴花。

6 同年：同榜考中的人。顾炎武《亭林文集·生员论》：“生员之在天下，近或数千百里，远或万里，语言不同，姓名不通，而一登科第，……同榜之士，谓之同年。”

7 服垢弊以矫俗干名：穿肮脏破烂的衣服，以有意违背时俗来博取声名。

8 固陋：固执而寒酸。

9 “孔子称”三句：语出《论语·述而》：“子曰：‘奢则不孙（逊），俭则固。与其不孙（逊）也，宁固。’”

10 “又曰”二句：语出《论语·里仁》。杨伯峻《论语译注》云：“《论语》的‘约’字不外两个意义：（甲）穷困，（乙）约来。至于节俭的意义，虽然已见于《荀子》，却未必适用于这里。”司马光则将“约”理解为节俭。

11 “又曰”三句：语出《论语·里仁》，意谓读书人有志于真理，但又以自己吃粗粮穿破衣为耻辱，这种人，不值得同他商议。

12 乃以俭相诟（gòu）病：竟然以别人节俭为毛病而加以指责。乃，竟。诟病，认为是缺点而指责。

13 走卒类士服：当差的仆役穿的像士人的衣服。走卒，指仆夫、差役。

14 蹑丝履：穿着丝织料的鞋子。蹑，穿。履，鞋子。

15 天圣：宋仁宗赵祯年号（1023—1032）。

16 先公为群牧判官：已经死去的父亲做群牧判官。群牧判官，群牧司（掌管国家公用马匹的机构）的判官。属太仆寺，其正、副使下设判官二人。

17 行：斟酒一次。

18 酤（gū）：买。《诗经·小雅·伐木》：“有酒湑我，无酒酤我。”郑玄笺：“酤，买也。”

19 肴（yáo）止于脯（fǔ）、醢（hǎi）、菜羹：下酒的菜只有脯、醢和菜羹。脯，干肉。醢，肉酱。菜羹，用菜和肉做成的带汤的食物。

20 器用瓷、漆：器皿用具只用瓷器、漆器。

21 会数（shuò）：聚会次数多。数，屡次、多。

22 酒非内法：喝的酒不是用宫廷中酿酒的方法酿制的。

23 案：几案。

24 营聚：谋划聚会。

25 发书：发出请柬。书，这里指请帖。

26 苟或不然：假如有的人不是这样。苟，假设连词，如果。或，不定代词，有的。

27 鄙吝：见识浅陋而吝啬。

28 “故不随俗”二句：所以不随时俗而奢侈的人大概很少了。靡，动词，浪费、奢侈。盖，大概。鲜，少。

29 颓弊：败坏。

30 李文靖公：指李沆（947—1004），宋真宗时宰相，字太初，河北肥乡人。卒谥文靖。《宋史·李沆传》载：“（沆）治第封丘门内，厅事前仅容旋马。或言其太隘，沆笑曰：‘居第当传子孙，此为宰相厅事，诚隘；为太祝、奉礼厅事，已宽矣。’至于垣颓壁损，不以屑虑。堂前药阑坏，妻戒守者勿葺，以试沆。沆朝夕见之，经月终不言，妻以语沆，沆曰：‘岂可以此动吾一念哉？’家人劝治居第，未尝答，弟维因语次及之，沆曰：‘身食厚禄，时有横赐，计囊装亦可以治第，但念内典以此世界为缺陷，安得圆如意，自求称足？今市新宅须一年缮完，人生朝暮不可保，又岂能久居？巢林一枝，聊自足耳，安事丰屋哉？’”可以参看。

31 治居第于封丘门内：在封丘门内修筑住宅。封丘门，城门名，在汴京（今河南开封）。

32 厅事：亦作“听事”，即厅堂，古代官吏处理政事的地方。

33 太祝、奉礼：均为官名。太祝，掌管祭祀祈祷的小官。奉礼，掌管宗庙礼仪的小官。若宰相因过失贬官，也可任太祝。由于太祝官卑职小，事务清闲，除掌管祭祀一类事务外，往来的人不多，所以李沆言：若自己因过被贬，担任太祝之职，其所建厅堂“已宽矣”。

34 参政鲁公：指鲁宗道（965—1029），字贯之，亳州谯（今安徽亳州）人。天禧元年（1017），诏令置两省谏官六员，经过考试，宗道考得第一。真宗时为右直言，仁宗时为参知政事（副宰相），卒赠兵部尚书，初谥曰刚简，复改为肃简，议者认为“肃”不若“刚”得其实。宗道为人刚正，疾恶少容，遇事敢言，不为小谨。其为官不畏权势，直言敢谏，连皇亲国戚都怕他，时人称他为“鱼头参政”，因为“鲁”字上有“鱼”字，而言其骨鲠像鱼头一样。

35 清望官：有清廉声望的官员。

36 觞：用作动词，饮酒。鲁宗道饮于酒肆一事，见《宋史·鲁宗道传》。

37 张文节为相：指张知白（？—1028），字用晦，沧州清池（今河北沧州东南）人。真宗时河阳节度判官，后为宰相。谥曰文节。知白“在相位，慎名器，无毫发私，常以盛满为戒。虽显贵，其清约如寒士”。（《宋史·张知白传》）

38 掌书记：唐代节度使属官，又称掌记，位在判官之下，相当于六朝时的记室参军，主管批示公文。张知白曾任河阳（今河南孟西县）节度使，略同于唐代掌书记之职。

39 清约：清廉节俭。

40 公孙布被：公孙弘（前200—前121），字季，齐菑川（今山东寿光）人。少时家贫，牧豕海上。六十岁时，以贤良被征为博士。元朔三年（前126），任御史大夫，后任宰相，封平津侯。《史记·平津侯主父列传》载：“弘为人恢奇多闻，常称以为人主病不广大，人臣病不节俭。弘为布被，食不重肉。……汲黯曰：‘弘位在三公，奉禄甚多，然为布被，此诈也。’上问弘，弘谢曰：‘有之。夫九卿与臣善者无过黯，然今日庭诘弘，诚中弘之病。夫以三公为布被，诚饰诈欲以钓名。且臣闻管仲相齐，有三归，侈拟于君，桓公以霸，亦上僭于君。晏婴相景公，食不重肉，妾不衣丝，齐国亦治，此下比于民。今臣弘为御史大夫，而为布被，自九卿以下至于小吏，无差，诚如汲黯言。且无汲黯忠，陛下安得闻此言。’天子以为谦让，愈益厚之。”

41 “不能”二句：顿，立刻、马上。失所，指生活无所依靠。

42 “御孙”诸句：语出《左传·庄公二十四年》：“二十四年春，刻其桷，皆非礼也。御孙谏曰：‘臣闻之，俭，德之共也；侈，恶之大也。先君有共德，而君纳诸大恶，无乃不可乎？’”御孙所言意谓：节俭，是善行中的大德；奢侈，是邪恶中的大恶。这是御孙针对庄公要奢侈地装饰其父桓公之庙一事而发。

43 不役于物：不为外物所驱使。

44 枉道速祸：不行正道而招致灾祸。枉，屈。速，招致。《左传·闵公二年》：“危身以速罪。”

45 “昔正考父”二句：典出《左传·昭公七年》：“孟僖子病不能相礼，乃讲学之，苟能礼者从之。及其将死也，召其大夫，曰：‘礼，人之干也。无礼，无以立。吾闻将有达者曰孔丘，圣人之后也，而灭于宋。其祖弗父何以有宋而授厉公。及正考父，佐戴、武、宣，三命兹益共。故其《鼎铭》云：“一命而偻，再命而伛，三命而俯，循墙而走，亦莫余敢侮。饘于是，鬻于是，以糊余口。”其共也若是。臧孙纥有言：“圣人有明德者，若不当世，其后必有达人。”今其将在孔丘乎！’”饘（zhān），稠粥。粥，稀粥。孟僖子，春秋时鲁国大夫仲孙貜。达人，指孔子。

46 “季文子”四句：语出《左传·成公十六年》：“范文子谓栾武子曰：‘季孙于鲁，相二君矣。妾不衣帛，马不食粟，可不谓忠乎？’”又《襄公五年》载：“季文子卒。大夫入殓，公在位。宰庀家器为葬备，无衣帛之妾，无食粟之马，无藏金玉，无重器备，君子是以知季文子之忠于公室也。‘相三君矣，而无私积，可不谓忠乎？’”季文子，春秋时鲁公大夫季孙行父，曾相宣公、成公、襄公三君。

47 “管仲”三句：镂簋（guǐ），在簋（盛食物的器具）上雕刻花纹。朱纮（hóng），红色的帽带。山节，把斗拱刻成山的形状。节，柱头斗拱。藻棁（zhuō），在梁上短柱上面画有水藻花纹。棁，梁上的短柱。《论语·八佾》：“子曰：‘管仲之器小哉！’或曰‘管仲俭乎？’曰：‘管氏有三归，官事不摄，焉得俭？’”

48 “公叔文子”四句：享，宴请。戍（shù），指公孙文子之子公孙戍。史鳅（qiū），卫国大夫，字子鱼，故或称史鱼，为人刚直不阿。《韩诗外传》卷七载史鳅临死时叮嘱儿子，不要“治丧正室”，以此劝告卫灵公进用贤人，斥退小人，古人称为“尸谏”。《左传·定公十三年》载：“初，卫公叔文子朝，而请享灵公。退，见史鳅而告之。史鳅曰：‘子必祸矣！子富而君贪，其及子乎！……戍也骄，其亡乎！富而不骄者鲜，吾唯子之见。骄而不亡者，未之有也，戍必与焉。’及文子卒，卫侯始恶于公孙戍，以其富也。公孙戍又将去夫人之党。夫人诉之曰：‘戍将为乱。’”次年春，卫侯逐公孙戍与其党，公孙戍去卫奔鲁。

49 “何曾”二句：典出《晋书·何曾传》：“何曾，字颖考，陈国阳夏人也。……武帝袭王位，以曾为晋丞相，加侍中，与裴秀、王沉等劝进。践祚，拜太尉，进爵为公，食邑八千户。……性奢豪，务在华侈，帷帐车服，穷极绮丽；厨膳滋味，过于王者。……食日万钱，犹曰无下箸处。”其子孙“亦有父风，衣裘服玩，新故巨积，食必尽四方珍异，一日之供以钱二万为限。时论以为太官御膳无以加之。……永嘉之末，何氏灭亡无遗焉”。

50 “石崇”二句：石崇（249—300），字季伦，渤海南皮（今河北南皮）人。官至太仆、征虏将军，都督徐州诸军事，以豪富奢侈著称。《晋书·石崇传》载：“财产丰积，室宇宏丽……与贵戚王恺、羊琇之徒以奢靡相尚。”石崇以蜡代薪，以椒涂屋，与王恺斗富，曾以铁如意击之。孙秀索石崇宠妓绿珠，石崇不与，绿珠跳楼自尽。孙秀矫诏收崇。石崇曰：“吾不过流徙、交广耳！”“及车载诣东市，崇乃叹曰：‘奴辈利吾家财。’收者答曰：‘知财致害，何不早散之？’崇不能答。崇母兄妻子无少长皆被害死者十五人，崇时年五十二。”东市，汉代在长安东市决判死刑的人，后因以东市指刑场。《世说新语·雅量》：“嵇中散临刑东市，神气不变，索琴弹之，奏《广陵散》。”

51 “近世寇莱公”诸句：寇莱公，即寇准（961—1023），宋真宗时为相，后封莱国公。《宋史·寇准传》载：“准少年富贵，性豪侈，喜剧饮，每宴宾客，多阖扉脱骖。家未尝爇油灯，虽庖匽所在，必然炬烛。”

52 非徒：不仅、不只。

53 身当服行：自身应当履行。

大意

我出生在清寒人家，祖上世代都继承清白家风。我生性不喜欢豪华奢侈，当我还是幼儿时，长辈将装饰了金银的华美衣服穿在我身上，我就感到害羞而脸红，因而脱掉它。二十岁时考中进士，在闻喜宴独有我一个人不戴花。同榜考中的人对我说：“这是皇上赏赐的，必须戴，不可违背。”于是我才勉强在帽子上插了一枝花。我一生穿衣只求能挡寒，吃饭只求吃饱肚子，但是也不敢穿那些肮脏破烂的衣服故意有别于时俗而博取声名，只是顺着我的本性去做罢了。众人都把奢侈华贵作为荣耀，我心底里却只把节俭朴素作为美德。人们都讥笑我固执而寒酸，但我不认为是缺点，并且回答他们说：“孔子说过：‘与其因为奢侈而骄傲，倒不如因节俭被人看作固陋。’又说：‘因为节俭而有过失的很少。’又说：‘读书人有志于追求真理却以穿破衣吃粗饭为耻辱的，不值得与他这种人商议。’”古人把俭朴当作美德，现在的人竟然把俭朴作为缺点而相讥讽，嘻，这真是奇怪事！

近年来社会习俗更加讲究奢华，那些当差的人穿得像士人，农民脚上穿着丝绸做成的鞋子。我记得在仁宗天圣年间，父亲做群牧判官，客人来了也总备酒招待。可是每次宴会时，有时斟上三遍酒，有时斟到五遍，最多不过斟七遍。酒是从市场上买来的，果品只不过是梨、栗子、枣、柿子一类的东西，菜肴也只是干肉、肉酱、菜羹，器具只用瓷器、漆器，那时候士大夫家家如此，都不相非议。聚会次数多而礼节殷勤，食物单薄而情意深厚。近来士大夫家请客则不同，酒不是用宫廷秘方酿造的、果品不是远方而来的珍奇之物、食物品种不繁多、器具不摆满几案，便不敢邀请宾朋；常常要谋划筹备几个月，然后才敢发请柬邀集客人。如果有人不这样大操大办，别人就争相非议，认为是见识浅陋吝啬。因此，不随时俗而奢侈者大概很少了。唉！风气败坏到这种地步，做官的人即使不能禁止，又怎么能忍心推波助澜呢？

我还听说，从前李沆做宰相的时候，在汴京封丘门内建造了一所宅第，大厅前的空间仅仅能够转开一匹马。有人说这样太狭小了，李文靖公笑着说：“住宅是传给子孙的。这要作为宰相办公的大厅实在是狭小了点，可是作为太祝、奉礼郎的厅堂已经很宽绰了。”参知政事鲁宗道担任谏官，真宗皇帝因事遣使臣紧急召见他，结果在酒店里找到了他。到了朝堂，皇帝问他从哪里来，鲁公把实际情况禀告给皇帝。皇帝说：“您是有清廉声望的官员，怎么在酒店里饮酒？”鲁公回答说：“臣家庭贫穷，客人来了，却没有设宴用的器具、菜肴、果品，所以只好到酒店里招待客人。”皇上因为鲁公不隐瞒，更加敬重他。张文节身为宰相，个人生活享受跟他任河阳节度判官时一样，亲近的人中有人规劝他说：“您现在俸禄不少，自己的生活却这样，您自己虽然相信这是清廉节约，可是外人却不知情，有人把您看作汉朝的公孙弘，认为这样做是有诈的表现。您应该稍稍随时俗一些。”张公感叹说：“以我现在的俸禄，即使全家人都锦衣玉食，何愁办不到？只是就人之常情来说，由俭朴到奢侈比较容易，由奢侈到俭朴就难了。我今天的俸禄难道能够长久地拥有吗？自己能够永远活在世上吗？一旦情况变化，和现在收入不同，家中人却已经习惯过奢侈生活很久了，不能顿时学会节俭，一定会生活没有着落。哪比得上我不论在位、离位、活着、死去，家中生活都始终一样呢？”唉！大智大德之人的深谋远虑，哪是一般人所能赶得上的呢！

春秋时鲁国大夫御孙说：“节俭是道德的源头，奢侈是邪恶中的大端。”共，就是同，是说有德的人都是由于节俭所致。节俭会使人减少欲望。有道德的君子欲望少，就不会被外物所驱使，因此可以循正道为人行事。小人减少物质欲望，就能约束自己，节约用度，避免犯罪，使家庭富裕。因此说：“节俭是道德的源头。”奢侈就会增多贪欲。君子多欲就会贪慕富贵，导致违背正道为人行事，招致祸殃。小人多欲就会多贪求，妄用财物，导致家败身亡。人一旦多欲，做官必定收受贿赂，住在乡里必定夺人财物。因此说：“奢侈，是邪恶中的大端。”

从前，宋国大夫正考父用稠粥稀粥糊口，鲁国大夫孟僖子推知他的后代一定会有显达的人。季文子先后辅佐鲁国的三个国君，可是他的妾不穿绸缎衣服，马不喂精细粮食，君子认为他忠于国家。管仲的器物上雕刻花纹，帽带是红色的，雕画房屋的梁柱，孔子就鄙视他，认为他器量狭小。公叔文子宴请卫灵公，史鳅预知他要遭祸，到他的儿子公孙戌，果然以富有获罪而逃亡国外。何曾每天饮食费用值万钱，到他孙子时因为骄奢狂妄而倾家荡产。石崇以奢侈向人夸耀，结果因此而被斩首于东市。近世的寇莱公，豪华奢侈为一时之冠，但因为他功劳大，人们都不非议他，他的子孙习惯奢华的家风，现在大多穷困潦倒了。

其他以俭朴而扬名，因奢侈而自行败落的人多了，不可一一列举，姑且举出数人为例来训诫你。你不仅仅自身应该履行节俭，还应当训诫你的子孙，使他们了解祖辈们的家庭传统习俗。

导读

《训俭示康》是北宋著名史学家司马光写给儿子司马康的一篇著名家训，近千年来，它广为后人所传诵。顾名思义，本文的核心内容是告诫儿子要崇尚节俭，力戒奢侈。

“历览前贤国与家，成由勤俭败由奢。”（李商隐《咏史》）这是为历史事实反复证明了的真理。司马光编撰《资治通鉴》，主要就是为封建统治者提供历代兴亡治乱的鉴戒资料，其中不知有多少“成由勤俭败由奢”的正反两方面的例证。司马光熟谙这些例证，所以他写《训俭示康》，就显得驾轻就熟。

首先，作者一开篇即以自己的审美观为尺度而现身说法，说明自己从小不喜奢华，崇尚节俭，并点明这是由于司马家“世以清白相承”，崇尚节俭渊源有自。点明这一点很重要：我是继承了司马家的节俭传统的子弟，你不该做司马家的不肖子孙啊！这又与末尾“汝非徒身当服行，当以训汝子孙，使知前辈之风俗”紧相呼应，而推出“吾心独以俭为美”的论点就显得非常自然。接着，作者以士大夫如何奢侈过度地请客为例，指出当今社会风气如此侈靡，自当引起“居位者”的高度重视，“虽不能禁”，但绝不能推波助澜。这样写来，表面看是训诫儿子，实质上是对“居位者”的当头棒喝。只有见识高卓的政治家，才能提出这样的警告；也只有博古通今的历史学家，才能高屋建瓴地提出这样的训诫。不是吗？作者接着举出李沆、鲁宗道、张知白三位“大贤”身居高官而以节俭为美德的正面史实，充分说明“成由勤俭”的浅显而深刻的道理，极力赞美他们的深谋远虑非“庸人所及”，而告诫司马康勿做“庸人”之意自在其中。司马光还引御孙的两句名言——“俭，德之共也；侈，恶之大也”，进而做了辩证合理的解释，反复阐明节俭和奢侈造成的不同后果，得出俭则寡欲、侈则多欲、多欲则枉道速祸的结论，具有很强的说服力。不唯如此，为了更进一步论述“以俭立名”“以侈自败”的观点，司马光又引用了正考父、季文子、管仲、公叔文子、何曾、石崇以及寇准诸名公大臣的事例，从正反两面论证了节俭的美好结局和奢侈的可怕后果，以事实警戒儿子应将节俭美德继承下来，并传给子孙。

《宋史·司马康传》载司马康一生基本上奉行了乃父的教诲，他“不妄言笑，事父母至孝，敏学过人，博通古书，以明经上第。……途（涂）之人见其容止，虽不识，皆知其为司马氏子也。……光薨，治丧皆用礼经家法，不为世俗事。得遗恩，悉以与族人。……为人廉洁，口不言财”，所以年仅四十一岁的司马康卒后，“公卿嗟痛于朝，士大夫相吊于家，市井之人无不哀之”。司马康能有如此高的美名善行，大约与司马光的教诲不无关系。

在浩如烟海的古代家训中，司马光的《训俭示康》是内容丰富、文字精练、极具教育意义的名篇佳作。只要人类存在一天，它的思想和艺术价值就会存在一天，并且将随着人类社会的进步而逐渐为人们所重视和喜爱。我们坚信这一点。

名言警句

旦须先读书三五卷，正其用心处，然后可及他事。

旦必读书

叶梦得

作者简介

叶梦得（1077—1148），字少蕴，号石林居士，苏州吴县（今江苏苏州）人。绍圣四年（1097）进士。徽宗时，自婺州教授召为议礼武选编修官，累官至户部尚书。后以崇信军节度使致仕，卒赠检校少保。《宋史》有传。梦得嗜学早成，精熟掌故，诗词笔力雄迈，犹有苏门遗风。有《石林居士建康集》《石林词》《石林诗话》《石林燕语》等。其《石林家训》亦颇有名。

旦须先读书三五卷，正其用心处，然后可及他事。暮夜见烛亦复然。若遇无事，终日不离几案。苟善于此，一生永不会向下，作下等人。汝见吾事，自知不妄。吾二年来目力极昏，看小字甚难。然盛夏帐中，亦须读数篇书。至极困，乃就枕。不尔胸次歉然若有未了事，往往睡亦不美，况昼日乎？若凌晨便治俗事，或兀然间坐，日复一日，与书卷渐远，岂复更思学问？如此不流入庸俗人，则着衣吃饭，一骇[1]子弟耳。况复博奕[2]饮酒，追逐玩好，寻求交游，任意所欲，有一如此，近二三年，远五六年，未有不丧身破家者。此不待吾言而知也。

——《石林家训》

注释

1 骇（ái）：愚、呆。《汉书·息夫躬传》："左将军公孙禄、司隶鲍宣皆外有直项之名，内实骇不晓政事。"

2 博奕：赌博下棋。奕，同"弈"，下棋。

大意

早晨必须先读上三五卷书，端正自己的心思，然后才可以做其他事。晚上点灯后也要这样。如果遇上没有其他大的事情，就应整天不离书桌。如果能这样，一生永远不会向下走。你注意一下我的行为，就知道我不是随便说的。我近两年来视力极差，看小字很困难。即使这样，盛夏之夜在帐中，也一定要读好几篇书。到困极了的时候，才就枕睡眠。不这样就觉得胸中亏欠了什么，好像有什么没有了结的事一样，往往睡也睡不香，更何况是白天呢？如果凌晨就操办俗事杂务，或者闲坐无所事事，这样日复一日，与书卷渐渐疏远，哪里再能想到学问呢？这样就算不变成庸俗之人，也不过是一个只知吃饭穿衣的痴呆子弟罢了。何况再去赌博下棋，饮酒作乐，追求玩物娱乐，结交狐朋狗友，随心所欲地行事，一旦如此，近者二三年，远者五六年，没有不身亡家破的。这些是不必我讲就能懂得的。

导读

《石林家训》之所以颇有影响，原因即在于它以通俗易懂的词句论述了不少真理性的训诫，由本文即可窥见一斑。《旦必读书》文字浅显，重在提出学子每天要读三五卷书，何也？为了使自己“一生永不会向下”。换言之，读书是手段，做品德高尚之人是目的，是躲开丧身破家之祸的良方。因此，为人子弟者“旦必读书”。作者现身说法，以读书为终身享乐的例子告诫后人务必重视读书。这也正如孙奇逢《孝友堂家训》所总结的“古人读书，取科举犹第二事，全为明道理，做好人”。明人吴麟征在《家诫要言》中也有与叶梦得一样的看法：“多读书则气清，气清则神正，神正则吉祥出焉，自天佑之；读书少则身暇，身暇则邪间，邪间则过恶作焉，忧患及之。”可见古人对读书是如何重视啊！

名言警句

子孙才分有限，无如之何，然不可不使读书。

放翁家训（节选）

陆 游

作者简介

陆游（1125—1210），字务观，自号放翁，越州山阴（今浙江绍兴）人。绍兴中试礼部第一，秦桧孙秦埙居其次，桧怒而黜免苏轼。待桧死后，始任福州宁德簿，迁大理寺司直兼宗正簿。孝宗时，赐进士出身，除枢密院编修，后任建康、夔州、隆兴等地通判，转入王炎及范成大幕府。光宗时，除朝议大夫、礼部郎中，官至宝章阁待制致仕。《宋史》有传。陆游力主抗金，屡遭排斥。其诗现存近万首，十之八九言恢复中原事，风格雄浑高迈。其词与稼轩词为当时的时代最强音。其散文成就亦高，著作丰富。有《渭南文集》《剑南诗稿》《老学庵笔记》等。

子孙才分有限，无如之何，然不可不使读书。贫则教训童稚，以给衣食，但书种[1]不绝足矣。若能布衣草履，从事农圃，足迹不至城市，弥是佳事。关中村落，有魏郑公[2]庄，诸孙皆为农。张浮休过之，留诗云："儿童不识字，耕稼郑公庄[3]。"仕宦不可常，不仕则农，无可憾也。但切不可迫于衣食，为市井小人事耳。戒之戒之。

后生才锐者[4]，最易坏。若有之，父兄当以为忧，不可以为喜也。切须常加简束，令熟读经子[5]，训以宽厚恭谨，勿令与浮薄[6]者游处。如此十许年，志趣自成。不然，其可虑之事，盖非一端。吾此言，后人之药石[7]也。各须谨之，毋贻后悔。

——《放翁家训》

注释

1 书种：读书种子；与“文种”义略近。《龙城录·裴令公训子》：“裴令公（度）常训其子，凡吾辈但可文种无绝，然其间有成功能致身于万乘之相，则天也。”

2 魏郑公：指唐代名相魏征，封郑国公。

3 “儿童”二句：见张舜民《过魏文贞公旧庄》。

4 才锐者：指才华突出的人。

5 经子：经，指经书，如《诗》《书》《礼》《易》《春秋》等；子，指诸子之书，如《荀子》《老子》《庄子》《韩非子》等。

6 浮薄：轻浮、不朴实。《周书·苏绰传》：“然性无常守，随化而迁，化于敦朴者则质直，化于浇伪者则浮薄。”

7 药石：比喻规诫。《左传·襄公二十三年》：“臧孙曰：‘季孙之爱我，疾疢也；孟孙之恶我，药石也。’”

大意

子孙才气有限，无可奈何，但不可不让他们读书。贫困就教儿童读书，来供给衣食，只要读书的种子不断绝就足够了。如果能穿布衣草鞋，从事耕田种菜，足迹不到城市，更是好事。关中村落，有个魏郑公庄，各位子孙都务农。张浮休经过时，留下诗句说：“儿童不识字，耕稼郑公庄。”做官不可能长久，不做官就务农，没什么遗憾。但千万不可为衣食所迫，做市井小人之事。戒之戒之。

年轻人才华突出的，最易染上坏习气。如果有这样的子弟，做父兄的应该认为是忧虑的事，不可因此高兴。必须常加约束，让他熟读经典，教他宽厚恭谨，不要让他与轻薄之人交往。这样十几年后，志趣自然完善。不然，让人担忧的事，恐怕不止一件。我这些话，是后人的药石。每个人必须慎重对待，不要留下后悔莫及的事情。

导读

在古代家训中，《放翁家训》以其内容丰富、见解独到、语言通俗而素负盛名。从这里所选的两节文字即可看出《放翁家训》特色之一斑。前一段旨在强调子孙必须读书，无论如何，不能使“书种”断绝。这与陆游的诗《五更读书示子》所写内容几乎相同：“近村远村鸡续鸣，大星已高天未明。床头瓦檠灯煜爚，老夫冻坐书纵横。暮年于书更多味，眼底明明见莘渭。但令病骨尚枝梧，半盏残膏未为费。吾儿虽戆素业存，颇能伴翁饱菜根。万钟一品不足论，时来出手苏元元。”陆游以自己鸡鸣苦读勤勉学习的例子教导儿子，认为虽然家无素业，但还能以菜根度日，高官厚禄何足挂齿！陆游的另二首绝句《示子孙》也表现了要求子孙耕读传家、勿坠家风的愿望，其一云：“吾家世守农桑业，一挂朝衣即力耕。汝但从师勤学问，不须念我叱牛声。”其二云：“为贫出仕退为农，二百年来世世同。富贵苟求终近祸，汝曹切勿坠家风。”再联系其《示儿子》诗来看，陆游劝诫子孙耕读传家的思想十分突出：“禄食无功我自知，汝曹何以报明时。为农为士亦奚异，事国事亲惟不欺。道在六经宁有尽，躬耕百亩可无饥。最亲切处今相付，熟读周公七月诗。”

还值得一提的是，陆游素来重视家训，故有《放翁家训》传世。他有一段题跋家训的文字，亦可看出他的家训观，现引在这里，以供参读。

跋范巨山《家训》

人莫不爱其子孙，爱而不知教之，犹弗爱也。人莫不思其父祖，思而不知奉其教，犹弗思也。使为人父祖者，皆如范氏之先，为人子孙者，皆如吾友巨山，世其有不兴者乎？

吾所谓兴者，天地鬼神与之，乡人慕之，学者尊之，是为兴。不然，虽门列戟，床堆笏，德弗称焉，何兴之有？

巨山之子，既以文章擢高科，公卿将相之储也。故予思广其意，而书其《家训》后如此，巨山父子不以予为老悖，则将有感也夫。巨山名中立，其子名薰。

庆元己未八月晦，山阴陆某谨书。

名言警句

大凡敦厚忠信，能攻吾过者，益友也；其谄谀轻薄，傲慢亵狎，导人为恶者，损友也。

与长子受之

朱　熹

作者简介

朱熹（1130—1200），字元晦，一字仲晦，号晦庵，徽州婺源（今江西婺源）人。宋高宗绍兴十八年（1148）进士。历知南康军、秘阁修撰、焕章阁待制兼侍讲。淳熙十五年（1188），上《戊申封事》，主张皇帝要正心诚意，并力主抗金，反对和议。他是南宋著名理学家，一生讲学不倦，一生屡遭排挤。理宗时，赠太师，追封信国公。《宋史》有传。其理学学说，对后世影响颇大。其为文以穷理致用为宗，长于说理，反对浮华，语言简洁明白。一生著作宏富，传世颇广。有《朱文公全集》（亦称《晦庵集》）。

早晚受业[1]请益[2]，随众例不得怠慢。日间思索有疑，用册子随手札记，候见质问，不得放过。所闻诲语，归安下处[3]，思省切要之言，逐日札记，归日要看。见好文字，录取归来。

不得自擅出入，与人往还。初到，问先生有合[4]见者见之，不合见则不必往。人来相见，亦启禀然后往报之，此外不得出入一步。

居处须是居敬，不得倨肆惰慢[5]。言语须要谛当[6]，不得戏笑喧哗。凡事谦恭，不得尚气凌人[7]，自取耻辱。

不得饮酒，荒思废业，亦恐言语差错，失己忤人[8]，尤当深戒。不可言人过恶，及说人家长短是非。有来告者，亦勿酬答。于先生之前，尤不可说同学之短。

交游之间，尤当审择[9]。虽是同学，亦不可无亲疏之辨。此皆当请于先生，听其所教。大凡敦厚忠信，能攻吾过者[10]，益友也；其谄谀轻薄，傲慢亵狎，导人为恶者，损友也[11]。推此求之，亦自合见得五七分，更问以审之，百无所失矣。但恐志趣卑凡，不能克己从善，则益者不期疏而日远，损者不期近而日亲，此须痛加检点而矫革之。不可荏苒渐习，自趋小人之域，如此则虽有贤师长，亦无救拔自家处矣。

见人嘉言善行[12]，则敬慕而纪录之。见人好文字胜己者，则借来熟看，或传录之而咨问之，思与之齐而后已。不拘长少，惟善是取。

以上数条，切宜谨守。其所未及，亦可据此推广，大抵只是勤谨二字。循之而上，有无限好事。吾虽未敢言，而窃为汝愿之。反之而下，有无限不好事。吾虽不欲言，而未免为汝忧之也。

盖汝若好学，在家足可读书作文，讲明义理，不待远离膝下，千里从师。汝既不能如此，即是自不好学，已无可望之理。然今遣汝者，恐汝在家汩于俗务[13]，不得专意。又父子之间，不欲昼夜督责，及无朋友闻见，故令汝一行。汝若到彼，能奋然勇为，力改故习，一味勤谨，则吾犹有望。不然则徒劳费，只与在家一般；他日归来，又是旧时伎俩人物。不知汝将何面目归见父母亲戚乡党故旧耶？

念之，念之。夙兴夜寐，无忝尔所生[14]。在此一行，千万努力。

——《朱子文集》卷八

注释

1 受业：从师学习。业，大板。古代没有纸，用竹简木板作为书写的材料，故称知识的传授为受业。

2 请益：已受教而更有所问。《礼记·曲礼上》："请业则起，请益则起。"这里指向老师请教。

3 下处：这里指住宿的地方。

4 合：应当、应该。

5 倨肆惰慢：傲慢放肆，懒惰冷淡。

6 谛（dì）当：恰当、精确。朱熹《答吴晦叔》："其间精微处，恐尽有病在，且得存之，异时或稍长进，自然见得谛当，改易不难。"

7 尚气凌人：盛气凌人。

8 忤人：得罪别人。

9 审择：慎重选择。

10 能攻吾过者：能够指责我的过失的人。攻，指责过失。《论语·先进》："非吾徒也，小子鸣鼓而攻之可也。"邢昺疏："使其门人鸣鼓以声其罪而攻责之。"

11 "其谄谀"诸句：谄谀，巴结奉迎。亵狎，行为放荡不羁。损友，对自己有害的朋友。《论语·季氏》："益者三友，损者三友。友直、友谅、友多闻，益矣；友便辟、友善柔、友便佞，损矣。"

12 嘉言善行：良言美行。

13 汩（gǔ）于俗务：为世俗杂务所扰乱。汩，扰乱。

14 夙兴夜寐，无忝尔所生：语出《诗经·小雅·小宛》，意谓早起晚睡，勤奋不懈，不要辱没了生你的父母。无，同"毋"，不。忝，辱。

大意

早晚读书学习，要多向老师请教；随着大家平时的惯例，不能懈怠。平时思考时有疑难之处，要用小册子随时记下来，等候见到老师询问，不能放过。凡是听到老师教诲的语言，回到自己的住处，要思忖其中切中要害的部分，每天摘记，到时候要看。见到好文章，要把它抄录回来。

不得擅自出入，与人来往。有人初来，要请问老师，有应当见的就见他，不应当见的就不必往来。平时有人来跟你见面，也要启禀老师后再回报他。除此外不得出入一步。

起居一定要敬重别人，不得傲慢放肆，懒惰冷淡。言语须要谨慎恰当，不能嬉笑喧哗。凡事要谦虚恭敬，不得盛气凌人，免得自取耻辱。

不能饮酒，免得精神空虚，荒废学业；也怕酒后言语差错，损己伤人。这些尤其应当深深警戒。不可背后议论别人过错，言说别人的长短和是非。有人向你谈这些事，也不要回答。在老师面前，尤其不能说同学的短处。

交朋友尤其要慎重而有选择，虽是同学，也不能没有亲疏的区别。这些都应当向老师请教，听他教诲。一般来说，待人忠厚老实，能指责自己缺点和过失的，是好朋友；那些阿谀奉迎、出言轻薄、傲慢放荡、引诱人做坏事的，是坏朋友。假如按照这个标准来找朋友，自己也只可看清五至七分，再向老师请教，进一步审查，那就百无一失了。但是我担心你志向情趣卑下平凡，不能克制自己，不乐于接受别人正确的意见，这样益友虽不想疏远也自然而然地疏远了；损友虽不想亲近却日益亲近了。这就需要严加检查、约束，纠正、革除自己的弱点。不要逐步染上这些坏习惯，自己进入小人的圈子。如果这样，即使有贤良的师长，也不能改变自己的处境。

见到别人有良言美行，就虚心地把它记录下来，看到别人的好文章胜过自己，就拿来熟读，或者记载下来，进行探讨，一直到向他看齐为止。不论年纪大小，只要是好的，就一定要汲取。

以上几条，务必严格遵守。还有没谈到的，可以根据前面说的举一反三，其道理大抵不出勤谨二字。假如能遵循它，则会上进，会有无限的好事。我虽不敢说，但我暗自为你祝愿。假如不这样做，你就会一落千丈，有无限坏事在你面前降临。我虽不想说，但还是不免为你担忧。

其实，你如果好学，在家中就可以读书习文，讲明义理，不一定非得远离父母，于千里外求学。可是你既然不能这样，便是自己不好学，也没什么可期望了。然而我现在还是把你打发出去，是担心你在家中为世俗杂务所扰乱，不能专心。又因为父子之间，父亲也不能日夜对你督促责备，家中也不便于你结交朋友增广见闻，所以还是叫你出去走一走。假如你到那里，能奋发有为，努力改掉旧习，一味勤快谨慎，那么，我对你还是有信心的。要不然，我就是白费心思，你还是和在家里一样；将来回来以后，依然故我。如果真是这样，我不知你将有何脸面回来见你的父母、亲戚、同乡、朋友呢？

记住，记住。希望你早起晚睡，不要辱没了生你的父母。就在于这一次了，千万要努力！

导读

这是南宋著名哲学家、教育家朱熹写给儿子的一篇家训，其中包含有多种值得后人效法的教子方法。在学习上，要勤苦努力，尊敬老师，唯老师之命是从；要多思多问，多写多记。在交友上，要谨慎选择，交结益友，疏远损友。在修身方面，要求儿子谦恭敬人，不得傲慢放荡，甚至不得嬉笑喧哗。更可注意者，朱子还要求儿子不得随便言人过失，“于先生之前，尤不可说同学之短”。我们认为，朱子的观点颇有参考价值。

寓慈于严是这篇家训的突出特点。可以明显看出，信中处处有严厉的指责和痛切的教导，也有恳切的期望和慈厚的宽宥，如此会收到比板起面孔教训人要好得多的效果。末尾引《诗经·小雅·小宛》的诗句，犹如当头棒喝，警人心魄，催人自振，因为哪一个人愿意给父母脸上抹黑呢?

福建长乐龙峰书院藏朱熹联云："读书起家之本，循理保家之本，和顺齐家之本，勤俭治家之本"，这与本文的观点基本相通。

名言警句

慎勿谈人之短，切莫矜己之长。
勿损人而利己，勿妒贤而嫉能。

朱子家训

朱　熹

作者简介

见《与长子受之》之“作者简介”。

君之所贵者，仁也；臣之所贵者，忠也；父之所贵者，慈也；子之所贵者，孝也；兄之所贵者，友也；弟之所贵者，恭也；夫之所贵者，和也；妇之所贵者，柔也。事师长贵乎礼也，交朋友贵乎信也。

见老者，敬之；见幼者，爱之。有德者，年虽下于我，我必尊之；不肖[1]者，年虽高于我，我必远之。慎勿谈人之短，切莫矜己之长[2]。仇者以义解之，怨者以直报之[3]，随所遇而安之。人有小过，含容而忍之；人有大过，以理而谕之。勿以善小而不为，勿以恶小而为之[4]。人有恶，则掩之；人有善，则扬之。

处世无私仇，治家无私法。勿损人而利己，勿妒贤而嫉能。勿称忿而报横逆[5]，勿非礼而害物命。见不义之财勿取，遇合理之事则从。诗书不可不读，礼义不可不知。

子孙不可不教，童仆不可不恤[6]。斯文[7]不可不敬，患难不可不扶。守我之分者，礼也；听我之命者，天也。人能如是，天必相之[8]。此乃日用常行之道，若衣服之于身体，饮食之于口腹，不可一日无也，可不慎哉！

——《紫阳朱氏宗谱》

注释

1 不肖：不贤。

2 矜己之长：夸耀自己的长处。矜，自夸。

3 以直报之：用正直来回报怨恨。直，正直。

4 “勿以”二句：语出《三国志·蜀书·先主传》之裴松之注引《诸葛亮集》，乃先主刘备诏敕后主刘禅语：“勿以恶小而为之，勿以善小而不为。”

5 横逆：强暴无理。语出《孟子·离娄下》：“有人于此，其待我以横逆，则君子必自反也。”赵岐注：“横逆者，以暴虐之道来加我也。”

6 恤：体恤、怜悯。

7 斯文：指礼乐制度。《论语·子罕》：“天之将丧斯文也，后死者不得与于斯文也。”

8 相之：辅助他。

大意

做国君可贵的，是仁慈的心；做臣下可贵的，是对君主忠诚；为人父可贵的，是对子女慈爱；为人子可贵的，是对父母孝顺；为人兄长可贵的，是友爱弟弟；为人弟弟可贵的，是恭敬兄长；为人之夫可贵的，是对妻子态度平和；为人之妻子可贵的，是对丈夫态度温柔。侍奉老师长辈可贵的是合乎礼节，与朋友相交可贵的是要有诚信。

见到老年人，要尊敬；见到年幼的，要爱护。对品德高尚的人，即使年纪比我小，我一定要尊敬他；对品行不端的，即使年纪比我大，我一定要远离他。千万不要谈论别人的短处，一定不要夸耀自己的长处。对于有仇隙的人，应该用道义化解开来；对于怨恨自己的人，应该用正直来回报过去。不论遇到什么样的境遇，都应当平心静气地面对。别人有小过错，应该包容而忍耐；别人有大过错，应该用道理规劝说服。不要以为只是一件小小的善事而不去做，不要以为是小小的坏事而去做。别人做了恶事，可以为他掩盖而不传播；别人做了好事，就应该替他传播宣扬。

为人处世不应当与人结下私仇，治理家庭应当没有家法之外的个人所定的法规。不要做损人利己的事，不要存妒贤嫉能的心。不要声言愤愤地对待蛮不讲理的人，不要违反正当事理而随便伤害人和动物的生命。见到来路不正的财物不应该拿取，遇到合情合理的事情则不妨去做。诗书典籍不可不读，礼义规矩不可不知。子孙不可不教育，童仆不可不怜悯。文化传统不可不尊敬，身处患难中的人不可不扶助。恪守我的职责，这就是合乎礼义；听从命运的安排，这就是服从天命。人如果能做到以上各点，老天必定会来辅助你。这些基本的道理都是日常生活中所用到所做到的，就像身体每天要穿衣服，口腹每天要喝水吃饭一样，不可以一天没有。可以不慎重吗？

导读

朱熹的《朱子家训》是一篇传世名作，它言简意赅，尽管只有300余字，但历来影响巨大，因为它是以齐家为中心，旁及修身、为人处世等内容，内容丰富，语言精辟，具有强烈的训诫性、针对性和感召力，所以历来为以修身、齐家、治国、平天下为己任的封建士大夫所珍视，成为后来家庭教育的经典家训。

家和万事兴。《论语·学而》：“礼之用，和为贵。”意思是说，“礼”的作用，以和谐、恰当为可贵。家庭和谐，万事都有可能兴旺发达。我们知道，古代家训文化的产生发展与中国是一个农业古国大有关系。古代的家庭是以血缘关系组合起来的，古代有的家族甚至有几百乃至上千口人，有的甚至五代都不分家，所以要维系大家族的稳固传承，不破裂、不解体，靠的就是家训的约束，这就要求家族中的每一个成员都要遵循家族的训诫。“家和万事兴”应该包括两个方面。第一个方面是家族的和谐，即要充分协调家庭内部的父子、兄弟、夫妻、叔侄、妯娌、姑嫂等的关系；第二个方面要协调家庭与外部亲戚之间的关系，例如与岳父岳母、舅父舅母、姑父姑母、表叔表弟之间的关系以及近邻之间的关系。朱熹开篇即抓住君臣、父子、兄弟、夫妇、朋友、长幼、主仆等之间的伦理关系，提出了每一个人在家庭、社会中所充当的角色和所应尽的伦理道德责任和义务，从君仁、臣忠、父慈、子孝、兄友、弟恭、夫和、妇柔、以礼侍奉师长、以信结交友朋这十个伦理道德方面为人处世。如果人们能够各尽其责、各守其职，何愁家族不和谐、万事不兴旺呢？这一切可谓《朱子家训》的纲领。

以下是建立和谐家庭、为人处世的具体方式方法。条分缕析，细大不捐，言辞恳切，明白易懂。《新时代公民道德建设实施纲要》指出：“要弘扬中华民族传统家庭美德，倡导现代家庭文明观念，推动形成爱国爱家、相亲相爱、向上向善、共建共享的社会主义家庭文明新风尚，让美德在家庭中生根、在亲情中升华。通过多种方式，引导广大家庭重言传、重身教，教知识、育品德，以身作则、耳濡目染，用正确道德观念塑造孩子美好心灵；自觉传承中华孝道，感念父母养育之恩、感念长辈关爱之情，养成孝敬父母、尊敬长辈的良好品质；倡导忠诚、责任、亲情、学习、公益的理念，让家庭成员相互影响、共同提高，在为家庭谋幸福、为他人送温暖、为社会作贡献过程中提高精神境界、培育文明风尚。”这些内容与《朱子家训》有很多相通之处。在提倡构建和谐社会、传承中华传统美德的今天，我们应该自觉地从中国传统家训文化中吸取合理的价值，并将它与现代生活相结合。这既是对传统家训文化的继承，也是中国家训文化在当代的贡献和发展。因此，《朱子家训》具有一定的借鉴意义，值得我们重视。

名言警句

人生至乐无如读书，至要无如教子。

富者之教子须是重道，贫者之教子须是守节。

教 子 语

家 颐

作者简介

家颐（生卒年不详），字养正，宋代眉山人。著有《子家子》。

人生至乐无如读书，至要无如教子。

父子之间不可溺于小慈。自小律之以威，绳之以礼，则长无不肖[1]之悔。

教子有五：导其性，广其志，养其才，鼓其气，攻其病[2]，废一不可。

养子弟如养芝兰[3]，既积学以培植之，又积善以滋润之。

人家子弟惟可使觌德[4]，不可使觌利。

富者之教子须是重道，贫者之教子须是守节。

子弟之贤不肖系诸人，其贫富贵贱系之天。世人不忧其在人者，而忧其在天者，岂非误耶？

士之所行，不溷流俗[5]，一以抗节[6]于时，一以诒训[7]于后。

士人家切勤教子弟，勿令诗书味短。

孟子以惰其四支为一不孝[8]，为人子孙游惰而不知学，安得不愧？

——《戒子通录》卷五

注释

1 不肖：子不似父。《孟子·万章上》："丹朱之不肖，舜之子亦不肖。"《说文》："肖，骨肉相似。……不似其先，故曰不肖也。"后称不肖之子为不肖。不肖，亦即不贤。

2 攻其病：批评指责他的毛病。《论语·先进》："非吾徒也，小子鸣鼓而攻之可也。"邢昺疏："使其门人鸣鼓以声其罪而攻责之。"

3 芝兰：芝草和兰草，均为香草。后人多用以比喻优秀的子弟。

4 觌（dí）德：崇尚道德。《国语·周语中》："武不可觌，文不可匿，觌武无烈，匿文不昭。"韦昭注："觌，见也。匿，隐也。言不当尚武隐文也。"

5 不溷（hùn）流俗：不混杂于流俗人之中。

6 抗节：坚持节操。《汉书·朱云传》："时中书令石显用事，与充宗为党，百僚畏之。唯御史中丞陈咸年少抗节，不附显等。"

7 诒（yí）训：传留下法则。诒，传、遗留。《诗经·大雅·文王有声》："诒厥孙谋，以燕翼子。"郑玄笺："诒，犹传也。"训，法则。《诗经·大雅·烝民》："古训是式，威仪是力。"

8 孟子以惰其四支为一不孝：语出《孟子·离娄下》："孟子曰：'世俗所谓不孝者五：惰其四支，不顾父母之养，一不孝也；博奕好饮酒，不顾父母之养，二不孝也；好货财，私妻子，不顾父母之养，三不孝也；从耳目之欲，以为父母戮，四不孝也；好勇斗狠，以危父母，五不孝也。'"惰，懒惰。支，同"肢"，四肢。

大意

人生最大的快乐莫如读书，最紧要的事情莫过于教子。

父与子之间不可沉溺于小小的慈爱之中。从小用威严去约束他，用礼法去纠正他，那么长大以后就没有不贤的遗恨了。

教子的原则有五条：引导他的性情，开阔他的志向，培养他的才能，鼓励他的勇气，批评指责他的毛病。这五条一条都不可偏废。

培养子弟如同培养芝草和兰草一样：既要聚积学问以培植他，又要聚积善事以滋润他。

人家子弟，只可以使他崇尚道德，不可以使他崇尚名利。

富贵的人教子必须要重道德，贫穷的人教子必须要坚守节操。

子弟的贤与不贤全在于人为，他们将来的富贵贫贱全在于天命。世人不忧虑人为的方面而忧虑天命方面，岂不错了吗？

读书人的行为，不能混杂于流俗人之中，一要在当时坚持节操，一要为后人传留下法则。

读书人家务必要勤于教育子弟，不要使之缺乏读书的兴趣。

孟子以四肢懒惰而不顾恤父母的养育之恩为不孝之一，如果为人子孙的只知道游荡懒惰而不知道学习，那怎么能够不惭愧呢？

导读

家颐的《教子语》分十章，从十个方面阐述了教子的必要性和重要性，以及具体的方式和方法。语言虽然浅显通俗，而内涵却丰富全面，既有对子女的教诲，又有对家长的警示。“教子有五”一章，尤为简练而精辟，足可视为至理名言。“士大夫教戒子弟，是第一要紧事。”（孙奇逢《孝友堂家训》）“现今的父母教育子女，就是缔造我国未来的历史，因而也是缔造世界的历史。”（马卡连柯）但愿每一位家长都能认识到这一点。

名言警句

人之有子，须使有业。

子弟须使有业

袁　采

作者简介

袁采（生卒年不详），字君载，信安（今浙江衢州）人。登进士第三。曾任乐清、政和县令，以廉明刚直著称。官至监登文鼓院。有《乐清县志》十卷、《政和杂志县令小录》，今皆不传。《袁氏世范》“于立身处世之道，反覆详尽。所以砥砺末俗者，极为笃挚。虽家塾训蒙之书，意求通俗，词句不免于鄙浅。然大要明白切要，使览者易知易从，固不失为《颜氏家训》之亚也”（《四库全书总目》）。

人之有子，须使有业。贫贱而有业，则不至于饥寒；富贵而有业，则不至于为非。凡富贵之子弟，耽酒色，好博弈[1]，异衣服[2]，饰舆马，与群小为伍，以至破家者，非其本心之不肖，由无业以度日，遂起为非之心。小人赞其为非[3]，则有铺啜[4]钱财之利，常乘间而翼成[5]之，子弟痛宜省悟。

——《袁氏世范·睦亲》

注释

1 博弈：赌博下棋。

2 异衣服：喜好穿不合礼制的服饰。异，用作动词。异服，旧称不合礼制的服饰。《礼记·王制》：“禁异服，识异言。”又：“作淫声、异服、奇技、奇器以疑众。”郑玄注：“异服，若聚鷸冠、瑑弁也。”

3 赞其为非：引导他为非作歹。赞，引导。《国语·晋语八》：“韩宣子赞授客馆。”韦昭注：“赞，导也。”

4 餔（bū）啜（chuò）：语出《孟子·离娄上》：“孟子谓乐正子曰：‘子之从于子敖来，徒餔啜也。我不意子学古之道而以餔啜也。’”朱熹集注云：“餔，食也。”“啜，饮也。”

5 翼成：助成。《晋书·王导传》：“礼乐征伐，翼成中兴。”《抱朴子·良规》：“若有奸佞翼成骄乱。”此似为袁文所本。

大意

人有了子女，应当使他们有职业。家境贫贱而有了职业，就不至于遭受饥寒；家境富贵的有了职业，就不至于为非作歹。凡是富贵人家的子弟，沉迷于酒色，喜好赌博下棋，喜好穿不合礼制的奇装异服，坐乘豪华漂亮的车马，与众小人为伍，以至于破败家业的，并非是他本心就不贤，而是由于他整天没有职业而虚度光阴，于是就产生为非之心。小人引导他为非作歹，则有吃喝钱财可图，常常乘机助成其事，子弟应当深切地反省觉悟。

导读

在古代家训中，古人非常重视子弟选择职业的问题。子弟有无职业以及选择什么样的职业，与社会的安定、家庭的兴衰、子弟的前程休戚相关。“人有常业，则富不暇为非，贫不致失节”（许相卿《贻谋》）；而子弟没有职业，游手好闲，就可能无事生非。贫家子弟致使家破人亡，富家子弟则会坐吃山空，沦为乞丐，甚至因为非作歹而破家丧身。袁采于本文中着重论述子弟应有职业的重要性和必要性，这在今天同样值得人们参考借鉴！

《四库全书总目》评《袁氏世范》语言虽然“不免于鄙浅”，但“大要明白切要，使览者易知易从”。读过本文，我们认为这一评价是比较中肯的。

名言警句

未有治国不由齐家，家不齐而求治国，无此理也。

戒族人书

罗　伦

作者简介

罗伦（1431—1478），字彝正，号一峰，吉安永丰（今江西永丰）人。家贫而好学，樵牧挟书，讽诵不辍。成化二年（1466）举进士第一，授翰林院修撰。后以论大学士李贤应归家持父丧事，忤明宪宗意而谪官福建市舶司提举。居二年，引疾归，筑室金牛山中，隐居讲学，从学者甚多。注《易》、释《礼》、说《春秋》，皆有所发明。伦为人刚正，严于律己，淡泊富贵名利。里居倡行乡约，相率无敢犯。嘉靖初追谥文毅，学者称一峰先生。《明史》有传。有《一峰集》。

列位叔父，列位兄长，别后想得安康。伦别无他嘱，为人祖宗、父兄者，惟愿有好子弟。所谓好子弟者，非好田宅、好衣服、好官爵，一时夸耀闾里[1]者也。谓有好名节，与日月争光，与山岳争重，与霄壤争久[2]，足以安国家，足以风四夷，足以奠苍生[3]，足以垂后世。如汴宋之欧阳修[4]，如南渡之文丞相[5]者是也。若只求饱暖，习势利，如前所云，则所谓恶子弟，非好子弟也。此等子弟，在家未仕也，足以辱祖宗，殃子孙，害身家；出而仕也，足以污朝廷，祸天下，负后世，甚至子孙有不敢认，如宋之蔡京、秦桧[6]，此岂父兄祖宗之所愿哉！想其势焰宦爵富贵，岂止如今日乡里中一二前辈也！而今日安在哉？然所谓好子弟者，亦在父兄子侄成就之耳。人才之盛，乡党为最，然非父兄败之，则子孙丧之，取讥天下，贻笑后世，甚可恶也，载之史书，使后世之明君贤主轻弃南人，未必不由此也。

吾愿叔父听之，子侄戒之，其怂成[7]我做天地间一个完人。盖未有治国不由齐家，家不齐而求治国，无此理也。何谓齐家，不争田地，不占山林，不尚斗争，不肆强梁，不败乡里，不陵宗族，不扰官府，不尚奢侈，弟让其兄，侄让其叔，妇敬其夫，奴恭其主。只要认得一忍字、一让字，便齐得家也。其要在子弟读书，兴礼让。若不听吾言，譬如争一亩田，占一亩住基，两边不让，或致人命，或告官府，或集亲戚，所损甚大。若以此费置买前物，所费几倍，若曰住基无卖，此又愚也。其所以为此计者，不过遗自己之子耳。父母之心，爱子孙一也。今夺吾父母之子，以与自己之子，甚非吾父母之心也。父母虽不在，逆其心，则逆天理矣，安知吾子孙不如今日之争哉！凡事皆此类也，而此事尤切，故特言之。

今后若有田地等物不明，只许自家明白，不许扰及官府。我若不仕，尤当守此言也。其余取债之属，民甚贫穷可悯，自己少用一分，便积得一分德，奴仆放横，不可放起。自今以后，无片言只字惊动府县方好。不然，外人指议，此人要做好人，不能齐家，世间安有此等好人哉？由此得祸，不可知也。兼我在此，国事日在心怀，仲淹[8]做秀才时，便以天下为己任，况今日乎！进退得失，有义有命，吾心视之，已如孤云野鹤[9]，脱洒无系。自古坏事，皆是爱官职的人，弄得狼狈了。脱使根本不安，枝叶能自保乎？戒之！戒之！若使我以区区官势来齐家，不以礼义相告，便成下等人了。但中间有等无知子弟与不才奴仆，弄出事来，则须治之以官耳。叔父须戒之，慎勿以吾言为迂也！

——《一峰集》

注释

1 闾里：乡里，泛指民间。《战国策·齐策四》：“今夫士之高者，乃称匹夫，徒步而处农亩，下则鄙野监门闾里，士之贱亦甚矣。”鲍彪注：“闾在乡，里在野，并五百家，皆有门。”

2 与霄壤争久：与天地争长久。霄壤，天与地。

3 奠苍生：安定百姓。奠，定。《尚书·禹贡》：“奠高山大川。”

4 汴宋之欧阳修：汴宋，即北宋，因北宋都城在汴京（今河南开封），故称。欧阳修，北宋著名文学家、史学家，官至参知政事。

5 南渡之文丞相：南渡，即南宋。北宋被金灭后，赵构迁都临安，故称。文丞相，即文天祥，曾任南宋宰相，被元兵俘获，始终不屈，被杀于柴市口。

6 宋之蔡京、秦桧：蔡京，北宋末大臣，“六贼”之首，宋徽宗时官宰相，有名的奸臣。秦桧，南宋初大臣，宋高祖时官宰相，杀害岳飞的元凶，有名的奸臣。

7 怂成：鼓励成就。

8 仲淹：指北宋文学家、政治家范仲淹。范仲淹年轻时即常说：“士当先天下之忧而忧，后天下之乐而乐。”后来他把这两句话写进了《岳阳楼记》。《宋史·范仲淹传》即谓他“以天下为己任”。

9 孤云野鹤：比喻闲逸逍遥之人。刘长卿《送方外人》：“孤云将野鹤，岂向人间住？”

导读

人皆养子望聪明，人皆希望有好子弟，这是天下父母的共同心愿。然而，父母对好子弟的标准却不尽相同。罗伦在这篇家训中明确提出了好子弟的标准。好子弟要有好名节，而不是有好田宅、好衣服、好官爵，而且夸耀于乡里。罗伦还详细阐述好子弟与恶子弟的处事立身的具体表现，以给罗氏后代树立规范和引起鉴戒。作者举出了“好子弟”的典型代表欧阳修和文天祥，“恶子弟”的典型代表蔡京和秦桧，以劝勉族人向欧阳、文山看齐，以蔡、秦为耻辱。其中不与人争一亩田、一亩宅基地一节，语重心长，强调以“忍”“让”为先，对人们教子的指导既具体又详细，含有极为丰富的人生经验，值得后人借鉴。

名言警句

子侄不可不力农作。

教子务农

霍 韬

作者简介

霍韬（1487—1540），字渭先，初号兀崖，晚号渭崖，广东南海人。正德九年（1514）进士。告归成婚，读书西樵山，经史淹洽。明世宗登基，除职方主事，嘉靖七年（1528），擢礼部尚书，卒谥文敏。《明史》有传。韬博学才高，能诗文，有《霍文敏公全集》。

凡子侄，多忌农作，不知幼事农业[1]，则知粟入艰难，不生侈心。幼事农业，则习恒敦实[2]，不生邪心。幼事农业，力涉勤苦，能兴起善心，以免于罪戾[3]。故子侄不可不力农作。

凡富家，久则衰倾，由无功而食人之食。夫无功食人之食，是谓厉民自养[4]。凡厉民自养，则有天殃。故久享富佚[5]，则致衰倾，甚则为奴仆，为牛马。是故子侄不可不力农作。

汉取士，设孝弟力田科[6]，敦实务本也。凡为官者，如皆取之农家，有不恤民艰者或寡矣。子侄入社学[7]，遇农时俱皆力农，一日或寅卯[8]力农，未申[9]读书；或寅卯读书，未申力农。或春夏力农，秋冬读书，勿袖手坐食，以致穷困。

凡社学师，须考社学生务农力本，居家孝弟，以纪行实。乡间骄贵子弟，耻力田勿强。本家子侄兄弟，入社学耻力田，耻本分生理，初犯责二十，再犯责三十，三犯斥出，不许入社学。

——《家训》

注释

1 幼事农业：从年幼时就从事一些农业劳作。

2 敦实：厚道老实。

3 罪戾（lì）：罪过。

4 厉民自养：虐害人民而奉养自己。《孟子·滕文公上》："今也滕有仓廪府库，则是厉民而以自养也，恶得贤？"

5 富佚：指富贵安乐的生活。佚，同"逸"。

6 孝弟力田科：汉代选举的科目名。《汉书·惠帝纪》："（四年）春正月，举民孝弟力田者复其身。"又《文帝纪》十二年诏："孝悌，天下之大顺也。力田，为生之本也。……而以户口率置三老孝悌力田常员，令各率其意以道民焉。"弟，同"悌"。

7 社学：明清时在乡间设立的学校。

8 寅卯：三点至五点为寅时，五点至七点为卯时。

9 未申：十三点至十五点为未时，十五点至十七点为申时。

大意

大凡子侄一代人，大多害怕参加农业劳动。他们不知道，从幼年时就从事一些农业劳动，就会懂得粮食的来之不易，就不容易产生奢侈的心理。幼时参加农业劳动，就会习性厚道老实，不会产生邪念。幼时参加农业劳动，尽力做一些勤快艰苦的事情，就能兴起善心，避免罪过。所以子侄不可不致力于农业劳动。

大凡富贵人家，日子长了就会衰落破产，是由于不劳而食他人之食的缘故。不劳而食，就是虐害人民而养肥自己。凡是虐害人民而养肥自己的人，上天就会降祸于他。所以久享富贵安乐生活的人，必然会衰落破产，甚而至于沦为奴仆，当牛做马。所以子侄不可不致力于劳动。

汉代选拔人才，设立了孝悌力田科，正是为了提倡厚道诚实而致力于根本。做官的人，如果都是农民家庭出身，不怜惜百姓疾苦的人或许就很少了。子侄们入乡校学习，遇到农忙时就都暂时去参加农业劳动。一天之内或早上劳动，下午读书，或早上读书，下午劳动。一年之内，或春夏劳动，秋冬读书。不能袖手素餐，以至于贫穷困难。

凡是乡村学校的教师，都须考核学生从事农业生产而致力于根本，在家孝顺父母、友爱兄弟的情况，把他们的表现记录下来。乡里骄贵人家的子弟，以体力劳动为耻辱的人，不要勉强他们。但本家子侄兄弟，如果进了社学后以耕作为耻辱，以分内的谋生之道为耻辱，初犯的责打二十下，再犯的责打三十下，三犯的就要驱逐出学校，不许入社学。

导读

耕读传家，是古人恪守的信条之一。例如陆游《放翁家训》就这样训诫家人："吾家本农也，复能为农，策之上也；杜门穷经，不应举，不求仕，策之中也；安于小官，不慕荣达，策之下也。"明代吕坤《孝睦房训辞》也主张："传家两字，曰耕与读。兴家两字，曰俭与勤。"而对于那些封疆大吏、达官富豪来说，就不能够仅仅着眼于读书仕宦，他们深深懂得"奢则用不给，奢则贪求，奢则掩身，奢则破家，奢则不可以训子孙”（南宋倪思《经锄堂杂志》）的哲理，更深知“富贵盈溢，未有能终者”（《后汉书·樊宏传》）的史实，因此，他们对子女的教育极为重视，以期子孙有成，继承祖业。位至礼部尚书的霍韬即是其中的一个。本文的文眼是“子侄不可不力农作”，一篇之中，三致意焉。作者道破了“不力农作”的严重后果，不知饭食来之不易，容易产生奢侈之心，进而家破衰倾，沦为奴仆，为人做牛做马。这是反面训诫。而“幼事农业”则益处很多，“不生侈心”“不生邪心”“能兴起善心”，还可“免于罪戾”。霍韬还以汉代设立孝悌力田科的历史事实为材料，教育子侄一边力农，一边读书，不能尸位素餐，导致穷困。末尾又详尽地陈述了对入社学读书的子侄们的严格规定及处罚措施。

家贫出孝子，富贵生邪心。霍韬的上述看法对我们今天的做父母者，都有借鉴价值，尤其是对独生子女来说，教育他们从小热爱劳动，视劳动为光荣为美德，视奢侈为耻辱为劣德，这样才有可能成为国家的有用人才。

名言警句

人须要立志。

你发愤立志要作个君子，则不拘作官不作官，人人都敬重你。

谕应尾、应箕两儿

杨继盛

作者简介

杨继盛（1516—1555），字仲芳，号椒山，直隶容城（今河北容城）人。嘉靖二十六年（1547）进士。授南京吏部主事，后改兵部员外郎。俺答南侵，大将军仇鸾请开马市，杨以为“仇耻未雪，遽议和示弱，大辱国”，上疏论互开马市“十不可、五谬”，为仇鸾、严嵩所诬，下锦衣狱，贬为狄道典史。仇鸾败，杨迁兵部武选员外郎，因上疏弹劾严嵩十大罪、五奸，下狱，在狱三年，备受酷刑而不屈服，被刑部处死。嵩败，赠太常少卿，谥忠愍。《明史》有传。有《杨忠愍集》。

人须要立志。幼时立志为君子，后来多有变为小人的；若初时不先立下一个定志，则中无定向，便无所不为，便为天下之小人，众人皆贱恶你。你发愤立志要做个君子，则不拘作官不作官，人人都敬重你。故吾要你第一先立起志气来。

心为人一身之主，如树之根，如果之蒂，最不可先坏了心。心里若是存天理，存公道，则行出来，便都是好事，便是君子这边的人。心里若存的是人欲，是私意，虽欲行好事，也有始无终，虽欲外面作好人，也被人看破你。如根衰则树枯，蒂坏则果落。故吾要你休把心坏了。

心以思为职，或独坐时，或深夜时，念头一起，则自思曰："这是好念？是恶念？"若是好念，便扩充起来，必见之行；若是恶念，便禁止勿思。方行一事，则思之：以为"此事合天理，不合天理？"若是不合天理，便止而勿行；若是合天理，便行。不可为分毫违心害理之事，则上天必保护你，鬼神必加佑你，否则天地鬼神必不容你。

你读书若中举中进士，思吾之苦，不作官也是。若是作官，必须正直忠厚，赤心随分保国。固不可效吾之狂愚，亦不可因吾为忠受祸，遂改心易行，懈了为善之志，惹人父贤子不肖之笑。

吾若不在，你母是个最正直不偏心的人，你两个要孝顺他，凡事依他。不可说你母亲向那个儿子，不向那个儿子；向那个媳妇，不向那个媳妇。要着他生一些儿气，便是不孝。不但天诛你，吾在九泉之下也摆布你。

你两个是一母同胞的兄弟，当和好到老。不可各积私财，致起争端；不可因言语差错，小事差池[1]，便面红耳赤。应箕性暴些，应尾自幼晓得他性儿的，看吾面皮，若有些冲撞，担待他罢。应箕敬你哥哥，要十分小心，合敬吾一般的敬才是。若你哥哥计较你些儿，你便自家跪拜，与他陪礼；他若十分恼不解，你便央及你哥相好的朋友劝他，不可他恼了，你就不让他。你大伯这样无情，他摆布吾，吾还敬他，是你眼见的。你待你哥，要学吾才好。

应尾媳妇是儒家女，应箕媳妇是官家女，此最难处。应尾要教导你媳妇，爱弟妻如亲妹，不可因他是官宦人家女，便气不过，生猜忌之心。应箕要教导你媳妇，敬嫂嫂如亲姐，衣服首饰休穿戴十分好的，你嫂嫂见了，口虽不言，心里便有几分不耐烦，嫌隙自此生矣。四季衣服，每遇出入，妯娌两个是一样的，兄弟两个也是一样的。每吃饭，你两个同你母一处吃，两个媳妇一处吃，不可各人合各人媳妇自己房里吃，久则就生恶了。

你两个不拘有天来大恼，要私下请众亲戚讲和，切记不可告之于官。要是一人先告，后者把这手卷送之于官，先告者即是不孝，官府必重治他。央及你两个，好歹与吾长些志气，再预告问官老先生[2]，若见此卷，幸怜吾苦情，教吾二子，再三劝诱，使争而复和，则吾九泉之下，必有衔结之报[3]。

你堂兄燕雄、燕豪、燕杰、燕贤，都是知好歹的人。虽在吾身上冷淡，却不干他事。俗语云："好时是他人，恶时是家人。"你两个要敬他、让他。祖产分有未均处，他若是爱便宜，也让他罢。切记休要争竞，自有傍人话短长也。

你两个年幼，恐油滑滑人见了，便要哄诱你，或请你吃饭，或诱你赌博，或以心爱之物送你，或以美色诱你，一入他圈套，便吃他亏，不惟荡尽家业，且弄你成不的人。若是有这样人哄你，便想吾的话来识破他：合你好是不好的意思，便远了他。拣着老成忠厚、肯读书、肯学好的人，你就与他肝胆相交，语言必信，逐日与他相处。你自然成个好人，不入下流也。

读书见一件好事，则便思量：吾将来必定要行；见一件不好的事，则便思量：吾将来必定要戒。见一个好人则思量：吾将来必要合他一般；见一个不好的人则思量：吾将来甚休要学他。则心地自然光明正大，行事自然不会苟且，便为天下第一等人矣。

习举业，只是要多记多作。《四书》本经记文[4]一千篇，读论一百篇，策一百问，表五十道，判语八十条[5]，有余功则读《五经》白文，好古文读一百篇。每日作文一篇，每月作论三篇，策二问。切记不可一日无师傅。无师傅则无严惮，无稽考[6]。虽十分用功，终是疏散，以自在故也。又必须择好师，如一师不惬意，即辞了另寻，不可因循迁延[7]，致误学业。又必择好朋友，日日会讲切磋[8]，则举业不患其不成矣。

居家之要，第一要内外界限严谨。女子十岁以上，不可使出中门，男子十岁以上，不可使入中门。外面妇人，虽至亲不可使其常来行走，一以防谈说是非，致一家不和；一以防其为奸盗之媒也，只照依吾行便是。院墙要极高，上面必以棘针缘的周密[9]。少有缺坏，务要追究来历。如夏间霖雨，院墙倒塌，必即时修起。如雨天不便，亦即时加上寨篱，不可迁延日月，庶止奸盗之原[10]。酒肉面果，油盐酱菜，必总收一库房；五谷粮食，必总收一仓房。当家之人，掌其锁钥，家人不得偷盗。衣服要朴素，房屋休高大，饮食使用要俭约。休要见人家穿好衣服便要作，住好房屋便要盖，使好家活便要买，此致穷之道也。若用度少有不足，便算计可费多少，即卖田产补完。切记不可揭债[11]，若揭债则日日行利，累的债深，穷的便快，戒之戒之！

田地四顷有余，彀你两个种了，不可贪心见好田土又买。盖地多则门必高，粮差[12]必多，恐至负累，受县官[13]之气也。

与人相处之道，第一要谦下诚实。同干事则勿避劳苦，同饮食则勿贪甘美，同行走则勿择好路，同睡寝则勿占床席。宁让人，勿使人让吾；宁容人，勿使人容吾；宁吃人亏，勿使人吃吾之亏；宁受人气，勿使人受吾之气。人有恩于吾，则终身不忘；人有仇于吾，则即时丢过。见人之善，则对人称扬不已；闻人之过，则绝口不对人言。人有向你说某人感你之恩，则云“他有恩于吾，吾无恩于他”，则感恩者闻之，其感益深。有人向你说某人恼你谤你，则云“彼与吾平日最相好，岂有恼吾谤吾之理？”则恼吾者闻之，其怨即解。人之胜似你，则敬重之，不可有傲忌之心；人之不如你，则谦待之，不可有轻贱之意。又与人相交，久而益密，则行之邦家可无怨矣。

吾一母同胞，见在者四人：你大伯、二姑、四姑及吾。大伯有四个好子，且家道富实，不必你忧。你二姑、四姑俱贫穷，要你常看顾他，你敬他合敬吾一般。至于你五姑、六姑，亦不可视之如路人也。户族中人有饥寒者，不能葬者，不能嫁娶者，要你量力周济，不可忘一本之念，漠然不关于心。

吾家系诗礼士夫之家，冠婚丧祭，必照家礼行。你若不知，当问之于人，不可随俗苟且，庶子孙有所观法。你姐是你同胞的人，他日后若富贵便罢，若是穷，你两个要老实供给照顾他。你娘要与他东西，你两个休要违阻；不但失兄弟之情，且使你娘生气，又为不友，又为不孝。记之！记之！

杨应民[14]是吾自幼抚养他成人，你日后与他村里房窠[15]一所，坟左近地与他五十亩。他若公道便与他，若有分毫私心，私积钱财，房子、地都休要与他。曲钺[16]他若守分，到日后亦与他地二十亩，村宅一小所。若是生事心里要回去，你就合你两个丈人商议告着他。原是四两银子买的他，放债一年银一两，得利六钱，按着年问他要，不可饶他。恐怕小厮门照样儿行，你就难管。福寿儿、甲首儿、杨爱儿，都是监中伏侍吾的人，日后都与他地二十亩，房一小所。以上各人，地都与他坟左近的，着他看守坟墓，许他种，不许他卖。

覆奏本[17]已上，恐本下急，仓促之间，灯下写此，殊欠伦序[18]。然居家作人之道，尽在是矣。拿去你娘看后，作一个布袋装盛，放在吾灵前桌上，每月初一、十五，合家大小灵前拜祭了，把这手卷从头至尾念一遍，合家听着；虽有紧要事，也休废！

——《杨忠愍公遗笔》

注释

1　差池：差错。宋慈《颁降新例》：“获正贼，召到尸亲，至日画字，给付，庶不差池。”

2　问官老先生：审理案件的官员。

3　衔结之报：衔环结草而来报恩。比喻感恩戴德，至死不忘。《左传·宣公十五年》：“初，魏武子有嬖妾，无子，武子疾，命（魏）颗曰：‘必嫁是。’疾病，则曰：‘必以为殉！’及卒，颗嫁之，曰：‘疾病则乱，吾从其治也。’及辅氏之役，颗见老人结草以亢杜回。杜回踬而颠，故获之。夜梦之曰：‘余，而所嫁妇人之父也，尔用先人之治命，余是以报。’”又干宝《搜神记》卷二十：“汉时弘农杨宝，年九岁时，至华阴山北，见一黄雀，为鸱枭所搏，坠于树下，为蝼蚁所困。宝见愍之，取归，置巾箱中，食以黄花。百余日，毛羽成，朝去暮还。一夕三更，宝读书未卧，有黄衣童子，向宝再拜曰：‘我西王母使者，使蓬莱，不慎为鸱枭所搏，君仁爱见拯，实感盛德。’乃以白环四枚与宝，曰：‘令君子孙洁白，位登三事，当如此环。’”《续齐谐记》所载略同。

4 《四书》本经记文：《四书》，指《论语》《孟子》《中庸》《大学》。本经记文，泛指经书和传注之文。下文《五经》，指《诗经》《尚书》《礼记》《周易》《春秋》。

5 “读论”诸句：论、策、表、判语，均为古代文体名。

6 稽考：考核。

7 因循迁延：守旧法而不知变更，拖延时间。

8 切磋：比喻相互之间研讨。语出《诗经·卫风·淇奥》：“如切如磋，如琢如磨。”

9 以棘针缘的周密：以带刺的草木围绕得严密。有如现代的铁丝网。

10 庶止奸盗之原：或许可以堵住作奸盗窃的本源。

11 揭债：举债、借债。

12 粮差（chāi）：催促交粮的差使。

13 县官：指官府。《后汉书·刘矩传》：“民有争讼，矩常引之于前，提耳训告，以为忿恚可忍，县官不可入，使归更寻思。”

14 杨应民：杨继盛的养子。

15 房窠（kē）：房屋。

16 曲钺：与下文福寿儿、甲首儿、杨爱儿都是杨继盛的家奴。

17 覆奏本：详审事情、重新上奏的奏本。

18 伦序：次序。

导读

在中国古代的历史长河中，有不少堂堂男儿以自己刚正的性格、高尚的操守、壮烈的行为、凛然的正气为后人、为子弟写下了一篇篇可以永传不朽的“家训”。杨继盛是其中的佼佼者。

杨继盛七岁失母，备受庶母的责妒，而他经过与父兄和庶母的激烈争辩，终于获得了牧牛读书的机遇。明乎此，我们即不难理解他三十二岁即中进士，敢于多次虎口拔牙而视死如归的个中原因了。如果说前次弹劾仇鸾而不死已属侥幸的话，那么死于严嵩之手就是非常自然的了。杨继盛熟读书史，掌握殷鉴颇多，自应学得明哲保身，把“方头”削得圆滑一些，还是有他的官可做，有他的俸禄可领，为什么要在复官刚刚一月之后，就要上疏弹劾严嵩的“十大罪、五奸”而引来杀身之祸呢？退一步说，被下狱后，如果他能“迷途知返”，认罪投降，庶可免于一死。但他没有这样做，而是至死不悔，慷慨赴义！其临刑所赋之诗是何等雄壮：“浩气还太虚，丹心照千古。生平未报恩，留作忠魂补！”怪不得为天下人争相传颂。《明史·杨继盛传》还载：在杨继盛受杖打前，有人送给他一条蚺蛇（即蟒蛇）胆，因为蚺蛇胆可以疗病止痛，送者想让杨继盛受杖刑后疗止疼痛，他却谢说：“椒山自有胆，何蚺蛇为！”——椒山是杨继盛的别号。他毅然不屈，视死如归，年仅四十岁！他用自己的壮举为后人、为子弟留下了一篇绝好的“家训”。

《谕应尾、应箕两儿》写于临刑前夕。他自料难免一死，于是细大不捐地写下了这篇教诲儿子为人做事的著名家训。说它细大不捐，是因为我们可以看到作者不怕絮絮叨叨、不怕语欠伦序，而是苦口婆心、面面俱到地提醒告诫二子，几乎涉及为人处世的方方面面。明知自己是因忠受祸，他仍要求儿子不改其行，要敢于为民请命。至于谈到对家人的照顾安排，同样可以看出杨继盛仁慈而严厉的个性之一面。人之将死，其言也善。这封家书所包含的内容非常丰富，是用来教育子弟的绝好教材，值得我们反复研读。

名言警句

读书不能身体力行，便是不曾读书。
胸中自有是非，勿遽与人辨驳。

书示两儿

陈　确

作者简介

陈确（1604—1677），初名道永，字非玄，明亡后改名确，字乾初，海宁（今浙江海宁）人。年四十，始与黄宗羲同受学于刘宗周。明亡后，隐居著述。为人刚正，尚气节，奉慎独之教。博学多才，书法得晋人遗意，兼工琴箫、篆刻、博弈。所作诗文清真大雅，寄托深远。晚年得拘挛之疾，病困十余年而卒。陈确一生对宋明理学和佛教进行了激烈的批判，认为理学家所推崇之《大学》，并非圣贤之书；认为“天理正从人欲中见，人欲恰到好处，即天理也”；指出佛教所谓“度尽众生”，实质是要“灭绝众生”。有《大学辨》《葬书》《瞽言》和诗文集；后人辑有《陈确集》。

读书不能身体力行[1]，便是不曾读书。只“慎言语、节饮食”[2]六字，吾尝谆谆致戒，禾[3]能奉行一字否？不用[4]父言，便是忤逆不孝，尚何学问之可言乎？吾素不喜浮华，只验而等[5]于日用[6]动静间，有一分敬慎意思，便是学力进步处，吾便一开颜。不然，虽学成扬名，非吾好也。今姑摘[7]而等习气之最不易变者，设戒数条如左[8]。有未尽者，以类推之。吾衰病气虚，不能多言，以笔代口。

服膺[9]，充耳[10]，则惟尔之以[11]。贤不肖于我何有哉[12]！

凡听言须详审，毋恍惚致思别事。

勿轻信轻诺[13]，易喜易怒。

胸中自有是非，勿遽[14]与人辨驳。

凡作事须从容细密，事事有条理，勿卤莽[15]粗疏，有初鲜终[16]。虽行善事，须斟酌量力，称情当理[17]；勿动于浮气，好名狥情[18]。勿留诺不行。

自书籍衣服，以至百物，无大小，悉须收整停当，并时戒内人。

钱财出入，纤[19]悉登记明白。吾素懒上帐[20]，最是败德，不可学也。

切勿容易借债。吾每承亲知缓急[21]，稍觉出于轻滑[22]，非爱我者。宁缩己[23]，毋求人，极是无敝之道。儿能以我为戒，方是真能立志者。

勿高声呵怒妻仆，致声闻吾耳。虽吾不在家，亦然。

有客在座，翼儿[24]不得参论诗文，及议他事。吾虽不在前，亦然。此未是儿事也。

禾儿过旧居，不许与诸孙着棋[25]，及诸戏[26]；至他处亦然。陶士行云："此牧猪奴戏耳。"[27]志学之士闻此言，有不惕然[28]者，非夫也。

禾儿即日要立志。年十七矣，此时不立志向上，更待何时？能立志，则诸病悉除，更不待吾言之赘[29]矣。少壮几时，忽成老大。终身大事，须自打算。他日[30]始思吾言，何可及也！

——《陈确集·文集》卷十六

注释

1 身体力行:《淮南子·汜论训》有“故圣人以身体之”语,《礼记·中庸》有“力行近乎仁”语。后人以“身体力行”指亲身体验,努力实践。

2 慎言语、节饮食:语出《周易·颐》:“象曰:君子以慎言语,节饮食。”孔颖达正义:“病从口入,祸从口出。”刘禹锡《口兵诫》:“我诫于口,惟心之门。毋为我兵,当为我藩。以慎为键,以忍为阍。可以多食,勿以多言。”可以参看。

3 禾:指陈确的次子陈禾,字若木,生于顺治元年(1644)六月二十日。陈禾生时,陈确已四十一岁。

4 用:采用、听从。

5 而等:你们。而,第二人称代词,你。《史记·项羽本纪》:“必欲烹而翁,则幸分我一杯羹。”

6 日用:这里指日常生活的费用。语出《诗经·小雅·天保》:“民之质矣,日用饮食。”

7 摘:选取。

8 如左:如下。古代以右为上,以左为下,故以“左”代“下”。

9 服膺(yīng):牢记在心,衷心信服。语出《礼记·中庸》:“得一善,则拳拳服膺而弗失之矣。”

10 充耳:充耳不闻的省称。充耳,古代挂在冠冕两旁的玉,或称“瑱”,下垂至耳,用以塞耳避听。《诗经·卫风·淇奥》:“有匪君子,充耳琇莹。”引申为塞耳不听。《诗经·邶风·旄丘》:“叔兮伯兮,褎如充耳。”郑玄笺:“充耳,塞耳也。言卫之诸臣,颜色褎然,如见塞耳无闻知也。”

11 惟尔之以:即惟尔以之,意谓任由你们去对待吧。

12 贤不肖于我何有哉:你们成为贤能之人或不肖子弟对我来说有什么呢?意谓我死之后,你们的好坏与已作古的我毫无损益。此句套用古代《击壤歌》而来:“日出而出,日入而息,凿井而饮,耕田而食;帝力于我何有哉?”

13 轻诺:轻易许诺。诺,应允。《老子》:“夫轻诺必寡信,多易必多难。”

14 遽(jù):急速、匆忙。

15 卤(lǔ)莽:冒失、粗率。也作“鲁莽”。

16 有初鲜终:即“靡不有初,鲜克有终”的缩语,语见《诗经·大雅·荡》,诗本意谓人生之初无不具有善性,但是很少有能保持始终。陈确以此告诫儿子勿要半途而废。

17 称(chèn)情当(dàng)理:符合人情,适合道理。称情,语出《礼记·三年问》:“三年之丧何也?曰:称情而立文,因以饰群。”郑玄注:“称情而立文,称人之情轻重而制其礼也。群,谓亲之党也。”

18 好(hào)名狥(xùn)情:贪图得到名声而曲从人情。

19 纤:细小、微细。

20 上帐:记账。

21 吾每承亲知缓急:我每每接受亲朋的紧急救助。承,接受。缓急,偏义复词,重在指“急”。《史记·扁鹊仓公列传》:“生子不生男,缓急无可使者。”即指“急”,“缓”字无义。

22 轻滑:轻佻而圆滑。

23 宁缩己：宁可减缩节俭自己的生活。

24 翼儿：指陈确的长子陈翼，字敬之，号敬斋，生于明崇祯五年（1632）十一月初六。生陈翼时，陈确二十九岁。

25 着棋：下棋。围棋谓下子曰着。着，亦作“著”。

26 诸戏：各种赌博活动。戏，这里指赌博。

27 “陶士行”二句：陶士行，即陶侃，士行是其字（或作士衡）。一生不喜饮酒、赌博，常勉人惜分阴，造船时连竹头木屑都储藏备用，为人所称。《晋书·陶侃传》载：“（侃）常语人曰：‘大禹圣者，乃惜寸阴；至于众人，当惜分阴，岂可逸游荒醉？生无益于时，死无闻于后，是自弃也。’诸参佐或以谈戏废事者，乃命取其酒器，蒱博之具，悉投之于江，吏将则加鞭朴，曰：‘樗蒱者，牧猪奴戏耳！’”后亦用为对赌徒的鄙称。朱熹《观洪尊双陆谱有感》：“只恐分阴闲过了，更教人诮牧猪奴。”

28 惕然：警惧的样子。

29 赘（zhuì）：重复多余。

30 他日：后来、后日。《左传·僖公二十三年》：“公子惧，降服而囚。他日，公享之。”

导读

《书示两儿》写于清顺治十七年（1660），时陈确五十七岁，长子陈翼已二十九岁，次子陈禾仅十七岁。因此，我们看到文中径呼陈禾之名者甚多。大约是陈禾年龄尚小的缘故吧，何况陈禾之母王氏已于顺治七年（1650）去世。不难想见，陈确对尚未成人的陈禾是多么疼爱，因此特加教诲。明乎此，我们还可看出本文虽题为《书示两儿》，其实重在“书示禾儿”。

本文虽然较短，但几乎涵盖了古代家训范畴的各个方面，即使陈确说“今姑摘而等习气之最不易变者，设戒数条如左”，如：要慎言语，节饮食；认真听人讲话，勿轻诺轻信，要有自己的主见；做事要细密，戒鲁莽；要有始有终；书籍须收拾整齐，费用须记账；不轻易借他人钱；居家要温和待人；决不能赌博戏耍虚耗时光；早立志，以免老大徒伤悲；等等。在我们看来，陈确告诫儿子的这些看似平常、实则深刻的话语，完全可以奉为金科玉律。

陈确还写到了三件事：一是“每承亲知缓急”，他人借债给自己，后来始得出结论——非爱我者。这是至理名言。小恩小惠往往会把人引入歧途，做出违己之事。医治的药方则是“宁缩己，毋求人”。二是儿子不得参与长辈们讨论诗文或议事的活动。这一点也同样深刻。露才扬己，会使长者产生后生可畏的感想，进而产生嫉妒之心，于儿子日后的生活大不利。因为年辈不同，心性即异。长者深深懂得“今之少年，喜谤前辈”（孔融《论盛孝章书》）的古训，也熟悉“晚将末契托年少，当面输心背面笑”（杜甫《莫相疑行》）的名句；更知道“难与儿童谈旧事，夜攀庭树数星辰”（朱敦儒《忆旧》）。三是绝对不能为下棋、赌博等事，作者特别引陶侃斥赌博是“牧猪奴戏耳”的名言，以诫子孙惕然自戒。陈确早年就很爱下棋和赌博，“抚琴吹箫，时奏于山巅水涯，篆刻博弈无不工。自奉教蕺山，一切陶写性情之技，视为害道而屏绝之”（许三礼《海宁县志·理学传》）。可知陈确谈此乃切身感受。这三件事充分表明陈确知错必改、言传身教的品格。

陈翼后来继承父训，为人至孝，诗文清真，颇为同乡所称许。这与陈确的教导大有关系。可惜的是，陈禾于二十八岁时猝然去世，陈确悲痛至极，他写有《悼亡儿》诗，诗有“吾儿年十岁，读书肯早起，性默人疑愚，独勤众所毁。好儿慰吾意，一旦手中死！”《禾儿》诗有“此儿虽病不忘学，读书作字日起挣：读书十篇略能背，作字数行颇秀劲。时时牵我教且解”诸句，从中可以看到陈禾早年勤奋读书、谨从父训的情况，这当然与陈确的教导有关。

为使读者加深理解《书示两儿》一文，将陈确《书示两儿》一诗引在下面，以便合观对读。

孝子凛冰渊，战兢无已时；
明王凛朽驭，匹妇能胜之。

况汝处卑贱，益复遭险巇。
忿怒毋或乘，卤莽安可为！
《大易》贺灭趾，小惩福所基。
勿谓遇无良，钱虎是汝师。
吾家祖怀弟，东山蔡伯蜚。
抑抑并良士，时举示吾儿，
犹或受折磨，前后蹈危机。
况汝实浮夸，文笔恒纷披，
多词非吉人，悠悠我心悲。

显而易见，诗与文有不少地方是相同的。

名言警句

钻燧之火，可以续朝阳；
挥翮之风，可以继屏翳。

训　子

徐　媛

作者简介

徐媛（1560—1620），字小淑，长洲（今江苏苏州）人。副使范允临之妻。范允临以临池负时名，而徐媛多读书，好吟咏，与陆卿子相唱和，吴中士大夫望风附影，交口誉之，流传海内，称“吴门二大家”。有《络纬吟》。

儿年几弱冠，懦怯无为，于世情毫不谙练[1]，深为尔忧之。男子昂藏[2]六尺于二仪[3]间，不奋发雄飞而挺两翼，日淹岁月，逸居无教[4]，与鸟兽何异？将来奈何？为人慎勿令亲者怜而恶者快！兢兢业业，无怠夙夜，临事须外明于理而内决于心。钻燧[5]之火，可以续朝阳；挥翮之风，可以继屏翳[6]。物固有小而益大，人岂无全用哉？

习业当凝神伫思[7]，戢足纳心[8]，鹜精于千仞之巅，游心于八极之表[9]；濬发于巧心[10]，摅藻如春华[11]，应事以精，不畏不成形；造物以神，不患不为器。能尽我道而听天命，庶不愧于父母妻子矣！循此则终身不堕沦落，尚勉之励之，以我言为箴[12]，勿愦愦于衷[13]，毋朦朦于志[14]。

——《络纬吟》卷十二

注释

1 谙（ān）练：熟悉。《晋书·刁协传》："协久在中朝，谙练旧事，凡所制度，皆禀于协焉，深为当时所称许。"

2 昂藏：形容人的仪表不凡。

3 二仪：这里指天地。

4 逸居无教：安逸地生活而不受教育。无，同"毋"，不。

5 钻燧：最古的取火法。燧是钻木取火的工具。

6 "挥翮（hé）"二句：挥动扇子扇出的风，可以继自然之风而供人们纳凉。翮，鸟的羽毛，这里指用鸟的羽毛做成的扇子。屏翳，风神名，这里代指风。曹植《洛神赋》："于是屏翳收风，川后静波。"李善注："然说屏翳者虽多，并无明据。曹植《诘洛文》曰：'河伯典泽，屏翳司风。'植既皆为风师，不可引他说以非之。"

7 习业当凝神伫思：学习应当聚精会神而深入思考。习业，犹学习。伫思，久久地站立深思。

8 戢足纳心：足不出户而专心致志。戢，收敛。《诗经·小雅·鸳鸯》："鸳鸯在梁，戢其左翼。"言鸟敛翅、止飞曰戢翼。刘桢《大暑赋》："兽喘气于玄景，鸟戢翼于高危。"言人足不出户则云戢足。

9 "鹜精"二句：意谓境界要高，精神好像在千仞的高山之巅；胸怀要广，思想好像驰骋在八极之外。八极，八方极远之地。

10 濬（jùn）发于巧心：深刻的思想发于灵巧的心。濬，深。《诗经·商颂·长发》："濬哲维商，长发其祥。"孔颖达疏："有深智者，维我商家之德也。"

11 摅（shū）藻如春华：抒发艳丽的文字有如春天的花朵。即写出漂亮的文章。摅，散布、抒发。班固《西都赋》："愿宾摅怀旧之蓄念，发思古之幽情。"

12 箴（zhēn）：文体名，以规诫为主题。

13 愦（kuì）愦于衷：心中糊涂。愦，昏乱不明。衷，中、中心。

14 朦朦于志：内心迷惘。朦，月光不明，引申为迷惘不清楚。

大意

儿快到二十岁了，但还胆小软弱，无所作为，对于人情世故毫不熟悉，我深深地为你忧虑。仪表不凡的堂堂六尺男儿立于天地之间，却不能像雄鹰一样伸展双翅而凌空翱翔，一天天地虚度光阴，安逸地生活而不受教育，与鸟兽有什么不同呢？将来又怎样做人呢？千万不要让亲者怜悯而让仇者高兴啊！应当兢兢业业，从早到晚都不能懈怠，临事必须要外明事理而内心作出决断。钻燧而来的火，可以继落日而为人们提供温暖；挥动扇子扇出的风，可以继自然之风而供人们纳凉。某些东西固然小，但它有其大的用处，作为人难道没有胜任万事的能力吗？

学习应当聚精会神而深入思考，足不出户而专心致志，境界要高，精神好像在千仞的高山之巅；胸怀要广，思想好像驰骋在八极之外；深刻的思想发于灵巧的心中，抒发艳丽的文字有如春天的花朵；处理事情要精心，不怕它不成样子；做一件东西要费神，不担心它不成器。能够尽了自己的努力而听天意，大概就无愧于父母妻子了。遵循上面的告诫就终身不会堕落失意，还望儿努力激励自己，把我的话当作箴言，不要心里糊涂，内心迷惘。

导读

这是母亲写给儿子的一篇家训。常言道，知子莫如父母。对儿子的缺点，徐媛很清楚，她首先指出年已弱冠的儿子的两大缺点：一是“懦怯无为”，二是“于世情毫不谙练”；若长此以往，焉能立身扬名？“往者不可谏，来者犹可追”，亡羊补牢，未为晚也。因此，徐媛也从两个方面告诫儿子：一是立志成材，二是努力学习和处事。前者是从大的方面指教，后者是从具体方面指点。文章中有批评，有告诫，有劝勉，有指教，情与理交织在一起，爱与憾尽现于字面，情真意切，又一气呵成。徐媛是有名的才女、女诗人，才华横溢，所以文中遣词用语颇为恰当，排比句式的运用更增强了可读性和说服力。

名言警句

虞卿非穷愁，不能著书以自见于后世。

示 子 朔

郑淑云

作者简介

郑淑云（生卒年不详），字从一，明代女作家。

阅儿信，谓一身备有三穷[1]：用世颇殷，乃穷于遇[2]；待人颇恕，乃穷于交[2]；反身颇严，乃穷于行[4]。昔司马子长云："虞卿非穷愁，不能著书以自见于后世。"[5]是穷亦未尝无益于人，吾儿当以是自励也！

——《写心集》

注释

1 穷：与"达"是一对反义词，不得志曰穷，得志曰达。

2 "用世"二句：意谓求用于世的心情很急切却不得志于有人赏识提拔。遇，这里指遇到达官贵人的提拔重用，正是"力田不如逢年，善仕不如遇合"之"遇"。

3 "待人"二句：意谓对待他人很宽恕却遇不到挚友。

4 "反身"二句：意谓对自己要求严格却难以立身行事。以上三句乃作者转述儿子来信中的意思。

5 “昔司马子长”三句：司马子长，即司马迁，字子长。语出《史记·平原君虞卿列传》：“然虞卿非穷愁，亦不能著书以自见于后世云。”虞卿，战国时人，曾为赵国之上卿，故号为虞卿，“魏齐已死，不得意，乃著书，上采《春秋》，下观近世，曰《节义》《称号》《揣摩》《政谋》，凡八篇，以刺讥国家得失，世传之曰《虞氏春秋》”。《虞氏春秋》已佚，《汉书·艺文志》云十五篇，与《史记》本传及《十二诸侯年表》不合。马国翰《玉函山房辑佚书》子编儒家类有《虞氏春秋》一卷，真伪难辨。

大意

拆阅了我儿的来信，说你一身备有三种穷困不得志：求为世所用的心情很急切，却不得志于有人赏识提拔；待人很宽恕，却遇不到真正的朋友；要求自己严格，却难以立身行事。从前司马迁曾说过：“如果虞卿不到穷愁不得志的地步，就不能著书立说以自现美名于后代。”这说明穷困也未尝对人没有益处，我儿理当以此激励自己啊！

导读

向父母或亲友写信诉说自己心中的痛苦或欢乐，是人们常做的一件事情。郑淑云的儿子简要而悲伤地向母亲诉说自己的“三穷”，亦无非是宣泄一下心中的苦闷，期望得到母亲的安慰、开导。郑淑云深知儿子的苦闷，她以虞卿的例子说明“穷亦未尝无益于人”的道理，激励儿子自强不息，颇有大丈夫之风。我们知道，建功立业，穷愁著书，其动因乃是穷困。苦难，对于一个真正的男儿来说是一笔无价的财富，所谓“艰难困苦，玉汝于成”，所谓“家贫出孝子，逆境出人才”，也是同一道理。这封家信文字不多，但包含着深刻的哲理。

名言警句

逸则妄念生。

训 家 人

史桂芳

作者简介

史桂芳（生卒年不详），字景实，号惺堂，鄱阳（今江西鄱阳）人。嘉靖三十二年（1553）进士，性耿介，宗陈献章之学。初任歙县知县，廉直爱民，督师赵文华檄取万金犒师，不应。后任延平、汝宁知府，专以德化民；迁两浙运史，老幼送者数千人。有《惺堂文集》。

陶侃运甓，自谓习劳，盖有难以直语人者[1]。劳则善心生，养德、养身咸[2]在焉；逸则妄念生[3]，丧德、丧身咸在焉。

吾命言儿、稽孙，不外一“劳”字，言劳耕稼，稽劳书史，汝父子其图之。

——《惺堂文集》

注释

1 “陶侃”三句：陶侃（259—334），字士行，庐江寻阳（今江西九江）人。官至侍中、太尉。《晋书·陶侃传》载：“侃在州无事，辄朝运百甓于斋外，暮运于斋内，人问其故，答曰：‘吾方致力中原，过尔优逸，恐不堪事。’其励志勤力，皆此类也。”甓（pì），砖。“有难以直语人者”，指陶侃在军事上的远大抱负不便对人直说。

2 咸：副词，都、全。

3 逸则安念生：安逸就会有恶念产生。

大意

陶侃运砖，他自言是为了使自己习惯劳苦生活，大概他不便把真话对人直说出来。人勤劳就会有善心产生，养德、养身也都在勤劳之中。安逸就会有恶念产生，丧德、丧身也都在安逸之中。

我告诫言儿、稽孙的，不外一个“劳”字，言儿勤劳于耕田种菜，稽孙勤劳于攻读书史。你们父子俩要认真考虑。

导读

亚圣孟子曾有名言：“天将降大任于是人也，必先苦其心志，劳其筋骨，饿其体肤，空乏其身，行拂乱其所为，所以动心忍性，曾益其所不能。”（《孟子·告子下》）只有在艰难环境中滚爬摔打，才能意志坚定，承受力强，将来才能担当大任。史桂芳即以陶侃运砖的范例给儿孙阐明“劳则善心生”“逸则安念生”的道理，他的见解又比陶侃高了一筹，因为陶侃运砖自有其用意在，而史桂芳则从更为广阔的方面阐明勤劳与养德、养身的辩证关系和安逸与损德、丧身的因果关系，可谓至理箴言。美国的儿童教育家斯特娜夫人曾经说过：“勤劳是孩子必须从小养成的一种好习惯。因为勤恳是一个人最主要的品德，是幸福的源泉，而怠惰则是万恶之源。”这与史桂芳的观点是何其相似！

名言警句

黎明即起，洒扫庭除，要内外整洁。
一粥一饭，当思来处不易；半丝半缕，恒念物力维艰。
祖宗虽远，祭祀不可不诚；子孙虽愚，经书不可不读。
见色而起淫心，报在妻女；匿怨而用暗箭，祸延子孙。

治家格言

朱柏庐

作者简介

朱柏庐（1627—1698），名用纯，字致一，昆山（今属江苏）人，自号柏庐，取晋王裒庐墓攀柏之意，以号行。明末生员，入清隐居不仕。康熙中，被征博学鸿词科，固辞乃免。死后，门人私谥孝定先生。学尊程、朱，提倡知行并进，躬行实践。康熙三十七年（1698）染疾，临终前嘱弟子："学问在性命，事业在忠孝"。著有《四书讲义》《劝言》《耻耕堂诗文集》《愧讷集》等。《治家格言》一篇脍炙人口，成为清代至当代家喻户晓、家传户诵的教子治家的家训经典。

黎明即起，洒扫庭除[1]，要内外整洁。
既昏[2]便息，关锁门户，必亲自检点。
一粥一饭，当思来处不易；半丝半缕，恒念物力维艰[3]。
宜未雨而绸缪，毋临渴而掘井[4]。
自奉必须俭约，宴客切勿留连[5]。
器具质而洁，瓦缶胜金玉[6]；饮食约而精，园蔬愈珍羞[7]。
勿营华屋，勿谋良田。

三姑六婆[8]，实淫盗之媒；婢美妾娇，非闺房之福。

奴仆勿用俊美，妻妾切忌艳妆。

祖宗虽远，祭祀不可不诚；子孙虽愚，经书[9]不可不读。

居身务期质朴，教子要有义方[10]。

勿贪意外之财，勿饮过量之酒。

与肩挑贸易，毋占便宜；见贫苦亲邻，须加温恤[11]。

刻薄成家，理无久享；伦常乖舛，立见消亡[12]。

兄弟叔侄，须分多润寡[13]；长幼内外，宜法肃辞严。

听妇言，乖骨肉，岂是丈夫？重资财，薄父母，不成人子。

嫁女择佳婿，毋索重聘；娶媳求淑女，勿计厚奁[14]。

见富贵而生谄容[15]者，最可耻；见贫穷而作骄态者，贱莫甚。

居家戒争讼[16]，讼则终凶；处世戒多言，言多必失。

毋恃势力而凌逼孤寡，勿贪口腹而恣杀[17]牲禽。

乖僻自是，悔误必多；颓惰自甘，家道难成[18]。

狎昵恶少，久必受其累；屈志老成，急则可相倚[19]。

轻听发言，安知非人之谮诉[20]，当忍耐三思；因事相争，安知非我之不是，须平心再想。

施惠无念，受恩莫忘。

凡事当留余地，得意不宜再往。

人有喜庆，不可生妒忌心；人有祸患，不可生喜幸心。

善欲人见，不是真善；恶恐人知，便是大恶。

见色而起淫心，报在妻女；匿怨[21]而用暗箭，祸延子孙。

家门和顺，虽饔飧不继，亦有余欢；国课早完，即囊橐无余，自得至乐[22]。

读书志在圣贤，非徒科第；为官心存君国，岂计身家[23]？

守分安命，顺时听天。

为人若此，庶乎近焉[24]。

——《朱柏庐诗文选》

注释

1 庭除：庭前阶下，这里指院内。除，台阶。孙樵《书褒城驿壁》："庭除甚芜，堂庑甚浅。"

2 既昏：日暮，天刚黑时。既，已经。

3 "半丝"二句：缕（lǚ），线。恒念，经常想到。维艰，艰难。维，语助词，无义。前二句言吃，后二句言穿。

4 "宜未雨"二句：未雨绸缪，语出《诗经·豳风·鸱鸮》："迨天之未阴雨，彻彼桑土，绸缪牖户。"绸缪，紧相缠缚，引申为修补。《诗经》意指鸱鸮在天未下雨时就啄剥桑树皮修补窝巢。后多用以事前有准备或预防，以便应对意外不测情况的发生。临渴掘井，到口渴才掘井找水。比喻事先没有准备，临时才想办法。《黄帝内经·素问·四气调神大论》："夫病已成而后药之，乱已成而后治之，譬犹渴而穿井，斗而铸锥，不亦晚乎。"

5 "自奉"二句：自奉，自身日常生活的供养。刘向《说苑·政理》："武王问于太公曰：'贤君治国何如？'对曰：'贤君之治国，其政平，其吏不苛，其赋敛节，其自奉薄。'"似为朱文所本。留连，指挽留客人。梅尧臣《翠羽辞》："主人重客苦留连，急走铀车令去取。"上句言待己，下句言待客。

6 "器具"二句：质，朴素。瓦缶（fǒu），小口大腹的瓦器。李商隐《行次西郊作一百韵》："浊酒盈瓦缶，烂谷堆荆囷。"

7 "饮食"二句：约，少、俭约。园蔬，自家菜园种植的菜蔬。王安石《园蔬》："园蔬小摘嫩还抽，畦稻新春滑欲流。枕簟不移随处有，饱餐甘寝更无求。"似为朱文所本。珍羞：珍贵的食物。羞，同"馐"。李白《行路难（其一）》："金樽清酒斗十千，玉盘珍羞直万钱。"

8 三姑六婆：喻指不务正业的妇女。陶宗仪《南村辍耕录》卷十：“三姑者，尼姑、道姑、卦姑也。六婆者，牙婆、媒婆、师婆、虔婆、药婆、稳婆也。盖与三刑六害同也。人家有一于此，而不致奸盗者，几希矣。若能谨而远之，如避蛇蝎，庶乎净宅之法。”牙婆，以介绍人口买卖为业而从中牟利的女人。师婆，以装神弄鬼、画符念咒、占卜算卦等为职业的女人。虔婆，古代妓院的鸨儿。药婆，利用药物给人治病或加害他人的女人。稳婆，以接生为业的接生婆。

9 经书：指四书五经。

10 义方：指行事应遵守的规矩法度。《左传·隐公三年》：“石碏谏曰：‘臣闻爱子教之以义方，弗纳于邪。”后多以“义方”指家教，《三字经》：“窦燕山，有义方。”

11 “与肩挑”诸句：肩挑，指挑着货担走街串巷的小商贩。温恤，体贴抚慰。《后汉书·刘虞传》：“青、徐士庶避黄巾之难归虞者百余万口，皆收视温恤，为安立生业，流民皆忘其迁徙。”

12 “刻薄”诸句：刻薄，苛酷无情。《史记·商君列传》：“商君，其天资刻薄人也。”司马贞索隐：“刻，谓用刑深刻。薄，谓弃仁义，不悃诚也。”伦常，伦理纲常，即父子有亲，君臣有义，夫妇有别，长幼有序，朋友有信“五伦”。乖舛（chuǎn），背离错乱。潘岳《西征赋》：“人度量之乖舛，何相越之辽迥。”

13 分多润寡：分拨财物多者，资助财物少者。

14 “嫁女”诸句：重聘，贵重的聘礼。厚奁（lián），丰厚的嫁妆。奁，古代妇女梳妆用的镜匣，这里代指嫁妆。

15 谄（chǎn）容：奴膝卑颜。谄，谄媚。

16 争讼：因争论而诉讼。

17 恣杀：滥杀。恣，肆意。

18 “乖僻”诸句：乖僻自是，性情乖张孤僻而自以为是。颓堕自甘，精神颓废堕落而不思进取。韩愈《送高闲上人序》：“泊与淡相遭，颓堕委靡，溃败不可收拾，则其于书得无象之然乎？”

19 “狎昵”诸句：狎昵恶少，过分亲近品行不端的少年。屈志老成，主动放下架子接近年老有德之人。屈志，谓曲意迁就、抑制意愿。《楚辞·九章·思美人》：“欲变节以从俗兮，媿易初而屈志。”老成，年高有德。《诗经·大雅·荡》：“虽无老成人，尚有典型。”孔颖达疏：“今时虽无年老成德之人，若伊、陟之类。”

20 谮（zèn）诉：说他人的坏话。谮，谗毁。

21 匿怨：对人怀恨在心而面上不表现出来。《论语·公冶长》：“匿怨而友其人，左丘明耻之，丘亦耻之。”

22 “家门”诸句：饔（yōng）飧（sūn），早饭和晚饭。《孟子·滕文公上》：“贤者与民并耕而食，饔飧而治。”赵岐注：“饔飧，孰食也。朝曰饔，夕曰飧。”国课，国家征收的赋税。囊橐（tuó），口袋。《诗经·大雅·公刘》：“乃裹餱粮，于橐于囊。”毛传：“小曰橐，大曰囊。”郑玄笺：“乃裹粮食于囊橐之中。”至乐，最大的快乐。

23 “读书”诸句：非徒科第，不只是为了科举考试。心存君国，心里牢记君主和国家。语出《史记·屈原贾生列传》："其存君兴国而欲反复之，一篇之中，三致志焉。"

24 庶乎近焉：差不多接近治家的君子了。

导读

清代学者朱柏庐所著《治家格言》又称《朱子家训》《朱子治家格言》，是我国古代家训中的名篇佳作。如果要在浩如烟海的古代家训中挑选内容全面而凝练、影响最为深广者，当属朱柏庐的《治家格言》。三百多年来，它甚至成为许多家庭训诫子女的启蒙教材，被士大夫阶层尊为"治家之经"。不少达官贵人、书香世家、乡绅土豪乃至略知诗书的平民百姓都喜欢书写成条幅、中堂悬挂在厅堂或门廊，有人还刻碑立于家庙、祠堂，以作为治家理财和教育子女的座右铭。据《中国艺术报》2003年9月5日朱健《道光碗上的朱子家训》报道，白瓷盖碗高9厘米，口径10厘米，碗底书"大清道光年制"6字3行篆书款，盖顶署有蝙蝠、寿桃组成的桃形花押款，碗盖上刻有"朱夫子治家格言"7字，盖及碗壁以墨彩写有《朱子家训》全文。作者认为这既反映了《朱子家训》在清代民间的广泛流传和深远的社会影响，也为我们进一步研究这一文化古籍提供了宝贵的第一手实物资料。

所谓"格言"，就是含有教育意义、可作为准则的话。《治家格言》正是一篇富有教育意义、能够作为人们为人处世准则的家训经典。它之所以影响巨大，主要有以下几点原因。

一、内容十分丰富而精短深刻。《治家格言》仅有520多字，共28条格言，却囊括了几千年来古代家训中的重要而深刻的内容。我国自古就有"国家一理""治家如治国""不能治家即不能治国"的说法，本文就以家庭生活为中心，以警句、箴言的形式阐述了许多为人处世、修身齐家治国平天下的道理，提出了正确处理各种问题的原则和具体方法，具有很强的引导性和操作性。《治家格言》将立德作为一切之本，内容涉及治家的方方面面，教子要读书，要奉公守法，主张勤谨管家、勤俭持家、忠厚传家，不贪便宜、公平厚道、孝亲敬祖、忠君爱国、诚实待人、与人为善、力戒色欲和浮华，反对见利忘义、谄媚刻薄等，这些观点其实与儒家倡导的仁、义、礼、智、信、忠、恕、孝、悌、俭的主张一脉相承，也可以说它是儒家思想与中华民族传统美德的具体细化和高度融合，对我们构建和谐社会、培育良好家风无疑具有重要的借鉴意义。

《治家格言》开篇就从人的日常生活行为上入手，所谓“黎明即起，洒扫庭除，要内外整洁”，教育子女要养成早睡早起的好习惯，每天早晨黎明起床，先将庭院打扫干净，保持生产生活的环境整洁；所谓“既昏便息，关锁门户，必亲自检点”，即要求黄昏的时候就要按时关门闭户，并查看门窗是否关锁好，以防贼防盗。这是在强调人的日常作息时间要遵守自然规律，俗语有“早起的鸟儿有食吃”，一个人每天睡懒觉，很难设想他能有什么成就。

《治家格言》强调要勤俭持家，所谓“一粥一饭，当思来处不易；半丝半缕，恒念物力维艰”，即告诫子弟要珍惜粮食、爱惜衣物，对于一碗粥一碗饭，应该想到来之不易；对于衣服的每一根丝线，也要想到生产之艰难。李商隐有两句名诗：“历览前贤国与家，成由勤俭败由奢。”意谓凡是成功的家、国都是由于勤俭；凡是败亡的家和国，都是因为奢侈。我们注意到，钱锺书先生的《围城》中写到三闾大学的管理者曾经要求大学生在吃饭前念诵“一粥一饭，当思来处不易；半丝半缕，恒念物力维艰”一遍，再开始吃饭。我们还注意到，在新加坡一些大的饭店里，也能看到墙上有副对联，写着“一粥一饭，当思来处不易；半丝半缕，恒念物力维艰”。可见《治家格言》的影响何等巨大！

“狎昵恶少，久必受其累；屈志老成，急则可相倚”四句主要讲交友的重要性，意谓如果结交不良的少年，必然受到熏染、牵累；如果跟那些阅历丰富、处世经验多、有道德的老成之人交往，遇到困难就可以请求他们的指导和帮助。建立良好的人际关系，既有利于生产生活，也有助于人生的发展。俗话说，“不经一事，不长一智”“不听老人言，吃亏在眼前”。这也是非常正确的。

二、语言精练，整齐叶韵，易读易记，读起来朗朗上口，感染力很强。从句法结构角度说，格言是相对完整、相对独立的句子，可以独立表达思想，正因此故，《治家格言》以对偶句式写成的28条格言相对来说都具有一定的独立性，可以抽出来使用。不少书法家正是抽出一条、两条或几条写出来而独立成篇，常见的有“黎明即起，洒扫庭除，要内外整洁。既昏便息，关锁门户，必亲自检点”；“一粥一饭，当思来处不易；半丝半缕，恒念物力维艰”；“宜未雨而绸缪，毋临渴而掘井”；“居身务期质朴，教子要有义方”；“家门和顺，虽饔飧不继，亦有余欢；国课早完，即囊橐无余，自得至乐”；等等。当然，全文书写者也屡见不鲜。

三、正反对比，善恶并论，振聋发聩，警示性很强。试读“勿贪意外之财，勿饮过量之酒”“刻薄成家，理难久享；伦常乖舛，立见消亡”“见色而起淫心，报在妻女；匿怨而用暗箭，祸延子孙”。这些格言的确给人一种胆战心惊的感觉，具有发人深省、警世训俗之效。

名言警句

昔弃万金如敝屣，今谋一饱若登天。

居今之世，惟多读书，可以使人敬；惟至诚，可以使人感；惟耕田，可以不求人。

诫子文

孙枝蔚

作者简介

孙枝蔚（1620—1687），字豹人，号溉堂，陕西三原人。世为大贾，饶于家资，李自成军入关，枝蔚散财结客，求壮士起义，为李自成军击败，遂只身走江湖，复习商贾，三致千金，旋又散之。乃折节读书，刻意为诗歌，遂以诗名世。康熙十七年（1678）开博学鸿词科，枝蔚与荐，求罢不允，促入试，不终幅而出。康熙雅重枝蔚，诏命赐授内阁中书职衔，放归益贫，游食为生。其诗本秦声，直抒胸臆，不任雕琢，多激壮之音。其文篇幅较少，笺札几居其半，短者尤佳。有《溉堂集》。

吾今年过四十，往往多悔。盖少年之所为，至中年则愧之；得意之所为，至失意则非之。诚反躬[1]而易明，不待他人之好我也。今以语吾儿燕[2]。人非蜾蠃[3]，何必类己？事父几谏，子道之常[4]。昔子见南子，则子路愠见[5]；弟之于师，犹子之于父也。若惩证羊之失[6]，更蹈画虎之讥[7]，徒贻笑耳！且资有上中[8]，不可强同；事或偶然，不可有意。故同一事也，智者为之得吉，愚者为之得凶；古人繇之观成，今人繇之取败[9]。昔赵奢之子不善读父书，而坑长平卒四十万，非其父兵法之过也[10]。况吾心已知其大谬，而后人尚奉为家法，非独子实自害，亦且愈章[11]吾过耳。故侠为美名，懒亦高致。散家财如马援，卒称东汉之佐[12]；省迎送如沈颉，何伤处士之贤[13]？然而鉴郭解之祸，则侠不如谨[14]；观嵇康之事，则懒不如勤[15]。故欲学伯夷，则至洁者无徒，至清者无鱼[16]，清不可为也；欲学柳下惠[17]，则莲花虽不染泥[18]，鲍鱼亦不闻臭[19]，和不可为也。故孔子曰："我则异是，无可无不可。"[20]孟子曰："隘与不恭，君子不繇也。"[21]然而圣贤既不易逮，必也[22]。宁夷无惠，宁狷无狂[23]，硁硁小人，抑可谓次焉耳[24]。昔东方诫子，归于优游[25]；渊明诫子，兄弟为重[26]。彼盖意有所专望[27]，故不暇多及也。有一言而可以终身，有屡言而不罄其义[28]。吾既非二贤之比，不敢效颦简要[29]，今将为吾儿述五伦[30]之得失，指万事之利害，且愿吾儿先当以吾为戒耳。

吾少年遭闯寇乱[31]，见张良潜身下邳故事[32]，心窃奇之，遂朝友屠狗，夕客鸡鸣[33]，短衣匹马，入北山中，谓当尽射猛虎，然后归见妻子，何其雄也！既而几蹈不测，潜遁行间，幸彼时无秦人十日之索耳，万一危及阖门，忠孝两失，永为罪人矣。吾至今每思之，犹可寒心也。然昔所以为此，犹曰幼好奇服[34]耳。至于事既不成，遂来扬州，隐于鱼盐之市[35]，先人产业尚足自给，乃复愤懑不平，无所寄托，则以饮酒近妇人为事，谓丈夫不得行胸怀，虽速死声色中，可也。志日奇而趣日卑，心日放而名日损，玩世不恭，狎及倡优。当此之时，岂复知有贫穷老病之苦哉？年才四十，鬓发萧然，幸尚无疾病，不至速化[36]。然维忧用老，安能保其永年？即使有疾，亦无钱可求药饵。一棺之费，便须累及亲友；兄弟天涯，那易得一永诀？故吾时时常作此想，洵[37]可哀也，亦可畏也。昔弃万金如敝屣[38]，今谋一饱若登天，于是东奔西走，不以乞食为耻，见不愿见之人，强颜欢笑，行同优丐[39]。昔所欲骂欲唾者，一旦或且奉为恩人，视同漂母，期以异日酬之千金[40]。子曰："爱之欲其生，恶之欲其死。"[41]岂非大惑耶？前后矛盾，失其本心，乃至于此。推其所繇，岂非烈士之不易为，过高之能为累耶？后世且不可欺，况欺吾儿子！故吾具告儿，使闻吾少日之过，事关大节，勿藐藐[42]也。今吾又尝有经旬不答拜之客，客或出怒言，谓孙生何所挟而骄人。后又遇此客于其乡，客乃复为予具饮食，予心愧其厚道也。书札堆积，都久而不能裁答，往往至于失欢。每念昔陶侃于远近书疏，莫不手答，门无停客[43]。是真吾师也。凡此皆非小过，愿吾儿知之。吾既不可为训，儿复当效何人乎？《诗》云："我思古人，俾无尤兮。"[44]又曰："如临深渊，如履薄冰。"[45]此自处之道也。居今之世，惟多读书，可以使人敬；惟至诚，可以使人感；惟耕田，可以不求人。此三者之外，吾不能为儿计也。吾尝中夜而起，呼婢索灯，婢云："油尽。"目中不得见一物，深苦之。心有所得，不能即刻书之于纸，忧愁烦乱，惟恐起而忘之也。及曙，豁然无所不见，然后知白日之难得。儿念之，无负寸阴也。昔王韶之绝粮三日，而不辍卷，家人诮之曰："穷如此，何不耕？"韶之答曰："我常自耕耳。"[46]若以无田为虑者，砚可为田也。吾自三十以后，始谢去游侠声色之习，折节[47]读书，慨然慕陈慥[48]之为人。今吾虽长贫而不至饥死者，赖学耳。生平多失，惟此为得，愿吾儿效其一节可耳。吾言虽繁，意不至杂碎。他人或笑其不达，冀儿勉为孝子，足矣。

——《溉堂文集》卷四

注释

1 反躬：反过来要求于自己。《礼记·乐记》："不能反躬，天理灭矣。"这里引申为反省自查。

2 今以语吾儿燕：现在把我的感受告诉给我的儿子孙燕。燕，指孙枝蔚的儿子孙燕。

3 蜾（guǒ）蠃（luǒ）：虫名，一种青黑色细腰蜂，又名蒲卢，为寄生蜂的一种，产卵于螟蛉幼虫体内，吸取为养料。蜾蠃后代即从螟蛉幼虫体内孵出，古人误以为蜾蠃养螟蛉为子。《诗经·小雅·小宛》："螟蛉有子，蜾蠃负之。"毛传："螟蛉，桑虫也。蜾蠃，蒲卢也。负，持也。"郑玄笺："蒲卢取桑虫之子，负持而去煦妪养之，以成其子。"

4 "事父"二句：《论语·里仁》："事父母几谏，见志不从，又敬不违，劳而不怨。"何晏集解："包（咸）曰：'几者，微也。当微谏纳善言于父母。'"二句意谓，侍奉父亲而婉言规劝，这是做人子的常法。

5 "昔子见"二句：《论语·雍也》："子见南子，子路不说。"《史记·孔子世家》："灵公夫人有南子者，使人谓孔子曰：'四方之君子不辱欲与寡君为兄弟者，必见寡小君。寡小君愿见。'孔子辞谢，不得已而见之。夫人在絺帷中。孔子入门，北面稽首。夫人自帷中再拜，环佩玉声璆然。孔子曰：'吾乡为弗见，见之礼答焉。'子路不说。孔子矢之曰：'予所不者，天厌之！天厌之。'"南子，指卫灵公夫人，把持着当日卫国的朝政，而且有不正当的行为，名声不好。因此，子路不高兴。愠，怒。见，同"现"，表露出来。

6 惩证羊之失：《论语·子路》："叶公语孔子曰：'吾党有直躬者，其父攘羊，而子证之。'孔子曰：'吾党之直者异于是：父为子隐，子为父隐。直在其中矣。'"证，《说文》："证，告也。"即今语所谓"检举""揭发"。惩，警戒。

7 更蹈画虎之讥：参见本书马援《诫兄子严、敦书》注14。

8 资有上中：人的天资有上等中等

之别。资，天资。

9 “古人”二句：繇（yóu），同“由”，从、自。《史记·孝文本纪》：“祸自怨起，而福繇德兴。”观成，看到成果。这里引申为得到好结果。《盐铁论·结和》：“故民可与观成，不可与图始。”取败，招取失败。

10 “昔赵奢”三句：据《史记·廉颇蔺相如列传》载：“赵括自少时学兵法，言兵事，以天下莫能当。尝与其父奢言兵事，奢不能难，然不谓善。括母问奢其故，奢曰：‘兵，死地也，而括易言之。使赵不将括即已，若必将之，破赵军者必括也。’”后赵括代廉颇为将，为秦将白起所败，“秦军射杀赵括。括军败，数十万之众遂降秦，秦悉阬之，赵前后所亡凡四十五万”。“纸上谈兵”即源于此。

11 章：同“彰”，显、暴露。《国语·晋语二》：“章父之恶，取笑诸侯，吾谁乡而入？”

12 “散家财”二句：参见本书马援《诫兄子严、敦书》之“作者简介”。《后汉书·马援列传》：“因处田牧，至有牛马羊数千头，谷数万斛，既而叹曰：‘凡殖货财产，贵其能施赈也。否则，守钱虏耳！’乃尽散以班昆弟故旧。”

13 “省迎送”二句：沈顗，字处默，梁沈演之从孙。齐都官郎沈坦之之子，吴兴武康人。幼清静有至行，读书不为章句，著述不尚繁华。常独处一室，人罕见其面。事母兄孝友，为乡里所称。征为著作郎、太子舍人俱不赴。《梁书·处士传》载：“顗从叔勃贵显齐世，每还吴兴，宾客填咽，顗不至其门。勃就之，顗送迎不越于阃。勃叹息曰：‘吾乃今知贵不如贱！’”

14 “然而”二句：郭解，汉河内轵人，字翁伯。据《史记·游侠列传》载：郭解少常以细事杀人，或为人报仇。铸钱掘墓，作奸剽攻，难以细数。及年长，更折节为俭，以德报怨，仗义不伐，人争慕附，常徒甚众。有诋谤郭解者，客为杀之，而郭解不知杀者为谁。御史大夫公孙弘议曰：“解布衣为任侠行权，以睚眦杀人，解虽弗知，此罪甚于解杀之。当大逆无道。”遂灭郭解一族。鉴，借鉴。谨，谨慎。

15 “观嵇康”二句：嵇康，参见本书嵇康《家诫（节选）》之“作者简介”。嵇康之事，嵇康年仅四十而被杀一事。懒，怠惰，即指嵇康性格傲慢，如慢待钟会、山涛等即是。

16 “至洁”二句：《汉书·东方朔传》：“水至清则无鱼，人至察则无徒。”

17 柳下惠：参见本书东方朔《诫子》注 4。

18 莲花虽不染泥：周敦颐《爱莲说》谓莲花“出淤泥而不染，濯清涟而不妖”。

19 鲍鱼亦不闻臭：《孔子家语·六本》：“与不善人居，如入鲍鱼之肆，久而不闻其臭，亦与之化矣。”鲍鱼，盐渍鱼，其气腥臭。

20 “故孔子曰”三句：见《论语·微子》，意谓：我就和他们这些人不同，没有什么可以，没有什么不可以。

21 “孟子曰”三句：《孟子·公孙丑上》：“孟子曰：‘伯夷隘，柳下惠不恭。隘与不恭，君子不由也。’”

22 “然而”二句：意谓既然这样，那么圣贤已经是不容易赶上了，这是肯定的。

23 “宁夷”二句：意谓宁可效法伯夷也不效法柳下惠，宁可为人狷介也不激进。《论语·子路》：“子曰：‘不得中行而与之，必也狂狷乎！狂者进取，狷者有所不为也。’”《孟子·尽心下》：“孟子曰：‘孔子不得中道而与之，必也狂“狷”乎！狂者进取，狷者有所不为也。孔子岂不欲中道哉？不可必得，故思其次也。’”正为本文所据。

24 “硁（kēng）硁”二句：硁硁，浅陋固执的样子。抑，或。次，退而求其次的意思。

25 “昔东方”二句：参见本书东方朔《诫子》。

26 “渊明”二句：参见本书陶渊明《与子俨等疏》。

27 专望：专一的期望。

28 不罄（qìng）其义：不能完全说出他的用意。罄，尽、完全。

29 效颦简要：模仿说得简单明畅。效颦，不善模仿、弄巧成拙。详见《庄子·天运》。

30 五伦：封建礼教称君臣、父子、兄弟、夫妇、朋友之间的五种关系为五伦，也叫五常。

31 遭闯寇乱：闯寇，指明末农民起义领袖李自成，或称“李闯王”。《碑传集》卷五十八载郑方坤《孙枝蔚小传》：“崇祯末年，李自成破潼关，中原事不可为，则散家财结客，集义勇数千，思杀贼自效。既乃为贼所败，只身走江湖，折节读书，交四方知名士，遂以诗名世。”

32 张良潜身下邳故事：指张良刺杀秦始皇未遂而潜匿下邳一事。《史记·留侯世家》：“良尝学礼淮阳，东见仓海君，得力士，为铁椎重百二十斤。秦皇帝东游，良与客狙击秦皇帝博浪沙中，误中副车。秦皇帝大怒，大索天下，求贼甚急，为张良故也。良乃更名姓，亡匿下邳。”下邳，秦所置县名，故治在今江苏邳州东。

33 “遂朝友”二句：二句互文，意谓早晚与屠狗、鸡鸣之人为友，早晚以鸡鸣、屠狗之人为客。屠狗，原意为宰狗，这里指从事卑贱职业者。鸡鸣，即“鸡鸣狗盗”的简称，这里指有卑微技能者。

34 幼好奇服：屈原《九章·涉江》：“余幼好此奇服兮，年既老而不衰。”王逸注：“奇，异也。或曰：奇服，好服也。”这里引申为有远大的志向，即指“散财结客”一事。

35 鱼盐之市：指盛产鱼盐的市井之地。

36 速化：突然死亡。

37 洵：副词，确实。

38 敝屣：破鞋。

39 优丐：倡优和乞丐。

40 “视同”二句：漂母，在水边漂洗衣物的老妇。《史记·淮阴侯列传》：“信钓于城下，诸母漂，有一母见信饥，饭信，竟漂数十日。信喜，谓漂母曰：‘吾必有以重报母。’”后韩信为楚王，“召所从食漂母，赐千金”。

41 “子曰”三句：语见《论语·颜渊》，意谓爱一个人，希望他长寿；厌恶起来，恨不得他马上死去。

42 勿藐藐：不要轻视忽略。藐藐，轻忽的样子。《诗经·大雅·抑》：“诲尔谆谆，听我藐藐。”毛亨传：“藐藐然，不入也。”

43 “每念”三句：《晋书·陶侃传》：

“侃性聪敏，勤于吏职，恭而近礼，爱好人伦。……远近书疏，莫不手答，笔翰如流，未尝壅滞，引接疏远，门无停客。”

44 “《诗》云”三句：见《诗经·邶风·绿衣》，意谓我思念那已亡故的妻子，使我不再犯什么过失。尤，当作“訧”，过错。

45 “又曰”三句：《诗经·小雅·小旻》：“战战兢兢，如临深渊，如履薄冰。”

46 “昔王韶之”诸句：王韶之，字休泰。事见《南史·王韶之传》。

47 折节：改变平日志向，谓强自克制。《史记·游侠列传》：“及解年长，更折节为俭，以德报怨，厚施而薄望。”

48 陈慥：字季常，好佛道，宋永嘉人。其妻悍妒，苏轼曾以“河东狮吼”戏之。

大意

我年过四十岁后，常常多有悔恨。少年时所做的事，至中年就感到惭愧；得意时所做的事，到失意时就认为错了。的确是反省自查后而容易明了，不必要旁人说我的好话啊。现在我把这些感受告诉给我的儿子孙燕。人不是蜾蠃虫，为什么一定要像自己的父亲呢？侍奉父亲而婉言规劝，这是为人子的常法。从前孔子去见南子，他的学生子路就表现出怒色；弟子与老师的关系，就像儿子与父亲一样。如果以儿子检举父亲偷羊一事为警戒，更会蹈入画虎不成反类狗的讥笑之中，不过留给人笑柄罢了！况且人的天资有上等和中等之别，不可以勉强使之相同；事情有时是出于偶然，不可以认为是有意所为。所以同一件事情，聪明的人做起来就会带来吉祥，而愚笨的人做起来就会带来灾难；古人由此可以得到好结果，而今人由此却可能招致失败。从前赵奢的儿子赵括不善于读父亲的兵书，而使四十万兵卒被秦将白起坑杀，这并不是赵括父亲兵法的过错啊。何况我的内心已经懂得那是大错而特错，但是后人还奉为家法，不仅是儿子自招祸害，而且会更加暴露我的过失罢了。所以侠义是美好的名声，懒惰也是高妙的情致，像马援一样散去家财，最终被称誉为东汉的将佐；像沈颛一样省却迎来送往，对于处士的贤能又有何伤？但是借鉴郭解被族诛的灾祸来看，那么侠义不如谨慎；观看嵇康四十岁而被杀一事，那么懒惰不如勤勉。所以想要学习伯夷，那么过于高洁的人就没有弟子，过于清澈的水中没有鱼儿，清洁是不可以做的；想要学习柳下惠，那么莲花虽出淤泥而不染，鲍鱼之肆久而不知其臭，和光同尘是不可以做的。因此，孔子说："我就和他们这些人不同，没有什么可以，没有什么不可以。"孟子说："器量太小和不太严肃，君子是不那样去做的。"既然如此，那么圣贤已经是不容易赶上了，这是肯定的。宁可效法伯夷也不效法柳下惠，宁可为人狷介也不激进，浅陋固执的小人，或许可以认为这是退而求其次吧。从前东方朔诫子，归结于从容不迫、悠闲自得；陶渊明诫子，教导儿子要以兄弟和睦为重。他们二人大概用意是有专一的期望，所以无暇多谈及其他。有一句而可以享用终身，有许多话而不能完全说出他的用意。我既不能与二位贤人相比，不敢效颦他们讲得简单明畅，现在我将为儿子叙说一下五伦的得失，指点一下世间事情的利害，并且希望我儿先应当以我为鉴戒而已。

我少年时遭遇到李闯王之乱，看到史书上记载汉代张良刺杀秦始皇未遂而潜匿下邳的事情，内心里对此事很惊奇，于是早晚与屠狗之人为友，早晚与鸡鸣之徒为客，身穿短衣胡服，骑着骏马，入北山之中，以为必当射尽猛虎贼子，然后回家见妻子儿女，那是多么雄壮啊！不久几乎陷入绝境中，我偷偷地在夜间行路，幸亏那时没有秦朝人搜索十天的诏令，万一危及全家，忠孝两失，就永久地成为孙门罪人了。我到现在每每想起这件事，还觉得令人心惊啊。但是从前之所以做这件事，还自认为是像屈原一样自幼就有远大的志向。至于事情失败之后，我便来到扬州，隐藏在鱼盐市井之中，先人留下的产业还足够自足，于是心中又愤懑不平，无所寄托，便以饮酒迷恋女人为常事，自以为大丈夫不能够实现抱负，即使速死在声色之中，也是可以的。心志日益奇异而情趣日益卑下，心思日益放荡而声名日益损坏，玩世不恭，狎玩到了倡优。在这个时候，哪里又知道会有贫穷老病的苦难呢？年龄刚四十岁，鬓发已白，幸亏还没有什么疾病，不至于突然死亡。然而唯独忧虑年老了，怎能保证我能长寿？假如有了疾病，也没有钱可以求购药物。一口棺材的费用，便肯定要连累到亲戚朋友；兄弟各自天涯，哪里能够容易得到诀别的机会？所以我时常有这样的想法，确实可悲，也可怕。从前抛弃万金如抛弃破鞋一样，今日谋得一次饱饭就像登天一样难，于是东奔西走，不以乞讨饭食为耻辱，见不愿意见的人，强颜欢笑，行止如同乞丐。从前我想骂想唾的人，或许哪天还要奉为恩人，视如赠给韩信饭食的漂母一样。孔子说："爱一个人，希望他长寿；厌恶起来，恨不得他马上死去。"难道不是极大的迷惑吗？前后矛盾，失去了自己的本来心志，竟然到了如此地步。推论我所走过的路，难道不是成为壮烈之士不容易做到，过高的才能会累及人吗？后人尚且不可以欺骗，况且欺骗我的儿子！所以我全部告诉儿子，让你听听我年轻时的过失，事关大节，不要轻视忽略。我曾经遇到过了十天没有写信给予答复的客人，客人中有人口出怒言，说我孙枝蔚凭什么本事而对人如此傲慢。后来我又在那位客人的家乡遇到他，客人又为我准备饮食，我内心惭愧他是那样为人厚道。来往书信堆积起来，都久而不能手书答复，往往到了失欢的地步。每每念及从前陶侃对无论远近的书札，没有不亲手答复的，门口没有停留等候的客人。这真是我的老师啊。凡此都不是小过错，希望我儿懂得这一点。假如我的行为不可以作为鉴戒，儿子又当效法何人呢？《诗经》上说："我思念古人，使我不再犯什么过失。"又说："如临深渊，如履薄冰。"这是自己处世之道。生活在当今之世，只有多多读书，才可以使他人尊敬；只有非常诚实，才可以使他人感动；只有耕种田地，才可以不求他人。这三点之外，我不能再为儿想出什么好的打算了。我曾经半夜起身，呼叫婢女索要灯盏，婢女说："灯油尽了。"眼中不能看见一物，深深地为此痛苦。心里有所感悟，不能够立刻写在纸上，忧愁烦乱，唯恐起床后而忘却。到了天明，清清楚楚地没有什么看不见的，这之后才懂得白天的难得。我儿想到这些，不要辜负每寸光阴啊。从前王韶之断粮三天，但不放下手中书本，家人嘲笑他说："贫穷到了如此地步，为何不去耕田？"王韶之回答说："我经常亲自耕田而已。"如果把没有田地作为忧虑，砚台即可作为田地。我自三十岁以后，才辞去游侠放荡喜好声色的恶习，强自克制读书，感慨地仰慕宋代陈慥的为人。现在我虽然长久贫困但尚不至于饿死，正依赖我的学问罢了。生平多有过失，只有这一点是对的，希望我儿效法老父的这一点就行了。我的话虽然繁多，含意倒不至于杂碎。他人看后或许会笑我不得志，希望我儿努力成为孝子，也就足够了。

导读

本文可以看作孙枝蔚对自己一生言行得失的总结之作和经验之谈。作者以慈祥诚挚的口吻历述了自己年轻时的几件大事。一是遭闯寇乱而结义军，意欲"尽射猛虎"，立功而见妻儿，孰料"几蹈不测"，差点"危及阖门，忠孝两失"，"至今每思之，犹可寒心也"。这是作者年少时气盛、思虑不周所致，对儿子的告诫意义自然隐含其中。二是失意后"以饮酒近妇人为事"，玩世不恭，导致"昔弃万金如敝屣，今谋一饱若登天"，几乎成了一介乞丐。作者的坦荡胸怀和追悔之情溢于字里行间。三是贫穷到无油点灯的地步，即使夜有心事，也不能书之于纸，而得出"白日之难得"的感悟，并自然过渡到告诫儿子"无负寸阴"。同样的意思作者还在《作家书》一诗中有所表现："报书在灯下，白日苦贪眠。身世无穷事，难凭纸笔传。”这三件事与文中“惟多读书，可以使人敬；惟至诚，可以使人感；惟耕田，可以不求人”三条紧密相承，可以感悟出作者对儿子的良苦用心。

孙枝蔚乃“过来人”，他的经验之谈不只对儿子有很好的借鉴意义，即使对一般人也很值得参考。我们注意到，孙枝蔚的诗文集中还有一些诫子的诗文，今录其《人日示小子》和《示小子》二诗，以供参读。

人日示小子

岁月催老翁，诗书伴童孺。
金胜同荆俗，芝兰爱谢树。
二子入学堂，七朝毋轻度。
卯兮汝易忽，素餐吾窃惧。
兹辰称灵辰，维以人之故。
五官岂不同，千秋谁有誉。
今人愧为人，古人人所慕。
欲问古人谁，郑公好遭遇。
出门谒至尊，上殿承宠顾。
吾师嘉管仲，有味人也句。
太宗谓人日，卿来真无负。
既蒙天子奖，便入史臣注。
此事亦偶然，而足垂竹素。
人生贵自立，读书实先务。
一字变为三，传写多差误。
进鸽被世嗤，乃不如士庶。
朱门少俊才，惜哉习纨袴。
小子宜努力，声名须远布。
勿只献菜羹，徒然敬师傅。

示小子

东向不见西，三隅苦多蔽。
古来喻大愚，今世乃常事。
小子听翁言，慎无忽琐细。
略举旧所闻，引申庶触类。
同是一皋陶，因呼别其义。
音遥则为人，音桃则为器。
同是一傛华，命名盖有二。
或县或妇官，岂不关古制。
呼霓作平声，便非沈约意。
郑娄苟不辨，懵然亦已至。
劝汝思误书，劝汝察讹字。
勿效干禄人，空疏欺主试。
《说文》与《方言》，《尔雅》《考工记》，
凡此数种书，几上须常置。

名言警句

读书以过目成诵为能，最是不济事。

潍县署中寄舍弟墨第一书

郑板桥

作者简介

郑板桥（1693—1765），名燮，字克柔，号板桥居士，以号知名于世。江苏兴化人。乾隆元年（1736）进士。历官山东范县、潍县知县。在潍县任时，遇大饥荒即开仓赈民。乾隆十八年（1753）又以请赈触怒上司，于是辞官归田。晚年寄寓扬州卖画度日。郑板桥性格落拓不羁，愤世嫉俗，倔强不驯，其诗、词、文都有一定成就，尤以书画成就著称，是著名的“扬州八怪”之一。马宗霍《书林藻语·松轩随笔》说：“板桥有三绝，曰画、曰诗、曰书。”

读书以过目成诵为能，最是不济事[1]。眼中了了[2]，心下匆匆，方寸[3]无多，往来应接不暇，如看场中美色，一眼即过，与我何与也[4]。千古过目成诵，孰有如孔子者乎？读《易》至韦编三绝[5]，不知翻阅过几千百遍来。微言精义[6]，愈探愈出，愈研愈入，愈往而不知其所穷。虽生知安行之圣，不废困勉下学之功也[7]。东坡读书不用两遍，然其在翰林读《阿房宫赋》至四鼓[8]，老吏苦之[9]，坡洒然[10]不倦。岂以一过即记，遂了其事乎！惟虞世南、张睢阳、张方平，平生书不再读[11]，迄[12]无佳文。且过辄成诵，又有无所不诵之陋。即如《史记》百三十篇中，以

《项羽本纪》为最，而《项羽本纪》中，又以巨鹿之战、鸿门之宴、垓下之会为最。反覆诵观[13]，可欣[14]可泣，在此数段耳。若一部《史记》，篇篇都读，字字都记，岂非没分晓[15]的钝汉[16]！更有小说家言，各种传奇恶曲，及打油诗词，亦复寓目[17]不忘，如破烂厨柜，臭油坏酱悉贮其中，其龌龊[18]亦耐不得。

——《郑板桥全集·家书》

注释

1 不济事：不能成事。
2 了了：清楚。
3 方寸：心。
4 与我何与也：对我有什么帮助呢？
5 韦编三绝：韦编，古时无纸，以竹简写书，用皮绳编缀，故曰韦编。《史记·孔子世家》："读《易》，韦编三绝，曰：'假我数年，若是我于《易》则彬彬矣。'"此谓孔子晚年反复研读《周易》，以致编联竹简的皮带因经久摩挲而多次断绝。
6 微言精义：深奥精确的含义。
7 "虽生知"二句：《论语·季氏》："生而知之者，上也；学而知之者，次也；困而学之，又其次也；困而不学，民斯为下矣。"生知，不待学而知。安行，与百姓安乐行事。《六韬》："圣人与天下之人皆安乐。"困勉，遇困难而努力学习。下学，向臣下或学问不如自己的人请教。《战国策·齐策》："是以君王无羞亟问，不愧下学。"
8 四鼓：四更。
9 苦之：意动用法，以之为苦。
10 洒然：肃敬的样子。
11 "惟虞世南"二句：虞世南，字伯施，唐越州余姚（今浙江绍兴）人。官至秘书监。著名书法家，与欧阳询、褚遂良、薛稷并称"初唐四大家"。张睢阳，即张巡，邓州南阳（今河南南阳市）人，开元末进士。安禄山反，起兵抗击，转战于雍丘、宁陵一带。后与许远同守睢阳（今河南商丘市）。诏拜御史中丞。睢阳城被围经年，张巡婴城拒战，后因粮尽援绝而陷落。张巡和部将等36人同时遇难。故称张睢阳。韩愈《张中丞传后序》："巡长七尺余，须髯若神。尝见嵩读《汉书》，谓嵩曰：'何为久读此？'嵩曰：'未熟也。'巡曰：'吾于书读不过三遍，终身不忘也。’因诵嵩所读书，尽卷不错一字。嵩惊，以为巡偶熟此卷，因乱抽他帙以试，无不尽然。嵩又取架上诸书试以问巡，巡应口诵无疑。”张方平，字安道，南京人。自号乐全居士。宋神宗时累官参知政事，知陈州。卒谥文定。《宋史·张方平传》载：“少颖悟绝伦，家贫无书，从人假三史，旬日即归之。曰：‘吾已得其详矣。’凡书皆一阅不再读。”

12 讫：始终。

13 反覆诵观：反复吟诵观赏。覆，同“复”。

14 欣：喜悦。

15 没分晓：不明晰、糊里糊涂。

16 钝汉：蠢笨的人。

17 寓目：观看、过目。

18 龌（wò）龊（chuò）：恶浊。

导读

《郑板桥全集》中共收有家书16封，都是寄给他堂弟郑墨的。郑墨，字五桥，小于板桥24岁。郑板桥没有胞兄弟，视堂弟郑墨如手足，兄弟之间十分友爱。在写给郑墨的这些家书中，有的议论读书作文的准则，有的阐述立身处世之道，有的详谈如何教育子女，如何对待佃户婢仆等家常琐事。感情真挚，文笔质朴无华，诚为“不可磨灭之文字”（李元度《国朝先生正事略》）。《潍县署中寄舍弟墨第一书》是谈论读书方法的（潍县在今山东省）。

读书能过目成诵，是许多人可望而不可即的，以此为能，实不为过。然板桥认为它“最是不济事”。在他看来，过目成诵者，如“看场中美色，一眼即过”，其中的“微言精义”无法探知，因此对他无所裨益。文章先举孔子与苏轼为例，说明聪慧如彼者，仍反复诵读，不以“一过即记”为满足，其他人则更应如此了。然后指出过目成诵的又一缺点，即不分好坏，不加选择。

《板桥自叙》中说：“板桥居士读书求精不求多，非不多也，唯精乃能运多，徒多徒烂耳。”可见，板桥读书重一“精”字，它的含义有两层：一是要选择最好的内容来读，反对盲目地、不加选择地读；二是要仔细探究书中的“微言精义”，吸取精华，为我所用。

读书的方法是与其目的相联系的。以学习知识、接受教益、明晓大义为目的，就得字斟句酌、反复诵读、认真体会；以娱乐消遣为目的，则完全可以性之所至、随意浏览。就治学而言，现代社会知识激增，专业门类繁多，人的精力有限，很难博通。因此，读书就应该有选择，有侧重，对本专业的书要精读，非专业的书则可泛读或浏览，以扩大视野，拓宽知识面。如执于一种读书法，则不能适应现代社会的要求。郑板桥之精读法，确是一种以少胜多、非常有效的读书方法，但要用得恰当，才会对我们有所裨益。

名言警句

读书中举中进士作官，此是小事，第一要明理作个好人。

潍县署中与舍弟墨第二书

郑板桥

作者简介

见《潍县署中寄舍弟墨第一书》之“作者简介”。

余五十二岁始得一子，岂有不爱之理！然爱之必以其道[1]，虽嬉戏顽耍，务令忠厚悱恻[2]，毋为刻急[3]也。平生最不喜笼中养鸟，我图娱悦，彼在囚牢，何情何理，而必屈物之性以适吾性乎！至于发系蜻蜓，线缚螃蟹，为小儿顽具，不过一时片刻便折拉[4]而死。夫天地生物，化育[5]劬劳[6]，一蚁一虫，皆本阴阳五行[7]之气絪缊[8]而出。上帝亦心心爱念。而万物之性人为贵，吾辈竟不能体天之心以为心，万物将何所托命[9]乎？蛇蚖[10]蜈蚣豺狼虎豹，虫[11]之最毒者也，然天既生之，我何得而杀之？若必欲尽杀，天地又何必生？亦惟驱之使远，避之使不相害而已。蜘蛛结网，于人何罪，或谓其夜间咒月，令人墙倾壁倒，遂击杀无遗。此等说话，出于何经何典，而遂以此残物之命，可乎哉？可乎哉？

我不在家，儿子便是你管束，要须长其忠厚之情，驱其残忍之性，不得以为犹子[12]而姑纵惜[13]也。家人[14]儿女，总是天地间一般人，当一般爱惜，不可使吾儿凌虐他。凡鱼飧[15]果饼，宜均分散给，大家欢嬉跳跃。若吾儿坐食好物，令家人子远立而望，不得一沾唇齿，其父母见而怜之，无可如何，呼之使去，岂非割心剜肉乎！夫读书中举中进士作官，此是小事，第一要明理作个好人。可将此书读与郭嫂、饶嫂[16]听，使二妇人知爱子之道在此不在彼也。

——《郑板桥全集·家书》

注释

1 道：事理、道理。
2 悱（fěi）恻（cè）：内心悲痛凄切。此指富有同情心。
3 刻急：刻薄、急躁。
4 折拉：拽拉，引申为折腾。
5 化育：大自然生成和长育万物。
6 劬（qú）劳：辛勤、劳苦。
7 阴阳五行：古以阴阳解释万物化生，凡天地、日月、昼夜、男女以至腑脏、气血皆分属阴阳。古代认为万物由金、木、水、火、土五种元素构成，即为五行。
8 细缊：古代指天地间阴阳二气交互作用的状态。同“氤氲”。
9 何所托命：将生命寄托于何处。
10 蚖（wán）：古书上说的一种毒蛇。
11 虫：泛指动物。禽为羽虫，兽为毛虫，龟为甲虫，鱼为鳞虫，人为倮虫。
12 犹子：《礼记·檀弓上》：“兄弟之子，犹子也。”后来因称兄弟之子为犹子。
13 纵惜：放纵，爱惜。
14 家人：家中雇用的仆人。
15 鱼飧（sūn）：鱼做的食物。一说即鱼羹。
16 郭嫂、饶嫂：即郭氏、饶氏，郑板桥的二妾。嫡妻徐氏在板桥三十九岁时病逝。

导读

《潍县署中与舍弟墨第二书》集中地体现了郑板桥的教育思想和教育方法，具有很大的借鉴意义。

一、注重养成教育。积土成山，集腋成裘，人的性格、思想、行为都是逐渐发展形成的。所以教育要从小抓起，从小事做起，注重养成教育。郑板桥主张“虽嬉戏顽耍，务令忠厚悱恻，毋为刻急也”，就是注重从日常生活中诸如“嬉戏顽要”的小事中，培养子女忠厚仁爱的思想和良好习惯。这是一种有效的教育方法。

二、民胞物与的思想。郑板桥“最不喜笼中养鸟”，不喜捉拿蜻蜓、螃蟹之类作为小儿的玩具，即使是对豺狼虎豹，他也认为应“驱之使远”，“避之使不相害”，而不应该“得而杀之”。总之，他主张以仁爱之心对待万物，反对残物之命。

三、自由思想。与民胞物与的思想相联系，他认为物亦各有本性，不必“屈物之性以适吾性”，反对人为的束缚和禁锢，主张生命的自由发展，个性的充分张扬。这种思想与明代徐渭、李贽等人的自由思想是一脉相承的，具有强烈的反封建意义。

四、平等思想。民胞物与、追求自由的观点反映在政治思想上，就是郑板桥的朴素的平等观念。他说：“家人儿女，总是天地间一般人，当一般爱惜，不可使吾儿凌虐他。”在等级森严的封建社会里，君臣上下，贵贱尊卑的观念深入人心，郑板桥的平等观念在当时被视为“异端”“狂怪”，是不足为奇的。

五、强调个人的道德修养。在几千年的中国历史上，官本思想一直占据着统治地位，可郑板桥却非常厌恶“坐曹一片吆呼碎，衙子催人妆傀儡”（《青玉案·宦况》）的官宦生活，高唱“不烧铅汞不逃禅，不爱乌纱不要钱”（《燕京杂诗》）。他认为“读书中举中进士作官，此是小事，第一要明理作个好人”。他所说的“好人”，也就是忠厚仁爱、通达明理、适天全性、自由自在的人。虽然他的“好人”标准依然没有完全摆脱儒家的道德樊篱，但显然已经具有了现代意义上的人生价值观念，具有一定的反传统的意义。

乾隆九年（1744），年已五十二岁的郑板桥始得一子，其欣喜之情自不难想知。但可贵的是他对教子非常重视，且方法得当。这些教育思想与方法，是值得我们思考和学习的。

名言警句

无昵宴朋，无染薄俗，无是古而非今，无陟前而忘后，无爱尺璧而不爱修名，无畏疾雷而不畏清议。

植足急流，学金石之止；鉴影巨壑，师江海之宽。

戒子书（节选）

洪亮吉

作者简介

洪亮吉（1746—1809），字君直，一字稚存，号北江，又号更生居士，阳湖（今江苏常州）人，祖籍安徽歙县。乾隆四十五年（1780）中举人，乾隆五十五年（1790）中进士，授翰林院编修，后任贵州学政，与修《高宗实录》。嘉庆元年（1796），因上书成亲王永瑆陈弊政，被流贬伊犁，次年获释。后受业于朱筠，与戴震、邵晋涵、王念孙等交游，放浪山水者十年。著述颇多，精于史学与地理沿革。有《洪北江集》。

余以年迫迟暮[1]，不复能佣力于外[2]，又念女曹渐以成长，回忆毕生之事，冀弛日暮之肩[3]。郭外有薄田二顷，城东老屋三十间，使四子一嗣孙[4]分守之，以为寡也？则廉吏之子，尚有负薪[5]，以为多也？则翁归之家，或余赐镒[6]。女曹能勤苦自持，当衣食粗足耳。

又余本中材[7]，不敢以大贤上哲祈女。惟早承先训[8]，门有素风。易衣而出，并日而食[9]，叠遭家难，粗识世情。

"忍饿读书"，先大夫[10]之遗语也；"财不歆非义，福不歆非分，处则孝于家，出则忠于国"[11]，太宜人晨夕之面命[12]也。慎之哉！惟俭可以立身，惟恕可以持己。俭则无求于人，恕则无忤于物，况以单门而处侈俗，凉德[13]而承世业乎？无昵宴朋，无染薄俗，无是古而非今，无陟前而忘后，无爱尺璧而不爱修名[14]，无畏疾雷[15]而不畏清议[16]。穷达本之于命，丰啬[17]任其所遭，如是而已。

饴孙年过三十，处事尚不克[18]平心，是女之短也。惟编校故书，尚知条理，他日或当传吾记诵之学耳。余幼嗜六书[19]，长而不倦。今符孙弱冠已过，涉笔便讹，又更历十师，难成一技；学之不修，亦已焉哉！其余幼子弱孙，则尚争梨栗[20]，无辨粟麦。顾念艺菊之子，纵非同生，树兰之门，亦均共气[21]。他日兄率其弟，父课其子[22]，庶几寒宗，毋坠先绪[23]。

夫功名之士，以身殉[24]时；勤学之儒，以身殉古；各有所好，强之不能，在立志何如耳。形质不能与天地争久，姓名则克与嵩华[25]竞高。植足[26]急流，学金石之止；鉴影巨壑[27]，师江海之宽。勤则王霸之子，蓬头而不惭[28]；惰则任昉之裔，衣葛而莫恤[29]。女曹慎之哉！夫陶令达者也，不忘于戒子[30]；魏收凉德也，亦眷眷于遗言[31]。吾上不敢望泉明，下不致同伯起；是在女曹成吾之志耳。

又况承恩返里，已属更生。忧患备尝，庶谋行乐。每当朝晖入座，夕月洒窗，春树欲花，秋林未萚[32]，何尝不携阮孚之屐，泛渔父之舟[33]？东眺郭门，西寻村墅，南湖乐其浩渺，北阜[34]陟其高寒；挈伴[35]以出，行歌以归。但使入曾元之室，酒肉尚陈[36]；过言子之庐，诵声不辍[37]；

斯愿足矣！乐何如之？今虽闻鸡而起[38]，尚拟著书；秉烛以游[39]，仍书细字[40]。然春草已绿，鬓丝不玄[41]。素心之友，荫鬼磷而见招[42]；同气之亲，出柏根而相望[43]。鬼者归也[44]，归其真宅[45]，庶有时矣。

自念生虽无似[46]，然不见屏于里闾，不见讥于长者[47]。踪迹遍于九州，姓氏镌于五岳。官不达而齿胄[48]以之为师，禄不加而问字丰其所贽[49]。诗文至五千首，撰述至三十种。门生义故[50]，百人著录，弟子三百。穷老尽气，韬精敛魂[51]，终此天年，从亲地下。以此贻汝，不亦多乎？

——《更生斋集·文乙集》

注释

1 年迫迟暮：年纪迫近老年。

2 佣力于外：在外面出卖劳动力谋生，即指外出做幕僚或帮人校勘书籍、设帐授徒等事。

3 冀弛日暮之肩：希望放松一下已经年老的肩膀上的家务担子。

4 嗣孙：孙子。

5 “廉吏”二句：廉吏，指战国时楚国孙叔敖。《史记·滑稽列传》载，孙叔敖知优孟乃贤人，善待优孟。临死时，孙叔敖嘱其子贫困时往见优孟。孙叔敖死后，其子穷困负薪，逢优孟。优孟即着孙叔敖衣冠，模仿孙叔敖的神气、动作，一年后，学得特别像，遂往见楚王，进谏曰：“楚相不足为也。如孙叔敖之为楚相，尽忠为廉以治楚，楚王得以霸。今死，其子无立锥之地，贫困负薪以自饮食。必如孙叔敖，不如自杀。”“楚王谢优孟，乃召孙叔敖子，封之寝丘四百户，以奉其祀。后十世不绝。”

6 “翁归”二句：翁，指汉代疏广，字仲翁，西汉东海兰陵（今属山东）人。精通《春秋》，征为博士，地节中立皇太子，广为太傅，其兄子疏受为少傅。在位五年，广谓受曰：“宦成名立，如此不去，惧有后悔。”遂上疏乞归，帝许之，赐黄金二十斤，太子赠五十斤，公卿大夫送者车数百辆。归之日，散金与诸故旧，召乡父老欢饮，不治田宅，或劝为子孙计者。广曰：“吾岂老悖不念子孙哉？顾自有旧田庐，令子孙勤力其中，足以供衣食，与凡人齐。今复增益之以为赢余，但教子孙怠惰耳。贤而多财，则损其志；愚而多财，则益其过。且夫富者，众之怨也；吾既亡以教化子孙，不欲益其过而生怨。又此金者，圣主所以惠养老臣也，故乐与乡党宗族共飨其赐，以尽吾余日，不亦可乎！”（《汉书·疏广传》）于是族人悦服。镒，黄金二十四两为一镒。

7 中材：有中等才能的人。《史记·魏豹彭越列传》：“中材以上且羞其行，况王者乎！”

8 先训：先人的训诫。

9 “易衣”二句：易衣，因家贫无衣，出门须换上家中仅有的衣服。《晋书·儒林传·氾毓》：“奕世儒素，敦睦九族，客居青州，逮毓七世，时人号其家：‘儿无常父，衣无常主。’”《北史·序传》：“邢子才为《礼之墓志》云：‘食有奇味，相待乃飧；衣无常主，易之而出。’”并日而食，两天吃一天的饭食。

10 先大夫：指死去的父亲。

11 “财不歆”四句：意谓享俸禄不享不义之财，享福分不享非分之福，居家就在家尽孝，为官就为国尽忠。歆，享、用。

12 太宜人晨夕之面命：我的母亲早晚耳提面命。太宜人，指作者的母亲，这是恭敬的称呼。面命，即“耳提面命”的缩语。

13 凉德：薄德。

14 修名：美名。《离骚》：“恐修名之不立。”

15 疾雷：喻声威或盛怒。

16 清议：社会上公正的评论。

17 丰啬：丰俭。

18 克：能。

19 六书：汉代学者分析小篆的音、形、义而归纳出来的六种造字条例，即象形、指事、会意、形声、转注、假借。这里指音韵、文字、训诂之学。

20 棃栗：梨果之类的食物。棃，同“梨”。陶渊明《责子》：“通子垂九龄，但觅梨与栗。”

21 “顾念”诸句：艺菊，种菊。树兰，植兰。这里比喻培养好的子弟。春兰秋菊，多比喻子弟。

22 父课其子：父亲督促考查儿子的学习。

23 先绪：先人留下的事业。

24 殉：为达到某种目的而献身。

25 嵩华：指中岳嵩山和西岳华山。庾信《哀江南赋》：“禀嵩华之玉石，润河洛之波澜。”

26 植足：立足。

27 鉴影巨壑：在深沟水边上照看身影。

28 “勤则”二句：王霸，字儒仲，后汉广武人。少立清节，王莽篡位，弃冠带，绝交宦，建武中征为尚书。王霸称名不称臣。以病归，隐居守志，连征不起。《后汉书·列女传·王霸妻》载：“初，霸与同郡令狐子伯为友，后子伯为楚相，而其子为郡功曹。子伯乃令子奉书于霸，车马服从，雍容如也。霸子时方耕于野，闻宾至，投耒而归，见令狐子，沮怍不能仰视。霸目之有愧容，客去，而久卧不起。妻怪问其故，始不肯告，妻请罪而后言曰：'吾与子伯素不相若，向见其子容服甚光，举措有适；而我儿曹蓬发历齿，未知礼则，见客而有惭色。父子恩深，不觉自失耳。'妻曰：'君少修清节，不顾荣禄，今子伯之贵孰与君之高？奈何忘宿志而惭儿女子乎？'霸屈，起而笑曰：'有是哉！'遂共终身隐遁。"

29 "惰则"二句：任昉（460—508），字彦升，南朝梁博昌人。梁武帝时为黄门侍郎，出任义兴新安太守，擅长表、奏等各体散文。《南史·任昉传》载："昉乐人之乐，忧人之忧，虚往实归，忘贫去吝，行可以厉风俗，义可以厚人伦，能使贪夫不取，懦夫有立。其见重如此。有子东里、西华、南容、北叟，并无术业，坠其家声，兄弟流离，不能自振，生平旧交，莫有收恤，西华冬月著葛帔、练裙。"

30 "夫陶令"二句：陶令，指陶渊明，曾任彭泽令，故称。戒子，参见本书《与子俨等疏》。

31 "魏收"二句：魏收（505—572），字伯起，小字佛助，北齐钜鹿下曲阳人。机警能文，仕魏及北齐，与温子昇、邢邵号北朝三才子。魏收性轻薄，人号为"惊蛱蝶"。官至尚书右仆射，编修国史，著有《魏书》，时人以其褒贬不公，故有"秽史"之称。《北齐书·魏收传》载，魏收"以子侄年少，申以戒厉，著《枕中篇》"。

32 秋林未萚（tuò）：秋林的树叶尚未陨落。萚，落地叶。

33 "何尝"二句：阮孚之屐（jī），阮孚的木头鞋。屐，木头鞋。阮孚，字遥集，晋元帝朝为安东参军，终日酣酒，为有司弹劾，继迁黄门常侍，尝以金貂换酒。《晋书·阮孚传》载："初，祖约性好财，孚性好屐，同是累而未判其得失。有诣约，见正料财物，客至，屏当不尽，余两小簏，以著背后，倾身障之，意未能平。或有诣阮，正见自蜡屐，因自叹曰：'未知一生当着几量屐？'神色甚闲畅，于是胜负始分。"渔父之舟，据《楚辞·渔父》载，屈原被流放后，遇渔父而问，"渔父莞尔而笑，鼓枻而去，歌曰：'沧浪之水清兮，可以濯吾缨；沧浪之水浊兮，可以濯吾足。'遂去，不复与言"。这里借二典以指寄情癖好，闲适自得。

34 北阜（fù）：北山。阜，土山、丘陵。

35 挈（qiè）伴：携伴、结伴。

36 "但使"二句：曾元，春秋时鲁国曾参之子，《孟子·离娄上》："曾子养曾皙，必有酒肉；将彻，必请所与；问有余，必曰，'有。'曾皙死，曾元养曾子，必有酒肉；将彻，不请所与；问有余，曰，'亡矣。'——将以复进也。此所谓养口体者也。若曾子，则可谓养志也。事亲若曾子者，可也。"

37 "过言子"二句：言子，指言偃，春秋时吴国人，字子游，孔子弟子，小于孔子四十五岁。《史记·仲尼弟子列传》："子游既已受业，为武城宰。孔子过，闻弦歌之声，孔子莞尔而笑，曰：'割鸡焉用牛刀！'子游曰：'昔者偃闻诸夫子曰：君子学道，则爱人；小人学道，则易使。'孔子曰：'二三子，偃之言是也，前言戏之耳！'孔子以为子游习于文学。"

38 闻鸡而起：典出《晋书·祖逖传》："与司空刘琨俱为司州主簿，

情好绸缪，共被同寝。中夜闻荒鸡鸣，蹴琨觉曰：‘此非恶声也。’因起舞。”

39 秉烛以游：典出曹丕《与吴质书》：“少壮真当努力，年一过往，何可攀援！古人思秉烛夜游，良有以也。”这里借以形容自己珍惜时光。

40 细字：小字。细，小。

41 鬓丝不玄：两鬓的发丝已不黑了。玄，黑。

42 “素心”二句：素心之友，情谊纯洁的旧友。荫鬼磷而见招，受托于鬼火而招我。鬼磷，即鬼火，墓地出现的青色磷光。

43 “同气”二句：同气之亲，有血统关系的亲属。《后汉书·东平宪王苍传》：“况臣居宰相之位，同气之亲哉。”柏根，柏树之根。古人墓地多种松柏，故松柏可作为墓地的代称。

44 鬼者归也：《尔雅·释训》：“鬼之为言归也。”古人认为人死后为鬼，称死为归。《礼记·祭义》：“众生必死，死必归土，此之谓鬼。”《说文》：“人所归为鬼。”

45 归其真宅：死的委婉说法。《释氏要览》卷下：“释氏死谓涅槃、圆寂、归真、归寂、灭度、迁化、顺世，皆一义也。”

46 无似：犹言不肖，谦辞。《礼记·哀公问》：“寡人虽无似也，愿闻所以行三言之道。”

47 “然不”二句：意谓但是不被故乡亲友所排除而小看，不被年长者所讥笑。屏（bǐng），排除。见……于……，表示被动的固定格式。

48 齿胄：指太子与公卿之子叙齿为次。《文选》载王融《三月三日曲水诗序》：“出龙楼而问竖，入虎闱而齿胄。”唐李周翰注：“公卿之子为胄子。言太子入学以年大小为次，不以天子之子为上，故云齿胄、齿年也。”这里指公卿达官之子。

49 问字丰其所贽：他人来请教学问而使我的礼品丰富。问字，《汉书·扬雄传》载扬雄多识古文奇字，刘棻曾向扬雄学奇字。后来称从人受学或请教为问字。黄庭坚《谢送碾壑源拣芽》：“已戒应门老马走，客来问字莫载酒。”贽，见尊长时所送的礼品。《左传·庄公二十四年》：“男贽，大者玉帛，小者禽鸟，以章物也；女贽，不过榛、栗、枣、修，以告虔也。”

50 义故：受有旧恩的故旧。《世说新语·德行》：“王戎父浑有令名，官至凉州刺史。浑薨，所历九郡义故怀其德惠，相率致赙数百万，戎悉不受。”

51 韬精敛魂：隐匿精神收敛魂魄。

大意

我由于年纪已迫近老年，不再能够在外面卖力谋生，又想到你们渐渐地成长起来，回想我一生的往事，希望能放松一下已年老的我肩膀上的家务担子。城外有两顷贫瘠的土地，城东有三十间旧屋，让四个儿子一个孙子分别守成下来，你们以为少吗？那么像孙叔敖那样的廉洁官吏的儿子，还有背柴度日的遭遇，你们认为多吗？那么像疏翁仲那样的家庭，还留余下了一些赏赐的金银。你们能勤劳吃苦地持家，会使衣食粗略地够用了。

再说我本是中等才能的人，不敢以大贤上哲要求你们。想我早年就接受了先人的训诫，门有朴素之风。换衣而出门，两天吃一天的饭，屡遭家难，粗略地领会了世情。“忍饿读书”，这是亡父所留下的话语；“享用俸禄不用不义之财，享福不享非分之福，居家就在家尽孝，为官就为国尽忠”，这是我的母亲早晚耳提面命的。要引以为戒啊！只有俭朴可以立身于世，只有宽恕可以保护自己。俭朴就可以对人无所求，宽恕就可以对外物不抵触，况且以身在寒门而处奢侈世俗之中，薄德而继承祖先的事业呢？不要在宴请友朋时很亲昵，不要染上浇薄的世俗之气，不要推崇古代而批判当代，不要走过前面的路而忘掉后面的路，不要爱怜玉璧而不爱护美名，不要畏惧声威之势而不畏惧众人的公正评论。得志与不得志由命决定，丰俭任凭遭际而定，如此罢了。

饴孙年龄过了三十，处事还不能够平心静气，这是你的短处。只是编校古书，还懂得一些条理，日后或许能够传承我记诵的学问而已。我幼年就嗜好六书之学，长大了仍不厌倦。现在符孙已过二十岁，一下笔就出错，又再经历过十个老师，也难以学成一技；学问之不能修成，也就算了吧！其余幼子弱孙，则还在争抢梨果的阶段，不能辨别粟麦。我只是想作为教育人的人的儿子，纵然不是一母所生，培养人才子弟的家门，也都会有一些相同的血气。日后兄长带领弟弟，父亲督促儿子，或许寒门弱族，不会坠失先人留下的事业。

追求立功扬名的士人，献身于时世；勤苦读书的士人，献身于古籍；他们各有所好，不能够勉强，关键在于立志如何罢了。身形体质不能与天地争长久，姓名字号则能与嵩山华山争比高低。立足于急流中，要学金石那样落地稳固；在大沟水边照看身影，要师法江海的宽广。勤苦如王霸的儿子一样，即使穷困到蓬头垢面的地步，也不惭愧；懒惰如任昉的后人一样，即使穿着葛衣粗布也无人怜悯。你们要引以为戒啊！那彭泽令陶渊明是高人啊，也不忘记戒子；魏收的品德虽然不好，也留恋于遗言。我上不敢比渊明，下不至于等同伯起；这都是在要求你们成就我的志向罢了。

又何况我承皇恩而返回故乡，已属于再生一次了。忧患备尝，或许可以考虑一下行乐了。每当朝阳照射进门，晚月洒在窗口，春树将开花，秋林未落叶时，我何尝不想携带阮孚常用的木头鞋子，荡起渔父的船只，东望国都之门，西寻村落别墅，观南湖乐其浩渺清澈，陟北山赞其高耸凉寒；携伴出游，行歌而归。只要使我像进入曾元的室内一样，陈列着酒肉侍父；像经过孔子的弟子言偃的房庐一样，听到诵书声不停止；这样的愿望就满足了！那是多么快乐啊！现在我虽然听到鸡鸣就起床，还打算著书立说；秉烛而游于书海，仍在书写小字。但是又是一年春草绿，我两鬓的发丝已经不黑；情谊纯洁的旧友，已是受托于鬼火而招我；与我同一血统的亲属，其故地已长出柏树之根而望我。鬼，即归去，我也很快就要回到真正的归宿处了。

我自想一生虽然不肖，然而不被故乡亲友所排除而小看，不被故里长者所讥笑无能。我的足迹遍布九州各地，姓氏名字镌刻于五岳之山。官运虽不显达而公卿子弟拜我为师，俸禄不高而传授学问得来的礼物尚算丰足。我的诗文至五千首，著述至三十种。门生和故旧，百人曾加以著录，弟子有三百人。穷困至老而出尽最后一口气，隐匿精神而收敛魂魄，终此天年，随从亲人于地下。把这些留给你们，不也算不少了吗？

导读

洪亮吉六岁而孤，家贫而就外家塾读书，但聪颖超出同辈，所以能在四十五岁时中试及弟，著作等身。母卒，洪亮吉远在处州，归家后大哭昏绝，又度桥堕水，差点葬于鱼腹，幸被人救起，遭遇可谓艰难。他因关心民瘼而上《乞假将归留别成亲王极言时政启》于成亲王，被流放新疆伊犁，其对人生的领悟不能不谓深刻。他“雅好游览，自吴、越、楚、黔、秦、晋、齐、豫山水，屐迹几遍焉”（谢阶树《洪稚存先生传》）。凡此，对他的潜心撰述和写作诗文提供了丰富的营养。

《戒子书》是洪亮吉的晚年之作，与他的诗文风格一样，本文也颇有逸气，且哲理叠见，声情并茂。文章先从平生所历娓娓道来，现身说法，谈自己的得，谈自己的失，谈自己的艰难历程，谈自己的勤苦治学，谈自己对儿孙的期望。“无昵宴朋，无染薄俗，无是古而非今，无陟前而忘后，无爱尺璧而不爱修名，无畏疾雷而不畏清议”诸句，直可作为为人父母的座右铭时时教诲子女，其中蕴含着丰富的人生哲理。而“植足急流，学金石之止；鉴影巨壑，师江海之宽”诸句，又流露出作者品格之高尚、心胸之广阔。这样的教导同样值得每一个人去效法。

洪亮吉有子五人：饴孙、盼孙、符孙、胙孙、龄孙。其中，盼孙早亡。文中对饴孙长短的指出，对符孙不留情面的教训，令人感到洪亮吉的直率，更能看出他慈厚的一面。末二段作者念己将不久于人世，更是以凄婉而优美的笔调抒写了晚年的心志，读来令人鼻酸。在古代家训文中，洪亮吉的《戒子书》是其中的佳作美文。

名言警句

天下事有难易乎？为之，则难者亦易矣；不为，则易者亦难矣。

为学一首示子侄

彭端淑

作者简介

彭端淑（约1699—约1779），字乐斋，眉州丹棱（今四川丹棱）人。清代雍正年间进士，曾任吏部郎中等职，多治绩。辞官后在四川锦江书院讲学，名重一时。著有《白鹤堂诗文集》《雪夜诗谈》《晚年诗稿》等。

天下事有难易乎？为[1]之，则难者亦易矣；不为，则易者亦难矣。人之为学[2]有难易乎？学之，则难者亦易矣；不学，则易者亦难矣。吾资之昏不逮人也[3]，吾材之庸不逮人也，旦旦[4]而学之，久而不怠焉，迄乎成[5]，而亦不知其昏与庸也。吾资之聪倍人也[6]，吾材之敏倍人也，屏弃而不用[7]，其与昏与庸无以异也。圣人之道，卒于鲁也传之[8]。然则昏、庸、聪、敏之用，岂有常哉[9]？

蜀之鄙[10]有二僧，其一贫，其一富。贫者语于富者曰："吾欲之南海[11]，何如？"富者曰："子何恃[12]而往？"曰："吾一瓶一钵[13]足矣。"富者曰："吾数年来欲买舟而下，犹未能也。子何恃而往？"越明年[14]，贫者自南海还，以告富者，富者有惭色。西蜀之去[15]南海，不知几千里也，僧富者不能至，而贫者至焉。人之立志，顾[16]不如蜀鄙之僧哉！

是故聪与敏，可恃而不可恃也；自恃其聪与敏而不学者，自败者也。昏与庸，可限而不可限也；不自限其昏与庸而力学不倦者，自力者也。

——《白鹤堂诗文集》

注释

1 为：做。
2 为学：求学、学习。
3 吾资之昏不逮人也：我的天资愚钝，不如别人。逮，及、赶上。
4 旦旦：天天。
5 迄乎成：直到学成。迄，至、到。
6 吾资之聪倍人也：我的天资聪明倍超别人。倍人，超过别人一倍。
7 屏（bǐng）弃而不用：放弃而不使用。
8 “圣人”二句：圣人，这里指孔子。鲁，这里指孔子的弟子曾参。《论语·先进》：“参也鲁。”是说曾参天资愚钝，但孔子的学说却由天资不高的曾参传给了子思，子思再传给了孟子，终于流传了下来。
9 岂有常哉：难道有固定的法则吗？
10 蜀之鄙：四川的边境。鄙，边远之地。
11 之南海：到南海去。之，动词，去、往。
12 恃：凭借。
13 一瓶一钵（bō）：一个水瓶一个饭钵。钵，和尚盛食物用的器具，与碗类似，但浅而大。
14 越明年：到了第二年。
15 去：距离。
16 顾：反而、难道。

大意

天下的事情有困难和容易的区别吗？只要做，那么困难的也就容易了；如果不做，那么容易的也就变得困难了。人求学有困难和容易的区别吗？只要肯学，那么困难的也就容易了；如果不肯学，那么容易的也就困难了。我的天资愚钝，不如别人，我的能力平庸，不如别人，天天学习，长期不松懈，直到学成，也就不知道所谓愚钝和平庸了。我的天资聪明倍超别人，我的资质聪敏倍超别人，如果屏弃而不使用，那与愚钝和平庸就没有什么差别。孔子的学说，终于由天资不高的曾参流传了下来。既然这样，那么平庸、聪敏的作用，难道有固定的法则吗？

四川的边境上有两个和尚，其中一个穷，其中一个富。穷的告诉富的说："我想去南海，怎么样？"富的说："您凭借什么前往呢？"穷和尚说："我凭一个水瓶一个饭钵就足够了。"富的说："我几年来想雇船而去，还没能实现。您凭什么去！"到了第二年，穷和尚从南海回来了，把这事告诉了富的。富的脸上露出了惭愧的神色。四川距离南海，不知有几千里啊，和尚中富的不能到达而穷的到了那里。人们立志求学，难道还不如四川边境上的那个穷和尚吗？

因此说，人的聪明敏捷，是既可以凭借而又不可以凭借的；凡是依靠聪明敏捷而不肯学习的人，是一种自己毁坏自己的人。愚钝平庸，是既可以限制而又不能限制人的；凡是不受自己的愚钝平庸所限制而能不知疲倦地努力学习的人，是一种自求上进的人。

导读

这是一篇劝告人们树立坚定的志向、勇于克服困难、努力求学的文章。作者一开始就提出了自己的见解：一切事情无所谓难易，关键在于是否有决心去做，求学也是如此。接着用两个和尚去南海的故事，生动而有力地证明了这一看似浅显实则深刻的道理。最后用辩证的观点重申题旨，意在劝勉人们立志求学，应该像那位穷和尚一样，不单纯依靠客观条件，不被困难所迫，充分发挥个人的主观能动性，努力去做，从而取得成功。文章说理浅显而寓意深刻，故清人李渔《闲情偶记》有言曰："能于浅处见才，方是文章高手。"这一评语，用在《为学一首示子侄》上是比较恰当的。

这篇文章强调意志、态度等非智力因素对学习的重要性，这是值得人们思考和重视的。《孟子·告子上》所载"学弈"的故事，同样强调了非智力因素（学习态度）对学习的重要性，录于此，以资参考。

弈秋，通国之善弈者也。使弈秋诲二人弈，其一人专心致志，惟弈秋之为听；一人虽听之，一心以为有鸿鹄将至，思援弓缴而射之，虽与之俱学，弗若之矣。为是其知弗若与？曰：非然也。

名言警句

勤俭自持，习劳习苦，可以处乐，可以处约。此君子也。

谕纪鸿

曾国藩

作者简介

曾国藩（1811—1872），字涤生，号伯涵，湖南湘乡人。道光进士。曾任四川乡试正考官、翰林院侍讲学士、内阁学士、礼部右侍郎，历署兵、吏等部侍郎。曾镇压太平军及捻军起义，并与李鸿章、左宗棠等创办江南制造局等军事工业。散文尊桐城派，论文于义理、考据、辞章之外，强调“经济”，志在用世。是“湘乡派”的领袖。金天羽《答苏堪先生书》评其诗“于涩謇中犹涵选泽，微为气累”。谥号文正，有《曾文正公全集》。

字谕[1]纪鸿[2]儿：

家中人来营者，多称尔举止大方，余为少慰[3]。凡人多望子孙为大官，余不愿为大官，但愿为读书明理之君子。勤俭自持，习劳习苦[4]，可以处乐，可以处约[5]。此君子也。余服官[6]二十年，不敢稍染官宦气习，饮食起居，尚守寒素家风，极俭也可，略丰也可，太丰则吾不敢也。凡仕宦之家，由俭入奢易，由奢返俭难。尔年尚幼，切不可贪爱奢华，不可惯习懒惰[7]。无论大家小家，士农工商，勤苦俭约，未有不兴，骄奢倦怠，未有不败。尔读书写字，不可间断。早晨要早起，莫坠高曾祖考[8]以来相传之家风。吾父吾叔，皆黎明即起，尔之所知也。

凡富贵功名，皆有命定，半由人力，半由天事。惟学作圣贤，全由自己作主，不与天命相干涉[9]。吾有志学为圣贤，少时欠居敬[10]工夫，至今犹不免偶有戏言戏动。尔宜举止端庄，言不妄发，则入德之基也[11]。

手谕（时在江西抚州门外）

咸丰六年九月二十九夜[12]

——《曾国藩全集·家书》

注释

1 谕：告晓、告示。
2 纪鸿：曾国藩之次子，赏举人，在古代算学的研究上有相当成就，早逝。
3 余为少慰：我为此稍稍感到欣慰。
4 习劳习苦：习惯于劳苦。
5 约：节俭。
6 服官：做官。
7 惯习懒惰：养成懒惰的习惯。
8 考：父亲。
9 干涉：牵连、关系。
10 居敬：保持严肃、谨慎。
11 则入德之基也：就进入了道德修养的基础。
12 咸丰六年九月二十九夜：即 1856 年 10 月 27 日，时曾国藩正在江西围剿镇压太平天国起义军。

导读

这是一封教育子女如何读书做人的家书。

曾国藩虽官运显达，但一生以勤俭为本，“服官二十年，不敢稍染官宦气习，饮食起居，尚守寒素家风”，读书习字，未尝一日间断。他在政治、军事、文学、书法等方面取得的杰出成就，正有力地证明了他处世为人之道的正确。“勤苦俭约，未有不兴，骄奢倦怠，未有不败”，这是他总结历史经验教训，联系现实，比况自身得出的道理。因此，从个人成才、弘扬家风的角度出发，他告诫儿子“不可贪爱奢华，不可惯习懒惰”，而要“学作圣贤”。更为难得的是，他身为达官显贵，却不愿子孙为大官，“但愿为读书明理之君子”，表现了他淡泊名利，重知识、重修养的人生观。

信开头以他人对儿子的称赞正面勉励，中间联系自己、联系家风，明事析理，提出谆谆教诲，结尾以自己的不足，教育儿子以己为鉴，“学为圣贤”。通篇语重心长，切实中肯，感人至深。

名言警句

尔今年弱冠，一刻千金，切不可浪掷光阴。

谕纪泽（节选）

曾国藩

作者简介

见《谕纪鸿》之“作者简介”。

字谕纪泽[1]儿：

胡二[2]等来，接尔安禀[3]，字画尚未长进。尔今年十八岁，齿[4]已渐长，而学业未见其益[5]。陈岱云姻伯之子[6]号杏生者，今年入学[7]，学院[8]批其诗冠通场，渠[9]系戊戌年二月所生，比尔仅长一岁，以其无父无母家渐清贫，遂尔[10]勤苦好学，少年成名。尔幸托祖父余荫，衣食丰适，宽然无虑，遂尔酣豢佚乐[11]，不复以读书立身为事。古人云：“劳则善心生，佚则淫心生”；孟子云：“生于忧患，死于安乐”[12]，吾虑尔之过于佚也。

新妇[13]初来，宜教之入厨作羹，勤于纺[14]织，不宜因其为富贵子女不事操作。大、二、三诸女儿已能做大鞋否？三姑一嫂[15]，每年做鞋一双寄余，各表孝敬之忱，各争针黹[16]之工。所织之布，做成衣袜寄来，余亦得察闺门以内之勤惰也。

余在军中不废学问，读书写字未甚间断。惜年老眼蒙[17]，无甚长进。尔今未弱冠[18]，一刻千金，切不可浪掷光阴。四年[19]所买衡阳之田，可觅人售出，以银寄营，为归还李家款。父母存，不有私产，士[20]庶人[21]且然，况余身为卿大夫乎！……

尔每次安禀，详陈一切，不可草率，祖父大人之起居，合家之琐事，学堂之工课，均须详载。切切此谕。

咸丰六年十月初二日[22]

——《曾国藩全集·家书》

注释

1 纪泽：即曾纪泽（1839—1890），字劼刚，曾国藩长子，袭一等侯爵。1878 年至 1885 年为出使英、法、俄大臣，出使期间，能维护民族利益，著《中国先睡后醒记》，主张先“强兵”，后“富国”。有《曾惠敏公全集》行世。

2 胡二：曾家的仆人。

3 安禀：向长辈写的平安信。禀，对上的报告。

4 齿：年龄。

5 益：增加、长进。

6 陈岱云姻伯之子：陈岱云与曾国藩为儿女亲家，曾之次女即许配陈之次子。陈岱云，湖南茶陵人，曾任翰林编修、茶陵太守。姻伯，有婚姻关系的亲属长辈。

7 入学：明清时童生经考试录取后入府、州、县学读书谓之入学；入学后归教官管教，并须按期参加考试。

8 学院：书院。

9 渠：代词，他。

10 遂尔：于是。尔，副词词尾。

11 酣豢佚乐：谓沉溺于斗鸡走狗、放荡淫乐。佚，放荡。

12 生于忧患，死于安乐：语出《孟子·告子下》。

13 新妇：谓纪泽之妻贺氏。

14 纺：指纺丝。

15 三姑一嫂：指三个女儿与纪泽之妻贺氏。

16 针黹（zhǐ）：针线活。

17 蒙：同“朦”，模糊、不清楚。

18 弱冠：古代男子二十岁行冠礼，故称不足二十岁为弱冠。

19 四年：指咸丰四年，即1854年。

20 士：读书人。

21 庶人：平民。

22 咸丰六年十月初二日：即1856年10月30日。

导读

古人云：“劳则善心生，佚则淫心生”；孟子曰：“生于忧患，死于安乐”；欧阳修亦云：“忧劳可以兴国，逸豫可以亡身”。这是一条被无数历史事实证明了的真理。贪图享乐是人之本性，而身为官宦子弟，“衣食丰适，宽然无虑”，则更易“酣豢佚乐”。曾国藩深知此理，所以当他看到儿子年未及冠，而学业未见长进时，便及时地提出了告诫。他告诫儿子，弱冠之年，“一刻千金”，要“以读书立身为事”，不可“托祖父余荫”而“浪掷光阴”，不宜置私产以资佚乐。并告诫三姑一嫂要“入厨作羹，勤于纺织，不因其为富贵子女不事操作”。种种告诫，都是让子女们有意去经受生活的磨炼，锻炼生活的能力，培养良好的素质。一个人，只有自身具备了生活的能力和良好的素质，才能够立身于社会。

目前，有些父母一味地为子女创造优越的物质生活条件，满足他们的各种要求，而忽视了道德教育、能力培养和意志力的锻炼，从而养成了子女们衣来伸手、饭来张口、只知享受不知奉献、没有责任心、以自我为中心、意志力脆弱等缺点。这样的人将来是无法立足于社会的。一些有识之士对这种现状深表忧虑。而曾氏的家训，旨在说明经受磨炼、培养能力对人生的重要性，这无疑是值得今人好好借鉴的。

近些年来，曾国藩家书被一印再印，影响越来越大。这种现象的出现是有深刻原因的——曾国藩家书蕴含着值得我们认真玩味、合理吸收的成分。

名言警句

求学宜先刻苦。

复儿书

张之洞

作者简介

张之洞（1837—1909），字孝达，号香涛，又号香严，晚年自号抱冰老人，直隶南皮（今属河北）人。年十六，举乡试第一；同治二年（1863）进士。曾任翰林院编修、侍讲学士、内阁学士、山西巡抚、两广总督。1899年调任湖广总督，在英、德的支持下，大办洋务，为后起的洋务派首领。1898年戊戌变法时，他采取权变手法，发表《劝学篇》，提出“中学为体，西学为用”的口号，维护封建制度，反对变法。义和团运动时，参与“东南互保”，镇压两湖地区反洋教斗争和唐才常自立军起事。光绪三十三年（1907），擢为体仁阁大学士，授军机大臣，兼管学部；次年，督办粤汉铁路。宣统元年病卒，年七十二，赠太保，谥文襄。《清史稿》有传。有《张文襄公全集》。其《书目答问》为目录学名著，颇为后来文史学人所重视。

示谕吾儿知悉[1]：来信均悉，兹再汇汝日本洋五百元，汝收到后，即复我一言，以免悬念[2]。儿自去国[3]至今，为时不过四月，何携去千金，业[4]皆散尽？是甚可怪！汝此去，为求学也。求学宜先刻苦，又不必交友酬应，即稍事阔绰，不必与寒酸子弟相等，然千金之资，亦足用一年而有余，何四月未满，即已告罄[5]？汝果[6]用在何处乎？为父非吝此区区[7]，汝苟在理应用者，虽每日百金，力亦足以供汝，特汝不应若是耳。求学之时，即若是其奢华无度，到学成问世将何以继？况汝如此浪费，必非只饮食之豪，起居之阔，必另有所销耗。一方之所销耗，则于学业一途，必有所弃，否则用功尚不逮[8]，何有多大光阴供汝浪费？故为父于此，即可断汝决非真肯用功者，否则必不若是也。且汝亦尝读《孟子》乎？大有为者，必先苦其心志，劳其筋骨，饿其体肤，空乏其身，困心衡虑之后，而始能作[9]。吾儿恃有汝父庇荫[10]，固不需此，然亦当稍知稼穑[11]之艰难，尽其求学之本分。非然者，即学成归国，亦必无一事能为，民情不知，世事不晓。晋帝之“何不食肉糜”[12]，其病即在此也。况汝军人也，军人应较常人吃苦尤甚，所以备僇力[13]王家之用，今尔若此，岂军人之所应为？余今而后恐无望于汝矣！余固未尝一日履[14]日本者也，即后日得有机会东渡，亦必不能知其民间状况。非不欲知也，身分所在，欲知之而不得。然闻人言，一学生在东者，每月有三十金，即足维持。即饮食起居稍顺适者，每月亦无过五十金。今汝倍之可也，亦何至千金之赀[15]，不及四月而消亡殆尽？是必所用者，有不尽可告人之处。用钱事小，而因之怠弃学业，损耗精力，虚度光阴，则固甚大也。余前曾致函戒汝[16]，须努力用功，言犹在耳，何竟忘之？虽然，成事不说，来者可追[17]，而今而后，速收尔邪心，努力求学，非遇星期，不必出校；即星期出校，亦不得擅宿在外，庶几开支可省，不必节俭而自节俭，学业不荒，不欲努力而自努力，光阴可贵。求学不易，儿究非十五六之青年，此中甘苦，应自知之，毋负老人训也。儿近日身体如何？宜时时留意。父身体甚佳，家中大小，亦皆安康，汝勿念。父涛[18]白。八月初九日。

——《张文襄公全集·家书》

注释

1 知悉：知道，书信常用的套语。下“来信均悉”之“悉”同此。

2 悬念：挂念。悬，牵挂。

3 去国：离开祖国。张之洞的儿子曾去日本学习军事。

4 业：已经。

5 告罄（qìng）：用尽。罄，尽、完。

6 果：副词，究竟。

7 区区：少、小。这里指少量的钱。《左传·襄公十七年》：“宋国区区。”

8 尚不逮：尚不及，即用功还不够。

9 “必先”诸句：语出《孟子·告子下》：“故天将降大任于是人也，必先苦其心志，劳其筋骨，饿其体肤，困乏其身，行拂乱其所为，所以动心忍性，曾益其所不能。人恒过，然后能改；困于心，衡于虑，而后作。”盖谓人要有一番作为，必得经过艰苦磨炼，才有可能成功。

10 庇荫：庇护、保护。《国语·晋语九》：“木有枝叶，犹庇荫人，而况君子之学乎？”

11 稼穑（sè）：种谷曰稼，收获曰穑。这里指农业劳动。

12 晋帝之“何不食肉糜”：晋帝，指晋惠帝司马衷（259—306），晋武帝次子，除贪图享乐外别无所知，终为东海王司马越毒死。《晋书·惠帝纪》载：“帝又尝在华林园闻虾蟆声，谓左右曰：‘此鸣者为官乎？为私乎？’或对曰：‘在官地为官，在私地为私。’及天下荒乱，百姓饿死，帝曰：‘何不食肉糜？’其蒙蔽皆此类也。后因食饼中毒而崩，或云司马越之鸩。”肉糜，即肉粥。

13 僇（lù）力：尽力。《史记·商君列传》：“僇力本业，耕织致粟帛多者复其身。”

14 履：踩、踏，引申为到。

15 赀（zī）：同“资”，财货。《史记·仲尼弟子列传》：“子贡好废举，与时转货赀。”

16 致函戒汝：写信告诫你。函，指张之洞于本年五月十九日所写的训诫儿子用功的《致儿子书》。

17 “虽然”诸句：《论语·微子》载：“楚狂接舆歌而过孔子曰：‘凤兮凤兮？何德之衰？往者不可谏，来者犹可追。已而，已而！今之从政者殆而！’”成事不说，即已经造成事实的事不再谈了，犹“往者不可谏”；来者可追，即“来者犹可追”，意谓未来的还可以赶得上（改正）。

18 涛：张之洞，号香涛；此处是简称。

导读

张之洞乃一代名流，他很了解儿子的天赋和个性，认为儿子无有文才，于是送儿子到日本学习军事，以期学成归来报效国家。张之洞在写《复儿书》的本年五月十九日，还给儿子写过一封信，主要劝诫儿子用功学习。他分析道：“汝自幼即好弄，在书房中，一遇先生外出，即跳掷嬉笑，无所不为。今幸科举早废，否则汝亦终以一秀才老其身……然世事多艰，习武亦佳，因送汝东渡，入日本士官学校肄业，不与汝之性情相违。”他一方面告诫儿子“勿惮劳，勿恃贵，勇猛刚毅，务必养成一军人资格”；另一方面训诫儿子“此后当自视为平民，为贱卒，苦身戮力”，“勿自为贵介子弟，而漫不经心”，更不能“有狭斜赌博等行为”，以免耗费精神、抛荒学业。凡此，都表现出一个五十多岁的父亲对儿子的疼爱和期望之情。而《复儿书》则主要是训诫儿子节俭，张之洞收到儿子自日本的来信，在又一次汇去“日本洋五百元”的同时，写了这封力诫节俭的书信，他首先从几个角度分析了儿子“四月散尽千金”的种种可能，令人读后有“数项必居其一”的感受，可见作者思辨之敏捷、世事之洞明。进而着重说明并非家中难以支付，而是“因之怠弃学业，损耗精力，虚度光阴”。这也非常符合天下父母爱子训子之真心。他举出晋惠帝言“何不食肉糜”的古训，指出浪费奢靡的危害和节俭朴素的可贵。通篇絮絮叨叨，而真情自在其中。末尾给儿通报家中平安，乃是长辈给晚辈写信的惯例，但不可缺少，因为要安儿心，使之专心用功。

有学人曾考证该篇乃伪作，我们从文本内容有价值的角度，保留此篇。

名言警句

忍让为居家美德。

忍让为居家美德

吴汝纶

作者简介

吴汝纶（1840—1903），字挚甫，安徽桐城人。同治四年（1865）进士，官冀州知州。后充京师大学堂总教习，赴日本考察学制。曾师事曾国藩，与张裕钊、黎庶昌、薛福成称“曾门四弟子”。为曾国藩、李鸿章慕僚期间，奏议多出其手。对《史记》颇有研究和新见；于汉魏以来各大家诗文，皆有校勘，借以揭示作文之规范。为桐城派后期作家。其论当时之作，颇注意“洋务”。《清史稿》有传。有《桐城吴先生全书》。

忍让为居家[1]美德。不闻孟子之言“三自反”乎[2]？若必以相争为胜，乃是大愚不灵，自寻烦恼。人生在世，安得与我同心者相与共处乎？凡遇不易处之境，皆能长学问识见[3]。孟子“生于忧患”[4]，“存乎疢疾”[5]，皆至言[6]也。

——《桐城吴先生全书·谕儿书》

注释

1 居家：治家、处理家务。《孝经·广扬名》："居家理，故治可移于官。"所谓治家如治国；不能治家，即不能治国。即此义。

2 "不闻"句：《孟子·离娄下》："爱人者，人恒爱之；敬人者，人恒敬之。有人于此，其待我横逆，则君子必自反也：我必不仁也，必无礼也，此物奚宜至哉？其自反而仁矣，自反而有礼矣，其横逆由是也，君子必自反也：我必不忠。自反而忠矣，其横逆由是也，君子曰：'此亦妄人也已矣。如此，则与禽兽奚择哉？于禽兽又何难焉？'是故君子有终身之忧，无一朝之患也。"意谓"横逆"之人对我不敬，那么君子一定要反躬自问是否自己不仁、无礼、不忠。

3 长学问识见：增长学问见识。

4 生于忧患：语出《孟子·告子下》："然后知生于忧患而死于安乐也。"意谓艰难忧患促人上进，安逸享乐促人死亡。

5 存乎疢（chèn）疾：语出《孟子·尽心上》："孟子曰：'人之有德慧术知者，恒存乎疢疾。独孤臣孽子，其操心也危，其虑患也深，故达。'"朱熹集注："疢疾，犹灾患也。"意谓人之所以有道德、智慧、本领、知识，经常是由于他有灾患，时时自励上进；与"生于忧患"义相近。

6 至言：即至理名言。

大意

忍让是治家的美德。没听说过孟子所说的三次反躬自问的道理吗？如果一定要以互相争斗才是胜利，那是最愚蠢、最不聪明的行为，是自寻烦恼而已。人生于世间，怎能都与自己志同道合的人相处在一起呢？凡是遇到不容易处身的环境，都能使人增长学问见识。孟子所说"忧患使人生存上进""灾患使人生存自励"，都是至理名言。

导读

《尚书大传·大战篇》载太公云："骂汝毋叹，唾汝毋干。"意思是说人要有忍让宽恕的德行，别人骂你，你不要哀叹；别人唾在你脸上，你都不要把唾沫擦干。《荀子·儒效》也说：“志忍私，然后能公；行忍情性，然后能修。”学识渊博、经历丰富的吴汝纶深谙个中哲理。他在此篇家训中首先告诫儿子要以忍让治家，引用孟子“三自反”的典故教育儿子要经常检查反省自己的行为是否有失，而不能“以相争为胜”。因为百人百性，人之一生相处的怎能都是与自己心志相同的人呢？这是非常浅显而又深奥的道理，颇耐人咀嚼。以此教子，若子女切实遵守实践，当不会犯大错误。

苦难是一笔宝贵而无价的财富。作者又引用了《孟子》的两句名言，阐发出“生于忧患”“存乎疢疾”的深刻含义，期望儿子吃苦耐劳、忍辱负重，成为有用之才。此理古今中外，概莫能外，故总结说“皆至理名言也”。文章脉络极为清晰，义理昭然，“桐城派”的风格表现得淋漓尽致。

吴汝纶《谕儿书》还有一则，亦值得一读，故录于下。

> 凡为官者，子孙往往无德，以习于骄恣浇薄故也。吾听闻汝骂苓姐，说伯父不配作官，汝父作官有钱；欲逐出苓姐，不令食汝父之钱等语，伤天伦，灭人理，莫此为甚！世人常说长兄当父，长嫂当母，子有钱财，当归于父，弟有钱财，当归于兄。吾与尔伯父，终身未尝分异，岂有分别尔我有无之理！伯父在时，吾不能事之如父，今亡已八年，不可再见矣，吾常痛心，故令汝兼继伯父，望汝读书明道理。岂知汝幼稚之年，居心发言，已如此骄恣浇薄哉！伯父才学，十倍胜我，其未仕乃命也，何不配之有！作官之钱，皆取之百姓，非好钱也。故好官必不爱钱，吾虽无德，岂愿以此等之钱，豢养汝曹私妻子哉！兄弟之子，古称犹子，言与子无异。苓姐，吾兄之子也，与汝何异！我若独私汝，逐苓姐，不与食，尚为非人，况汝耶！且汝亦为伯父继子，若尽逐诸侄，则汝亦在当逐之内矣。凡为人先从孝友起，孝不但敬爱生父，凡伯父叔父，皆当敬爱之；不但敬爱生母，凡嫡母继母、伯叔母，皆当敬爱之，乃谓之孝。友则同父之兄弟姊妹，同祖之兄弟姊妹，

同曾祖高祖之兄弟姊妹，皆当和让，此乃古人所谓亲九族也。读书不知此，用书何为！童幼有时争言，吾亦不禁，独令人伤心之言，不得出诸口；较量钱财有无，悖理行私之事，不可存于心。将吾此书熟读牢记，以防再犯，并令诸兄弟姊妹，各写一通。

图书在版编目（CIP）数据

古代经典家训导读 / 王人恩编著 . —北京：人民教育出版社，2021.4（2022.2 重印）
ISBN 978-7-107-35766-4

Ⅰ . ①古…　Ⅱ . ①王…　Ⅲ . ①家庭道德—中国—古代　Ⅳ . ① B823.1

中国版本图书馆 CIP 数据核字（2021）第 062094 号

古代经典家训导读

责任编辑 / 张华娟　唐　博
书籍设计 / 胡白珂

出版发行　人民教育出版社
（北京市海淀区中关村南大街 17 号院 1 号楼　邮编 100081）
网　址　http://www.pep.com.cn
经　销　全国新华书店
印　刷　北京中科印刷有限公司
版　次　2021 年 4 月第 1 版
印　次　2022 年 2 月第 2 次印刷
开　本　890 毫米 ×1 240 毫米　1/32
印　张　9
插　页　5
字　数　234 千字
定　价　48.00 元